工业和信息化普通高等教育"十二五"规划教材

21世纪高等教育计算机规划教材

SQL Server 2008
数据库应用技术（第2版）

Application of SQL Server 2008
Database

刘卫国 刘泽星　主编

人民邮电出版社

北京

图书在版编目（CIP）数据

SQL Server 2008数据库应用技术 / 刘卫国，刘泽星
主编. -- 2版. -- 北京 : 人民邮电出版社，2015.2（2023.7重印）
21世纪高等教育计算机规划教材
ISBN 978-7-115-37730-2

Ⅰ. ①S… Ⅱ. ①刘… ②刘… Ⅲ. ①关系数据库系统
－高等职业教育－教材 Ⅳ. ①TP311.138

中国版本图书馆CIP数据核字(2015)第004609号

内 容 提 要

本书参照教育部高等学校大学计算机教学指导委员会提出的数据库相关课程的教学基本要求，以 SQL Server 2008 为实践环境，系统介绍了数据库技术的基本原理、数据库的操作以及数据库应用系统的开发方法。全书共分为 10 章，包括数据库技术概论、创建和管理数据库、创建和管理表、索引与数据完整性、查询与视图、T-SQL 程序设计、存储过程与触发器、事务和锁、SQL Server 安全管理、数据库应用系统开发等内容。全书以 SQL Server 2008 数据库操作作为主线，体现 SQL Server 2008 的基本知识体系，同时适度突出关系数据库的基本原理，体现关系数据库的本质概念和应用要求。

本书既可作为高等院校数据库应用课程的教材，又可供社会各类计算机应用人员及参加各类计算机等级考试的读者学习参考。

◆ 主　　编　刘卫国　刘泽星
　　责任编辑　邹文波
　　责任印制　沈　蓉　彭志环

◆ 人民邮电出版社出版发行　　北京市丰台区成寿寺路 11 号
　　邮编　100164　　电子邮件　315@ptpress.com.cn
　　网址　http://www.ptpress.com.cn
　　北京虎彩文化传播有限公司印刷

◆ 开本：787×1092　1/16
　　印张：20.25　　　　　　　　　　2015 年 2 月第 2 版
　　字数：533 千字　　　　　　　　2023 年 7 月北京第10次印刷

定价：43.80 元

读者服务热线：(010)81055256　印装质量热线：(010)81055316
反盗版热线：(010)81055315
广告经营许可证：京东市监广登字 20170147 号

前言

数据库技术在 20 世纪 60 年代后期产生并发展起来，它在计算机应用中的地位和作用日益重要。目前，数据处理已成为计算机应用的主要领域，采用数据库技术进行数据处理是当今的主流技术，其核心是建立、管理和使用数据库。使用数据库技术减少了不必要的多余数据，可以为多种应用服务，而且数据的存储独立于使用这些数据的应用程序。数据库技术已成为信息系统的核心技术和基础，它不仅是计算机学科的一个重要分支，而且与人们的现实生活息息相关。数据库技术是管理信息系统、决策支持系统、企业资源规划、客户关系管理、数据仓库和数据挖掘等应用的重要支撑。

在数据库系统中，通过数据库管理系统来对数据进行统一管理。为了能开发出适用的数据库应用系统，就需要熟悉和掌握一种数据库管理系统。SQL Server 2008 是 Microsoft 公司推出的一个全面的企业级数据库平台产品，用于大规模联机事务处理、数据仓库和电子商务应用的数据库和数据分析。在 SQL Server 2008 中，对原有版本进行了很大的改进，如数据集成服务、分析服务、报表服务以及 Office 集成等功能均得到增强。

本书参照教育部高等学校大学计算机课程教学指导委员会提出的数据库课程的教学基本要求，以 SQL Server 2008 为实践环境，介绍数据库技术的基本原理、数据库的操作以及数据库应用系统的开发方法。全书以"教学管理"数据库贯穿始终，围绕"教学管理"数据库设计编排了大量实例，书中实例新颖、系统，具有启发性，而且相互呼应，也具有综合性，便于读者学习、巩固和提高。全书共 10 章，包括数据库技术概论、创建和管理数据库、创建和管理表、索引与数据完整性、查询与视图、T-SQL 程序设计、存储过程与触发器、事务和锁、SQL Server 安全管理、数据库应用系统开发。全书以 SQL Server 2008 数据库操作为主线，体现 SQL Server 2008 的基本知识体系，同时适度突出关系数据库的基本原理，体现关系数据库的概念和应用要求。

为了方便教学和读者上机操作练习，作者还编写了《SQL Server 2008 数据库应用技术实验指导与习题选解》一书，作为与本书配套的实验教材。另外，还有与本书配套的教学课件、各章习题答案、实例数据库等教学资源，可从人民邮电出版社教学资源与服务网（http://www.ptpedu.com.cn）下载使用。

本书第 1 章、第 10 章由刘卫国编写，第 2 章~第 5 章由刘泽星编写，第 6 章~第 9 章由奎晓燕编写。全书由刘卫国、刘泽星任主编。此外，参与部分编写工作的还有熊拥军、王鹰、文碧望、石玉、刘苏洲、伍敏、欧阳佳、胡勇刚、孙士闯、周克涛等。

由于编者水平有限，书中难免存在疏漏或不足之处，恳请广大读者批评指正。

编　者

2015 年 1 月

目　录

第1章
数据库技术概论

本章学习目标:
- 了解数据库技术的产生背景与发展概况。
- 掌握数据库系统的组成与特点。
- 理解数据模型的概念及基本知识。
- 掌握关系数据库的基本理论及设计方法。
- 了解 SQL Server 2008 常用管理工具与 SQL 语言的基本概念。

数据库技术是作为一门数据处理技术发展起来的,在计算机应用中的地位和作用日益重要。目前,数据处理已成为计算机应用的主要领域,采用数据库技术进行数据处理是当今的主流技术,其核心是建立、管理和使用数据库。使用数据库技术减少了不必要的多余数据、可以为多种应用服务,而且数据的存储独立于使用这些数据的应用程序。在数据库系统中,通过数据库管理系统来对数据进行统一管理,为了能开发出适用的数据库应用系统,就需要熟悉和掌握一种数据库管理系统。SQL Server 是目前广为使用的数据库管理系统,本书以 SQL Server 2008 为实践环境,介绍数据库的基本操作和数据库应用系统开发的方法。

1.1　数据库技术的产生与发展

数据库技术是一门研究如何存储、使用和管理数据的技术,是计算机数据管理技术的最新发展阶段,它能把大量的数据按照一定的结构存储起来,在数据库管理系统的集中管理下实现数据共享。

1.1.1　数据与数据处理

人类在长期的生产社会实践中会产生大量数据,如何对数据进行分类、组织、存储、检索和维护成为迫切的需要,只有在计算机成为数据处理的工具之后,才使数据处理现代化成为可能。数据库应用涉及数据、信息、数据处理和数据管理等基本概念。

1. 数据和信息

数据(Data)和信息(Information)是数据处理中的两个基本概念,有时可以混用,如平时讲数据处理就是信息处理,但有时必须分清。一般认为,数据是对客观事物的某些特征及相互联系的一种抽象化、符号化的表示,即数据是人们用于记录事物情况的物理符号。为了描述客观事物而用到的数字、字符及所有能输入到计算机中并能被计算机处理的符号都可以看作数据。在实

1

际应用中有两种基本形式的数据，一种是可以参与数值运算的数值型数据，如表示成绩、工资的数据；另一种是由字符组成、不能参与数值运算的字符型数据，如表示姓名、职称的数据。此外，还有图形、图像、声音、动画和视频等多媒体数据，如照片、商标等。

信息是指数据中所包含的意义。通俗地讲，信息是经过加工处理并对人类社会实践和生产活动产生决策影响的数据。例如，"谢博涵""湖南""575"只是单纯的数据，而"谢博涵同学来自湖南，入学成绩为 575 分"就是一条有意义的信息。因此，不经过加工处理的数据只是一种原始材料，对人类活动产生不了决策作用，它的价值只是在于记录了客观世界的事实；只有经过提炼和加工，原始数据发生了质的变化，才能给人们以新的知识和智慧。

数据与信息既有区别，又有联系。数据是用来表示信息的，是承载信息的物理符号；信息是加工处理后的数据，是数据所表达的内容。另一方面，信息不随表示它的数据形式而改变，它是反映客观现实世界的知识；而数据则具有任意性，用不同的数据形式可以表示同样的信息。例如，一个城市的天气预报情况是一条信息，而描述该信息的数据形式可以是文字、图像或声音等。

2．数据处理

数据处理是指将数据转换成信息的过程，其基本目的是从大量的、杂乱无章的、难以理解的数据中整理出对人们有价值、有意义的数据（即信息）作为决策的依据。例如，全体考生各门课程的考试成绩记录了考生的考试情况，这属于原始数据；接下来对考试成绩进行分析和处理，如按成绩从高到低顺序排列、统计各分数段的人数等，进而可以根据招生人数确定录取分数线，此时输出的数据即包含了丰富的信息。

数据管理是指数据的收集、组织、存储、检索和维护等操作，这些操作是数据处理的中心环节，是任何数据处理业务中不可缺少的部分。数据管理的基本目的是实现数据共享、降低数据冗余，提高数据的独立性、安全性和完整性，从而能更加有效地管理和使用数据资源。

1.1.2　数据管理技术的 4 个发展阶段

数据库系统的核心任务是数据管理，但并不是一开始就有数据库技术，它的产生与发展是随着数据管理技术的不断发展而逐步形成的。数据管理技术经历了人工管理、文件管理、数据库管理和新型数据库系统 4 个发展阶段。

1．人工管理阶段

20 世纪 50 年代中期以前，计算机主要应用于科学计算，虽然此时也有数据管理的问题，但这时的数据管理是以人工管理方式进行的。在硬件方面，外存储器只有磁带、卡片和纸带等，没有磁盘等直接存取的外存储器。在软件方面，只有汇编语言，没有操作系统，没有对数据进行管理的软件。数据处理方式基本上是批处理。在人工管理阶段，数据管理的特点如下。

（1）数据不保存

人工管理阶段处理的数据量较少，一般不需要将数据长期保存，只是在计算时将数据随程序一起输入，计算完后将结果输出，而数据和程序一起从内存中被释放。若再要计算，则需重新输入数据和程序。

（2）由应用程序管理数据

系统没有专用的软件对数据进行管理，数据需要由应用程序自行管理。每个应用程序不仅要规定数据的逻辑结构，而且要设计数据的存储结构及输入输出方法等，程序设计任务繁重。

（3）数据有冗余，无法实现共享

程序与数据是一个整体，一个程序中的数据无法被其他程序使用，因此程序与程序之间存在大量的重复数据，数据无法实现共享。

（4）数据对程序不具有独立性

由于程序对数据的依赖性，数据的逻辑结构或存储结构一旦有所改变，则必须修改相应程序，这就进一步加重了程序设计的负担。

2.　文件管理阶段

20 世纪 50 年代后期至 60 年代后期，计算机开始大量用于数据管理。硬件上出现了直接存取的大容量外存储器，如磁盘、磁鼓等，这为计算机数据管理提供了物质基础。软件方面，出现了高级语言和操作系统。操作系统中的文件系统专门用于管理数据，这又为数据管理提供了技术支持。数据处理方式上不仅有批处理，而且有联机实时处理。

数据处理应用程序利用操作系统的文件管理功能，将相关数据按一定的规则构成文件，通过文件系统对文件中的数据进行存取和管理，实现数据的文件管理方式。其特点可以概括为如下两点。

（1）数据可以长期保存

文件系统为程序和数据之间提供了一个公共接口，使应用程序采用统一的存取方法来存取和操作数据。数据可以组织成文件，能够长期保存、反复使用。

（2）数据对程序有一定独立性

程序和数据不再是一个整体，而是通过文件系统把数据组织成一个独立的数据文件，由文件系统对数据的存取进行管理。程序员只需通过文件名来访问数据文件，不必过多考虑数据的物理存储细节，因此程序员可集中精力进行算法设计，大大减少了程序维护的工作量。

文件管理使计算机在数据管理方面有了长足的进步。时至今日，文件系统仍是一般高级语言普遍采用的数据管理方式。然而，当数据量增加、使用数据的用户越来越多时，文件管理便不能适应更有效地使用数据的需要了，其症结表现在 3 个方面。

（1）数据的共享性差、冗余度大，容易造成数据不一致

由于数据文件是根据应用程序的需要而建立的，当不同的应用程序所使用的数据有相同部分时，也必须建立各自的数据文件，即数据不能共享，造成大量数据重复。这样不仅浪费存储空间，而且使数据修改变得非常困难，容易产生数据不一致，即同样的数据在不同的文件中所存储的数值不同，造成矛盾。

（2）数据独立性差

在文件系统中，尽管数据和程序有一定的独立性，但这种独立性主要是针对某一特定应用而言的，就整个应用系统而言，文件系统还未能彻底体现数据逻辑结构独立于数据存储的物理结构的要求。在文件系统中，数据和应用程序是互相依赖的，即程序的编写与数据组织方式有关，如果改变数据的组织方式，就必须修改有关应用程序。而应用程序发生变化，如改用另一种程序设计语言来编写程序，也需修改文件的数据结构。

（3）数据之间缺乏有机的联系，缺乏对数据的统一控制和管理

文件系统中各数据文件之间是相互独立的，没有从整体上反映现实世界事物之间的内在联系，因此很难对数据进行合理的组织以适应不同应用的需要。在同一个应用项目中的各个数据文件没有统一的管理机构，数据完整性和安全性很难得到保证。

3.　数据库管理阶段

20 世纪 60 年代后期，计算机用于数据管理的规模更加庞大，数据量急剧增加，数据共享性要求更加强烈。同时，计算机硬件价格下降，而软件价格上升，编制和维护软件所需成本相对增加，其中维护成本更高。这些成为数据管理技术在文件管理的基础上发展到数据库管理的原动力。

数据库（Database，DB）是按一定的组织方式存储起来的、相互关联的数据集合。在数据库管理阶段，由一种叫作数据库管理系统（Database Management System，DBMS）的系统软件来对数据进行统一的控制和管理，把所有应用程序中使用的相关数据汇集起来，按统一的数据模型存储在数据库中，为各个应用程序所使用。在应用程序和数据库之间保持较高的独立性，数据具有完整性、一致性和安全性高等特点，并且具有充分的共享性，有效地减少了数据冗余。

4. 新型数据库系统

数据库技术的发展先后经历了层次数据库、网状数据库和关系数据库。层次数据库和网状数据库可以看作是第一代数据库系统，关系数据库可以看作是第二代数据库系统。自 20 世纪 70 年代提出关系数据模型和关系数据库后，数据库技术得到了蓬勃发展，应用也越来越广泛。但随着应用的不断深入，占主导地位的关系数据库系统已不能满足新的应用领域的需求。例如，在实际应用中，除了需要处理数字、字符数据的简单应用之外，还需要存储并检索复杂的复合数据（如集合、数组、结构）、多媒体数据、计算机辅助设计绘制的工程图纸和地理信息系统（Geographic Information System，GIS）提供的空间数据等。对于这些复杂数据，关系数据库无法实现对它们的管理。正是实际应用中涌现出的许多问题，促使数据库技术不断向前发展，出现了许多不同类型的新型数据库系统，下面概要性地做一下介绍。

（1）分布式数据库系统

分布式数据库系统（Distributed Database System，DDBS）是数据库技术与计算机网络技术、分布式处理技术相结合的产物。分布式数据库系统是将系统中的数据地理上分布在计算机网络的不同结点，但逻辑上属于一个整体的数据库系统，它不同于将数据存储在服务器上供用户共享存取的网络数据库系统，分布式数据库系统不仅能支持局部应用（访问本地数据库），而且能支持全局应用（访问异地数据库）。

分布式数据库系统的主要特点如下。

① 数据是分布的。数据库中的数据分布在计算机网络的不同结点上，而不是集中在一个结点，区别于数据存放在服务器上由各用户共享的网络数据库系统。

② 数据是逻辑相关的。分布在不同结点的数据逻辑上属于同一数据库系统，数据间存在相互关联，区别于由计算机网络连接的多个独立数据库系统。

③ 结点的自治性。每个结点都有自己的计算机软、硬件资源，包括数据库、数据库管理系统等，因而能够独立地管理局部数据库。局部数据库中的数据可以仅供本结点用户存取使用，也可供其他结点上的用户存取使用，提供全局应用。

（2）面向对象数据库系统

面向对象数据库系统（Object-Oriented Database System，OODBS）是将面向对象的模型、方法和机制，与先进的数据库技术有机地结合而形成的新型数据库系统。它从关系模型中脱离出来，强调在数据库框架中发展类型、数据抽象、继承和持久性。它的基本设计思想是，一方面把面向对象语言向数据库方向扩展，使应用程序能够存取并处理对象；另一方面扩展数据库系统，使其具有面向对象的特征，提供一种综合的语义数据建模概念集，以便对现实世界中复杂应用的实体和联系建模。因此，面向对象数据库系统首先是一个数据库系统，具备数据库系统的基本功能；其次是一个面向对象的系统，针对面向对象的程序设计语言的永久性对象存储管理而设计，充分支持完整的面向对象概念和机制。

（3）多媒体数据库系统

多媒体数据库系统（Multimedia Database System，MDBS）是数据库技术与多媒体技术相结合的产物。随着信息技术的发展，数据库应用从传统的企业信息管理扩展到计算机辅助设计（Computer Aided Design，CAD）、计算机辅助制造（Computer Aided Manufacture，CAM）、办公自动化（Office Automation，OA）、人工智能（Artificial Intelligence，AI）等多种应用领域。这些领域中要求处理的数据不仅包括传统的数字、字符等格式化数据，还包括大量的多媒体形式的非格式化数据，如图形、图像、声音等。这种能存储和管理多媒体的数据库称为多媒体数据库。

多媒体数据库与传统格式化数据库的结构和操作有很大差别。现有数据库管理系统无论从模型的语义描述能力、系统功能、数据操作，还是存储管理、存储方法上都不能适应非格式化数据的处理要求。综合程序设计语言、人工智能和数据库领域的研究成果，设计支持多媒体数据管理的数据库管理系统已成为数据库领域中一个新的重要研究方向。

在多媒体信息管理环境中，不仅数据本身的结构和存储形式各不相同，而且不同领域对数据处理的要求也比一般事务管理复杂得多，因而对数据库管理系统提出了更高的功能要求。

（4）数据仓库技术

随着信息技术的高速发展，数据库应用的规模、范围和深度不断扩大，一般的事务处理已不能满足应用的需要，企业界需要在大量数据基础上的决策支持，数据仓库（Data Warehouse，DW）技术的兴起满足了这一需求。数据仓库作为决策支持系统（Decision Support System，DSS）的有效解决方案，涉及 3 方面的技术内容，即数据仓库技术、联机分析处理（On-Line Analysis Processing，OLAP）技术和数据挖掘（Data Mining，DM）技术。

数据仓库、OLAP 和数据挖掘是作为 3 种独立的数据处理技术出现的。数据仓库用于数据的存储和组织，OLAP 集中于数据的分析，数据挖掘则致力于知识的自动发现。它们都可以分别应用到信息系统的设计和实现中，以提高相应部分的处理能力。但是，由于这 3 种技术内在的联系性和互补性，将它们结合起来即是一种新的 DSS 架构。这一架构是以数据库中的大量数据为基础，其系统由数据驱动。

（5）大数据技术

大数据（Big Data）是规模非常巨大和复杂的数据集，传统数据库管理工具处理起来会面临很多困难，如对数据库高并发读写要求、对海量数据的高效率存储和访问需求、对数据库高可扩展性和高可用性的需求。

大数据有 4 个基本特征：数据规模大（Volume）、数据种类多（Variety）、数据处理速度快（Velocity）、数据价值密度低（Value），即所谓的 4V 特性。这些特性使得大数据区别于传统的数据概念。大数据的概念与海量数据不同，后者只强调数据的量，而大数据不仅用来描述大量的数据，还更进一步指出数据的复杂形式、数据的时间特性，以及对数据分析处理后最终获得有价值信息的能力。

① 数据规模大。大数据聚合在一起的数据量是非常大的，根据国际数据公司 IDC 的定义至少要有超过 100 TB 的可供分析的数据，数据量大是大数据的基本属性。

② 数据种类多。数据类型繁多、格式复杂是大数据的重要特性。数据来自多种数据源，非结构化数据大量涌现。由于非结构化数据没有统一的结构属性，难以用表结构来表示，在记录数据数值的同时还需要存储数据的结构，增加了数据存储和处理的难度。

③ 要求数据处理速度快。要求数据的快速处理是大数据区别于传统海量数据处理的重要特性之一。对于大数据而言，许多应用都要求能够实时处理，例如有大量在线交互的电子商务应用，就具有很强的时效性，在这种情况下，大数据要求快速、持续地实时处理。

④ 数据价值密度低。数据价值密度低是大数据关注的非结构化数据的重要属性。传统的结构

化数据，依据特定的应用，对事物进行了相应的抽象，每一条数据都包含该应用需要考虑的信息，而大数据为了获取事物的全部细节，不对事物进行抽象、归纳等处理，直接采用原始的数据，保留了全部数据，从而可以分析更多的信息，但也引入了大量没有意义的信息，这样就使得一方面是数据的绝对数量激增，另一方面是数据包含有效信息量的比例不断减少，数据价值密度偏低。

大数据处理技术就是从各种类型的数据中快速获得有价值信息的技术。大数据的本质也是数据，但它包括非结构化数据，为此给数据管理技术带来以下新的挑战。

① 大数据的表示面临挑战。用统一的模型对非结构化数据进行分析处理非常困难，传统的数据表示方法不能直观地展现数据本身的含义。为了有效利用数据并挖掘其中的知识，必须寻找最合适有效的数据表示方法。目前使用的方法是数据标识。标识方法可减轻数据识别和分类的困难，却给用户增添了预处理工作量。研究既有效又简易的数据表示方法，是进行大数据处理首先面临的技术难题之一。

② 数据量的成倍增长给数据存储能力带来了挑战。传统的数据库追求高度的数据一致性和容错性，缺乏较强的扩展性和较好的系统可用性，不能有效存储视频、音频等非结构化和半结构化的数据。大数据及其潜在的商业价值要求使用专门的数据处理技术和专用的数据存储设备，目前，数据存储能力的增长远远赶不上数据的增长，设计最合理的分层存储架构成为信息系统的关键。

③ 数据融合技术面临挑战。数据不整合就发挥不出大数据的巨大价值，大数据面临的一个重要问题是个人、企业和政府机构的各种数据和信息能否方便地融合。如同人类有许多种自然语言一样，作为网络空间中唯一客观存在的数据难免有多种格式，但为了清除大数据处理的障碍，应研究推广不与平台绑定的数据格式。大数据已成为联系人类社会、物理世界和网络空间的纽带，需要通过统一的数据格式构建融合人、机、物三元世界的统一信息系统。

④ 数据跨越组织边界传播给信息安全带来了巨大挑战。随着技术的发展，大量信息跨越组织边界传播，信息安全问题相伴而生，不仅没有价值的数据大量出现，保密数据、隐私数据也成倍增长。国家安全、知识产权、个人信息等都面临着前所未有的安全挑战。大数据时代，犯罪分子获取信息更加容易，人们防范、打击犯罪行为更加困难，这对数据存储的物理安全性以及数据的多副本与容灾机制提出了更高的要求。想要应对瞬息万变的安全问题，最关键的是算法和特征，如何建立相应的强大安全防御体系来发现和识别安全漏洞是保证信息安全的重要环节。

目前，围绕大数据，一批新兴的数据挖掘、数据存储、数据处理与分析技术不断涌现，使得人们能够将隐藏于海量数据中的信息和知识挖掘出来，从而为人类的社会经济活动提供决策依据。大数据将在商业智能、政府决策、公共服务等领域得到广泛应用。

1.2　数据库系统

数据库系统（Database System，DBS）是指基于数据库的计算机应用系统。和一般的应用系统相比，数据库系统有其自身的特点，它涉及一些相互联系而又有区别的基本概念。

1.2.1　数据库系统的组成

数据库系统是一个计算机应用系统，它是把有关计算机硬件、软件、数据和人员组合起来为用户提供信息服务的系统。因此，数据库系统是由计算机系统、数据库及其描述机构、数据库管理系统和有关人员组成，是具有高度组织性的整体。

1. 计算机硬件

计算机硬件系统是数据库系统的物质基础，是存储数据库及运行数据库管理系统的硬件资源，主要包括计算机主机、存储设备、输入输出设备及计算机网络环境。

2. 计算机软件

数据库系统中的软件包括操作系统、数据库管理系统及数据库应用系统等。

数据库管理系统（DBMS）是数据库系统的核心软件之一，它提供数据定义、数据操纵、数据库管理、数据库建立和维护以及通信等功能。数据库管理系统提供对数据库中数据资源进行统一管理和控制的功能，将用户、应用程序与数据库数据相互隔离，是数据库系统的核心，其功能的强弱是衡量数据库系统性能优劣的主要指标。数据库管理系统必须运行在相应的系统平台上，有操作系统和相关系统软件的支持。

数据库管理系统功能的强弱因系统而异，大系统的功能较强、较全，小系统的功能较弱、较少。目前较流行的数据库管理系统有 Access、Visual FoxPro、SQL Server、Oracle、Sybase 等。

数据库应用系统是指系统开发人员利用数据库系统资源开发出来的、面向某一类实际应用的应用软件系统。从实现技术角度而言，它是以数据库技术为基础的计算机应用系统。

3. 数据库

数据库（DB）是指数据库系统中按照一定的方式组织的、存储在外部存储设备上的、能为多个用户共享的、与应用程序相互独立的相关数据集合。它不仅包括描述事物的数据本身，而且还包括相关事物之间的联系。

数据库中的数据往往不是像文件系统那样，只面向某一项特定应用，而是面向多种应用，可以被多个用户、多个应用程序共享。其数据结构独立于使用数据的程序，对于数据的增加、删除、修改和检索由数据库管理系统进行统一管理和控制，用户对数据库进行的各种操作都是由数据库管理系统实现的。

4. 数据库系统的有关人员

与数据库系统有关的人员主要有 3 类：最终用户、数据库应用系统开发人员和数据库管理员（Database Administrator，DBA）。最终用户指通过应用系统的用户界面使用数据库的人员，他们一般对数据库知识了解不多。数据库应用系统开发人员包括系统分析员、系统设计员和程序员。系统分析员负责应用系统的分析，他们和用户、数据库管理员相配合，参与系统分析；系统设计员负责应用系统设计和数据库设计；程序员则根据设计要求进行编码。数据库管理员是数据管理机构的一组人员，他们负责对整个数据库系统进行总体控制和维护，以保证数据库系统的正常运行。

综上所述，数据库中包含的数据是存储在存储介质上的数据文件的集合；每个用户均可使用其中的数据，不同用户使用的数据可以重叠，同一组数据可以为多个用户共享；数据库管理系统为用户提供对数据的存储组织、操作管理功能；用户通过数据库管理系统和应用程序实现数据库系统的操作与应用。

1.2.2　数据库的结构体系

为了有效地组织、管理数据，提高数据库的逻辑独立性和物理独立性，人们为数据库设计了一个严谨的结构体系，数据库领域公认的标准结构是三级模式结构及二级映射。三级模式包括外模式、概念模式和内模式，二级映射则分别是概念模式/内模式的映射以及外模式/概念模式的映射。这种三级模式与二级映射构成了数据库的结构体系，如图 1-1 所示。

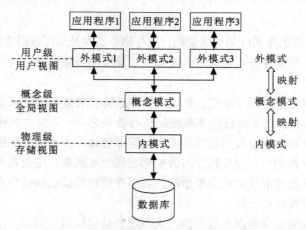

图 1-1　数据库的三级模式以及二级映射

1. 数据库的三级模式

美国国家标准学会（American National Standards Institute，ANSI）的数据库管理系统研究小组于 1978 年提出了标准化的建议，将数据库结构体系分为三级，即面向用户或应用程序员的用户级、面向建立和维护数据库人员的概念级、面向系统程序员的物理级。用户级对应外模式，概念级对应概念模式，物理级对应内模式，使不同级别的用户对数据库形成不同的视图。所谓视图，就是指观察、认识和理解数据的范围、角度和方法，是数据库在用户眼中的反映。很显然，不同层次（级别）用户所看到的数据库是不相同的。

（1）概念模式

概念模式又称逻辑模式，或简称为模式，对应于概念级。它是由数据库设计者综合所有用户的数据，按照统一的观点构造的全局逻辑结构，是对数据库中全部数据的逻辑结构和特征的总体描述，是所有用户的公共数据视图（全局视图）。它是由数据库系统提供的数据定义语言（Data Definition Language，DDL）来描述、定义的，体现并反映了数据库系统的整体观。

（2）外模式

外模式又称子模式或用户模式，对应于用户级。它是某个或某几个用户所看到的数据库的数据视图，是与某一应用有关的数据的逻辑表示。外模式是从概念模式导出的一个子集，包含概念模式中允许特定用户使用的那部分数据。用户可以通过外模式定义语言（外模式 DDL）来描述、定义对应于用户的数据记录（外模式），也可以利用数据操纵语言（Data Manipulation Language，DML）对这些数据记录进行操作。外模式反映了数据库的用户观。

（3）内模式

内模式又称存储模式或物理模式，对应于物理级。它是数据库中全体数据的内部表示或底层描述，是数据库最低一级的逻辑描述，它描述了数据在存储介质上的存储方式和物理结构，对应着实际存储在外存储介质上的数据库。内模式是由内模式定义语言（内模式 DDL）来描述、定义的，它是数据库的存储观。

在一个数据库系统中，只有唯一的数据库，因而作为定义、描述数据库存储结构的内模式和定义、描述数据库逻辑结构的模式，也是唯一的。但建立在数据库系统之上的应用则是非常广泛、多样的，所以对应的外模式不是唯一的，也不可能唯一。

2. 三级模式间的二级映射

数据库的三级模式是数据在三个级别（层次）上的抽象，使用户能够逻辑地、抽象地处理数据，而不必关心数据在计算机中的物理表示和存储方式，把数据的具体组织交给数据库管理系统去完成。为了实现这三个抽象级别的联系和转换，数据库管理系统在三级模式之间提供了二级映射，正是这二级映射保证了数据库中的数据具有较高的物理独立性和逻辑独立性。

（1）概念模式/内模式的映射

数据库中的概念模式和内模式都只有一个，所以概念模式/内模式的映射是唯一的。它确定了数据的全局逻辑结构与存储结构之间的对应关系。当存储结构变化时，概念模式/内模式的映射也应有相应的变化，使其概念模式仍保持不变，即把存储结构变化的影响限制在概念模式之下，这使数据的存储结构和存储方法独立于应用程序，通过映射功能保证数据存储结构的变化不影响数据的全局逻辑结构的改变，从而不必修改应用程序，即确保了数据的物理独立性。

（2）外模式/概念模式的映射

数据库中的同一概念模式可以有多个外模式，对于每一个外模式，都存在一个外模式/概念模式的映射，用于定义该外模式和概念模式之间的对应关系。当概念模式发生改变时，例如，增加新的属性或改变属性的数据类型等，只要对外模式/概念模式的映射做相应的修改，而外模式（即数据的局部逻辑结构）保持不变。由于应用程序是依据数据的局部逻辑结构编写的，所以应用程序不必修改，即保证了数据与程序间的逻辑独立性。

1.2.3 数据库系统的特点

数据库系统的出现是计算机数据管理技术的重大进步，它克服了文件系统的缺陷，提供了对数据更高级、更有效的管理。

1. 数据结构化

在文件系统中，文件的记录是有结构的。例如，学生数据文件的每个记录是由学号、姓名、性别、出生年月、籍贯、简历等数据项组成的。但这种结构只适用于特定的应用，对其他应用并不适用。

在数据库系统中，每一个数据库都是为某一应用领域服务的。例如，学校信息管理涉及多个方面的应用，包括对学生的学籍管理、课程管理、学生成绩管理等，还包括教工的人事管理、教学管理、科研管理、住房管理和工资管理等，这些应用彼此之间都有着密切的联系。因此在数据库系统中不仅要考虑某个应用的数据结构，还要考虑整个组织（即多个应用）的数据结构。这种数据组织方式使数据结构化了，这就要求在描述数据时不仅要描述数据本身，还要描述数据之间的联系。而在文件系统中，尽管其记录内部已有了某些结构，但记录之间没有联系。数据库系统实现整体数据的结构化，这是数据库的主要特点之一，也是数据库系统与文件系统的本质区别。

2. 数据共享性高、冗余度低

数据共享是指多个用户或应用程序可以访问同一个数据库中的数据，而且数据库管理系统提供并发和协调机制，保证在多个应用程序同时访问、存取和操作数据库数据时，不产生任何冲突，从而保证数据不遭到破坏。

数据冗余既浪费存储空间，又容易导致数据的不一致。在文件系统中，由于每个应用程序都有自己的数据文件，所以数据存在着大量的重复。

数据库从全局观念来组织和存储数据，数据已经根据特定的数据模型结构化，在数据库中用户的逻辑数据文件和具体的物理数据文件不必一一对应，从而有效地节省了存储资源，减少了数据冗余，保证了数据的一致性。

3. 具有较高的数据独立性

数据独立性是指应用程序与数据库的数据结构之间相互独立。在数据库系统中，因为采用了数据库的三级模式结构，保证了数据库中数据的独立性。在数据存储结构改变时，不影响数据的全局逻辑结构，这样保证了数据的物理独立性。在全局逻辑结构改变时，不影响用户的局部逻辑结构以及应用程序，这样就保证了数据的逻辑独立性。

4. 有统一的数据控制功能

在数据库系统中，数据由数据库管理系统进行统一控制和管理。数据库管理系统提供了一套有效的数据控制手段，包括数据安全性控制、数据完整性控制、数据库的并发控制和数据库的恢复等，增强了多用户环境下数据的安全性和一致性保护。

1.3 数 据 模 型

数据库是现实世界中某种应用环境（一个单位或部门）所涉及的数据的集合，它不仅要反映数据本身的内容，而且要反映数据之间的联系。由于计算机不能直接处理现实世界中的具体事物，所以必须将这些具体事物转换成计算机能够处理的数据。在数据库技术中，用数据模型（Data Model）来对现实世界中的数据进行抽象和表示。

1.3.1 数据模型的组成要素

一般而言，数据模型是一种形式化描述数据、数据之间的联系以及有关语义约束规则的方法，这些规则分为3个方面，即描述实体静态特征的数据结构、描述实体动态特征的数据操作规则和描述实体语义要求的数据完整性约束规则。因此，数据结构、数据操作及数据的完整性约束也被称为数据模型的3个组成要素。

1. 数据结构

数据结构研究数据之间的组织形式（数据的逻辑结构）、数据的存储形式（数据的物理结构）以及数据对象的类型等。存储在数据库中的对象类型的集合是数据库的组成部分。例如在教学管理系统中，要管理的数据对象有学生、课程、选课成绩等，在课程对象集中每门课程包括课程号、课程名、学分等信息，这些基本信息描述了每门课程的特性，构成在数据库中存储的框架，即对象类型。

数据结构用于描述系统的静态特性，是刻画一个数据模型性质最重要的方面。因此，在数据库系统中，通常按照其数据结构的类型来命名数据模型。例如，层次结构、网状结构和关系结构的数据模型分别命名为层次模型、网状模型和关系模型。

2. 数据操作

数据操作用于描述系统的动态特性，是指对数据库中的各种数据所允许执行的操作的集合，包括操作及有关的操作规则。数据库主要有查询和更新（包括插入、删除和修改等）两大类操作。数据模型必须定义这些操作的确切含义、操作符号、操作规则（如优先级）以及实现操作的语言。

3. 数据的完整性约束

数据的完整性约束是一组完整性规则的集合。完整性规则是给定的数据模型中数据及其联系所具有的约束和依存规则，用以限定符合数据模型的数据库状态以及状态的变化，以保证数据的正确、有效和相容。

　　数据模型应该反映和规定数据必须遵守的、基本的、通用的完整性约束。此外，数据模型还应该提供定义完整性约束条件的机制，以反映具体所涉及的数据必须遵守的、特定的语义约束条件。例如，在学生信息中的"性别"只能为"男"或"女"，学生选课信息中的"课程号"的值必须取自学校已开设课程的课程号等。

1.3.2　数据抽象的过程

　　从现实世界中的客观事物到数据库中存储的数据是一个逐步抽象的过程，这个过程经历了现实世界、观念世界和机器世界 3 个阶段，对应于数据抽象的不同阶段采用不同的数据模型。首先将现实世界的事物及其联系抽象成观念世界的概念模型，然后再转换成机器世界的数据模型。概念模型并不依赖于具体的计算机系统，它不是数据库管理系统所支持的数据模型，它是现实世界中客观事物的抽象表示。概念模型经过转换成为计算机上某一数据库管理系统支持的数据模型。所以说，数据模型是对现实世界进行抽象和转换的结果，这一过程如图 1-2 所示。

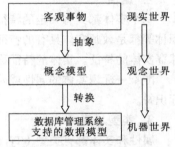

图 1-2　数据抽象的过程

　　1. 对现实世界的抽象

　　现实世界就是客观存在的世界，其中存在着各种客观事物及其相互之间的联系，而且每个事物都有自己的特征或性质。计算机处理的对象是现实世界中的客观事物，在对其实施处理的过程中，首先应了解和熟悉现实世界，从对现实世界的调查和观察中抽象出大量描述客观事物的事实，再对这些事实进行整理、分类和规范，进而将规范化的事实数据化，最终实现由数据库系统存储和处理。

　　2. 观念世界中的概念模型

　　观念世界是对现实世界的一种抽象，通过对客观事物及其联系的抽象描述，构造出概念模型（Conceptual Model）。概念模型的特征是按用户需求观点对数据进行建模，表达了数据的全局逻辑结构，是系统用户对整个应用项目涉及的数据的全面描述。概念模型主要用于数据库设计，它独立于实现时的数据库管理系统，也就是说选择何种数据库管理系统都不会影响概念模型的设计。

　　概念模型的表示方法有很多，目前较常用的是实体联系模型（Entity Relationship Model），简称 E-R 模型。E-R 模型主要用 E-R 图来表示。

　　3. 机器世界中的逻辑模型和物理模型

　　机器世界是指现实世界在计算机中的体现与反映。现实世界中的客观事物及其联系，在机器世界中以逻辑模型（Logical Model）描述。在选定数据库管理系统后，就要将 E-R 图表示的概念模型转换为具体的数据库管理系统支持的逻辑模型。逻辑模型的特征是按计算机实现的观点对数据进行建模，表达了数据库的全局逻辑结构，是设计人员对整个应用项目数据库的全面描述，逻辑模型服务于数据库管理系统的应用实现。通常，也把数据的逻辑模型直接称为数据模型。数据库系统中主要的逻辑模型有层次模型、网状模型和关系模型。

　　物理模型（Physical Model）是对数据最低层的抽象，用以描述数据在物理存储介质上的组织结构，与具体的数据库管理系统、操作系统和硬件有关。

　　从概念模型到逻辑模型的转换是由数据库设计人员完成的，从逻辑模型到物理模型的转换是由数据库管理系统完成的，一般人员不必考虑物理实现细节，因而逻辑模型是数据库系统的基础，也是应用过程中要考虑的核心问题。

1.3.3　概念模型

当分析某种应用环境所需的数据时，首先要找出涉及的实体及其实体之间的联系，进而得到概念模型，这是数据库设计的先导。

1. 实体与实体集

实体（Entity）是现实世界中任何可以相互区分和识别的事物，它可以是能触及的客观对象，例如一位教师、一名学生、一种商品等；还可以是抽象的事件，例如一场足球比赛、一次借书等。性质相同的同类实体的集合称为实体集（Entity Set）。例如，一个系的所有教师，2010 年南非世界杯足球赛的全部 64 场比赛等。

2. 属性

每个实体都具有一定的特征或性质，这样才能区分一个个实体。如教师的编号、姓名、性别、职称等都是教师实体具有的特征，足球赛的比赛时间、地点、参赛队、比分、裁判姓名等都是足球赛实体的特征。实体的特征称为属性（Attribute），一个实体可用若干属性来描述。

能唯一标识实体的属性或属性集，称为实体标识符。例如，教师的编号可以作为教师实体的标识符。

3. 类型与值

属性和实体都有类型（Type）和值（Value）之分。属性类型就是属性名及其取值类型，属性值就是属性所取的具体值。例如教师实体中的"姓名"属性，属性名"姓名"和取字符类型的值是属性类型，而"黎德瑟""王德浩"等是属性值。每个属性都有特定的取值范围，即值域（Domain），超出值域的属性值则认定为无实际意义。例如"性别"属性的值域为（男，女），"职称"属性的值域为（助教，讲师，副教授，教授）等。由此可见，属性类型是个变量，属性值是变量所取的值，而值域是变量的取值范围。

实体类型（Entity Type）就是实体的结构描述，通常是实体名和属性名的集合；具有相同属性的实体，有相同的实体类型。实体值是一个具体的实体，是属性值的集合。例如，教师实体类型是：

教师（编号，姓名，性别，出生日期，职称，基本工资，研究方向）

教师"王德浩"的实体值是：

（T6，王德浩，男，09/21/65，教授，2750，数据库技术）

由上可见，属性值所组成的集合表征一个实体，相应的这些属性名的集合表征了一个实体类型，同类型实体的集合称为实体集（Entity Set）。

在 SQL Server 中，用"表"来表示同一类实体，即实体集，用"记录"来表示一个具体的实体，用"字段"来表示实体的属性。显然，字段的集合组成一个记录，记录的集合组成一个表。实体类型则代表了表的结构。

4. 实体间的联系

实体之间的对应关系称为联系（Relationship），它反映了现实世界事物之间的相互关联。例如，图书和出版社之间的关联关系为一个出版社可出版多种书，同一种书只能在一个出版社出版。

实体间的联系是指一个实体集中可能出现的每一个实体与另一实体集中多少个具体实体存在联系。实体之间有各种各样的联系，归纳起来有 3 种类型。

（1）一对一联系

如果对于实体集 A 中的每一个实体，实体集 B 中至多只有一个实体与之联系，反之亦然，则称实体集 A 与实体集 B 具有一对一联系，记为 1∶1。例如，一个工厂只有一个厂长，一个厂长只在一个工厂任职，厂长与工厂之间的联系是一对一的联系。

（2）一对多联系

如果对于实体集 A 中的每一个实体，实体集 B 中可以有多个实体与之联系；反之，对于实体集 B 中的每一个实体，实体集 A 中至多只有一个实体与之联系，则称实体集 A 与实体集 B 有一对多的联系，记为 $1:n$。例如，一个公司有许多职员，但一个职员只能在一个公司就职，所以公司和职员之间的联系是一对多的联系。

（3）多对多联系

如果对于实体集 A 中的每一个实体，实体集 B 中可以有多个实体与之联系，而对于实体集 B 中的每一个实体，实体集 A 中也可以有多个实体与之联系，则称实体集 A 与实体集 B 之间有多对多的联系，记为 $m:n$。例如，一个读者可以借阅多种图书，任何一种图书可以被多个读者借阅，所以读者和图书之间的联系是多对多的联系。

5. E-R 图

概念模型是反映实体及实体之间联系的模型。在建立概念模型时，要逐一给实体命名，以示区别，并描述它们之间的各种联系。E-R 图（实体-联系图）是用一种直观的图形方式建立现实世界中实体及其联系模型的工具，也是数据库设计的一种基本工具。

E-R 模型（实体-联系模型）用矩形框表示现实世界中的实体，用菱形框表示实体间的联系，用椭圆形框表示实体和联系的属性，实体名、属性名和联系名分别写在相应框内。对于作为实体标识符的属性，在属性名下画一条横线。实体与相应的属性之间、联系与相应的属性之间用线段连接。联系与其涉及的实体之间也用线段连接，同时在线段旁标注联系的类型（$1:1$、$1:n$ 或 $m:n$）。

如图 1-3 所示为读者实体和图书实体的多对多联系模型，其中"借书证号"属性作为读者实体的标识符（不同读者的借书证号不同），"书号"属性作为图书实体的标识符。联系也可以有自己的属性，例如，读者实体和图书实体之间的"借阅"联系可以有"借书日期"属性。

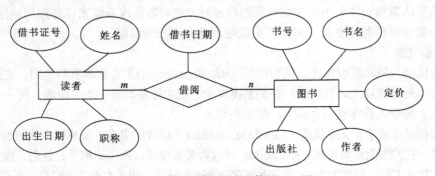

图 1-3　读者实体和图书实体的 E-R 图

1.3.4　逻辑模型

E-R 模型只能说明实体间语义的联系，还不能进一步说明详细的数据结构。在进行数据库设计时，总是先设计 E-R 模型，然后再把 E-R 模型转换成计算机能实现的逻辑数据模型，如关系模型。逻辑模型不同，其描述和实现方法也不同，相应的支持软件即数据库管理系统也不同。在数据库系统中，常用的逻辑模型有层次模型、网状模型和关系模型 3 种。

1. 层次模型

层次模型（Hierarchical Model）用树形结构来表示实体及其之间的联系。在这种模型中，数据被组织成由"根"开始的"树"，每个实体由根开始沿着不同的分支放在不同的层次上。树中的每一个结点代表一个实体类型，连线则表示它们之间的关系。根据树形结构的特点，建立数据的层次模型需要满足如下两个条件。

① 有一个结点没有父结点，这个结点即根结点。

② 其他结点有且仅有一个父结点。

事实上，许多实体间的联系本身就是自然的层次关系。如一个单位的行政机构、一个家庭的世代关系等。

层次模型的特点是各实体之间的联系通过指针来实现，查询效率较高。由于受到如上所述的两个条件的限制，它虽然可以比较方便地表示出一对一和一对多的实体联系，但是不能直接表示出多对多的实体联系。对于多对多的联系，必须先将其分解为几个一对多的联系，才能表示出来。因而，对于复杂的数据关系，实现起来较为麻烦，这就是层次模型的局限性。

采用层次模型来设计的数据库称为层次数据库。层次模型的数据库管理系统是最早出现的，它的典型代表是 IBM 公司在 1968 年推出的 IMS（Information Management System）系统，这是世界上最早出现的大型数据库系统。

2. 网状模型

网状模型（Network Model）是用以实体类型为结点的有向图来表示各实体及其之间的联系。其特点有如下两点。

① 可以有一个以上的结点无父结点。

② 至少有一个结点有多于一个的父结点。

网状模型要比层次模型复杂，但它可以直接用来表示多对多联系。然而由于技术上的困难，一些已实现的网状数据库管理系统（如 DBTG 系统）中仍然只允许处理一对多联系。

网状模型的特点是各实体之间的联系通过指针实现，查询效率较高，多对多联系也容易实现。但是当实体集和实体集中实体的数目都较多时（这对数据库系统来说是理所当然的），众多的指针使得管理工作相当复杂，对用户来说使用起来也比较麻烦。

3. 关系模型

与层次模型和网状模型相比，关系模型（Relational Model）有着本质的差别，它是用二维表格来表示实体及其相互之间的联系。在关系模型中，把实体集看成一个二维表，每一个二维表称为一个关系。每个关系均有一个名字，称为关系名。

关系模型是由若干个关系模式（Relational Schema）组成的集合，关系模式就相当于前面提到的实体类型，它的实例称为关系（Relation）。对教师关系模式：教师（编号，姓名，性别，出生日期，职称，基本工资，研究方向），其关系实例如表 1-1 所示，表 1-1 所示的即是一个教师关系。

表 1-1　　　　　　　　　　　　　　　　教师关系

编号	姓名	性别	出生日期	职称	基本工资	研究方向
T1	黎德瑟	女	09/24/56	教授	3200	软件工程
T2	蔡理仁	男	11/27/73	讲师	1960	数据库技术
T3	张肆谦	男	12/23/81	助教	1450	网络技术
T4	黄豆豆	男	01/27/63	副教授	2100	信息系统
T5	周武士	女	07/15/79	助教	1600	信息安全
T6	王德浩	男	09/21/65	教授	2750	数据库技术

　　一个关系就是没有重复行和重复列的二维表，二维表的每一行在关系中称为元组，每一列在关系中称为属性。教师关系的每一行代表一个教师的记录，每一列代表教师记录的一个字段。

　　虽然关系模型比层次模型和网状模型发展得晚，但它的数据结构简单、容易理解，而且它建立在严格的数学理论基础上，所以是目前比较流行的一种数据模型。自 20 世纪 80 年代以来，新推出的数据库管理系统几乎都支持关系模型。本书讨论的 SQL Server 2008 就是一种关系数据库管理系统。

1.4　关系数据库基础知识

　　在关系数据库中，数据的逻辑结构采用关系模型，即使用二维表格来描述实体及其相互间的联系。关系数据库一经问世，即赢得了用户的青睐和数据库开发商的支持，使其迅速成为继层次、网状数据库之后的一种崭新的数据组织方式，并且在数据库技术领域占据了统治地位。

1.4.1　关系数据库的基本概念

　　关系数据库的基本数据结构是关系，即平时所说的二维表格，在 E-R 模型中对应于实体集，而在数据库中关系又对应于表，因此二维表格、实体集、关系、表指的是同一概念，只是使用的场合不同而已。

1. 关系

　　通常将一个没有重复行、重复列，并且每个行列的交叉点只有一个基本数据的二维表格看成一个关系。二维表格包括表头和表中的内容，相应的，关系包括关系模式和记录的值，表包括表结构（记录类型）和表的记录，而满足一定条件的规范化关系的集合，就构成了关系模型。

　　尽管关系对应于二维表格，但严格地说，关系是一种规范化了的二维表格。在关系模型中，对关系做了种种规范性限制，关系具有以下 6 条性质。

　　① 关系必须规范化，每一个属性都必须是不可再分的数据项。规范化是指关系模型中每个关系模式都必须满足一定的要求，最基本的要求是关系必须是一个二维表格，每个属性值必须是不可分割的最小数据单元，即表中不能再包含表。例如，表 1-2 所示的表格示例即不能直接作为一个关系。因为该表的"工资标准"一列有 3 个子列，这与每个属性不可再分割的要求不符。只要去掉"工资标准"项，而将"基本工资""标准津贴""业绩津贴"等直接作为基本的数据项就可以了。

表 1-2　　　　　　　　　　　　　不能直接作为关系的表格示例

编号	姓名	工资标准		
		基本工资（元）	标准津贴（元）	业绩津贴（元）
E1	张东	2350	2500	1780
E2	王南	1450	1350	1560
E3	李西	2450	2900	1870
E4	陈北	1780	2300	1780

　　② 列是同质的（Homogeneous），即每一列中的分量是同一类型的数据，来自同一个域。
　　③ 在同一关系中不允许出现相同的属性名。

④ 关系中不允许有完全相同的元组。

⑤ 在同一关系中元组的次序无关紧要，也就是说，任意交换两行的位置并不影响数据的实际含义。

⑥ 在同一关系中属性的次序无关紧要，任意交换两列的位置不影响数据的实际含义，不会改变关系模式。

以上是关系的基本性质，也是衡量一个二维表格是否构成关系的基本要素。在这些基本要素中，属性不可再分割是关键，这构成了关系的基本规范。

在关系模型中，数据结构简单、清晰，同时有严格的数学理论作为指导，为用户提供了较为全面的操作支持，因此关系数据库成为了当今数据库应用的主流。

2. 元组

二维表格的每一行在关系中称为元组（Tuple），相当于表的一个记录（Record）。一行描述了现实世界中的一个实体。如表 1-1 所示，每行都描述了一个教师的基本信息。在关系数据库中，行是不能重复的，即不允许两行的全部元素完全对应相同。

3. 属性

二维表格的每一列在关系中称为属性（Attribute），相当于记录中的一个字段（Field）或数据项。每个属性有一个属性名，一个属性在其每个元组上的值称为属性值，因此一个属性包括多个属性值，只有在指定元组的情况下，属性值才是确定的。同时，每个属性有一定的取值范围，称为该属性的值域，表 1-1 所示关系中的第 3 列，属性名是“性别”，取值是“男”或“女”，不是“男”或“女”的数据应被拒绝存入该表，这就是数据约束条件。同样，在关系数据库中，列是不能重复的，即关系的属性不允许重复。属性必须是不可再分的，即属性是一个基本的数据项，不能是几个数据的组合项。

有了属性概念后，可以这样定义关系模式和关系模型：关系模式是属性名及属性值域的集合，关系模型是一组相互关联的关系模式的集合。

4. 关键字

关系中能唯一区分、确定不同元组的单个属性或属性组合，称为该关系的一个关键字。关键字又称为键或码（Key）。单个属性组成的关键字称为单关键字，多个属性组合的关键字称为组合关键字。需要强调的是，关键字的属性值不能取“空值”。所谓空值就是“不知道”或“不确定”的值，因为空值无法唯一地区分、确定元组。

表 1-1 所示的关系中，“性别”属性无疑不能充当关键字，“职称”属性也不能充当关键字，从该关系现有的数据分析，“编号”和“姓名”属性均可单独作为关键字，但“编号”作为关键字会更好一些，因为可能会有教师重名的现象，而教师的编号是不会相同的。这也说明，某个属性能否作为关键字，不能仅凭对现有数据进行归纳确定，还应根据该属性的取值范围进行分析判断。

关系中能够作为关键字的属性或属性组合可能不是唯一的。凡在关系中能够唯一区分、确定不同元组的属性或属性组合，称为候选码，也称候选关键字（Candidate Key）。例如，表 1-1 所示关系中的“编号”和“姓名”属性都是候选关键字（假定没有重名的教师）。

在候选关键字中选定一个作为关键字，称为该关系的主关键字或主键（Primary Key）。关系中主关键字的取值是唯一的。

5. 外部关键字

如果关系中某个属性或属性组合并非本关系的关键字，但却是另一个关系的关键字，则称这样的属性或属性组合为本关系的外部关键字或外键（Foreign Key）。在关系数据库中，用外部关键字表示两个表之间的联系。例如，表 1-1 所示的教师关系中，增加"部门代码"属性，则"部门代码"属性就是一个外部关键字。该属性是"部门"关系的关键字，该外部关键字描述了"教师"和"部门"两个实体之间的联系。

1.4.2　关系运算

在关系模型中，数据是以二维表格的形式存在的，这是一种非形式化的定义。由于关系是属性个数相同的元组的集合，因此，可以从集合论角度对关系进行集合运算。

利用集合论的观点，关系是元组的集合，每个元组包含的属性数目相同，其中属性的个数称为元组的维数。通常，元组用圆括号括起来的属性值表示，属性值间用逗号隔开。例如，（E1，张东，女）是一个元组。

设 A_1，A_2，…，A_n 是关系 R 的属性，通常用 R（A_1，A_2，…，A_n）来表示这个关系的一个框架，也称为 R 的关系模式。属性的名字唯一，属性 A_i 的取值范围 D_i（$i=1$，2，…，n）称为值域。

将关系与二维表进行比较可以看出两者存在简单的对应关系，关系模式对应一个二维表的表头，而关系的一个元组就是二维表的一行。在很多时候，甚至不加区别地使用这两个概念。例如，职工关系 R={（E1，张东，女），（E2，王南，男），（E3，李西，男），（E4，陈北，女）}，相应的二维表格表示形式如表 1-3 所示。

表 1-3　　　　　　　　　　　　　　　职工关系 R

编号	姓名	性别
E1	张东	女
E2	王南	男
E3	李西	男
E4	陈北	女

在关系运算中，并、交、差运算是从元组（即表格中的一行）的角度来进行的，沿用了传统的集合运算规则，也称为传统的关系运算。而连接、投影、选择运算是关系数据库中专门建立的运算规则，不仅涉及行而且涉及列，故称为专门的关系运算。

1. 传统的关系运算

（1）并（Union）

设 R、S 同为 n 元关系，且相应的属性取自同一个域，则 R、S 的并也是一个 n 元关系，记作 R∪S。R∪S 包含了所有分属于 R、S 或同属于 R、S 的元组。因为集合中不允许有重复元素，因此，同时属于 R、S 的元组在 R∪S 中只出现一次。

（2）差（Difference）

设 R、S 同为 n 元关系，且相应的属性取自同一个域，则 R、S 的差也是一个 n 元关系，记作 R-S。R-S 包含了所有属于 R 但不属于 S 的元组。

（3）交（Intersection）

设 R、S 同为 n 元关系，且相应的属性取自同一个域，则 R、S 的交也是一个 n 元关系，记作 R∩S。R∩S 包含了所有同属于 R、S 的元组。

实际上，交运算可以通过差运算的组合来实现，例如 $A \cap B = A - (A-B)$ 或 $B - (B-A)$。

（4）广义笛卡尔积

设 R 是一个包含 m 个元组的 j 元关系，S 是一个包含 n 个元组的 k 元关系，则 R、S 的广义笛

卡儿积是一个包含 $m \times n$ 个元组的 $j+k$ 元关系，记作 $R \times S$，定义

$$R \times S = \{ (r_1, r_2, \ldots, r_j, s_1, s_2, \ldots, s_k) \mid (r_1, r_2, \ldots, r_j) \in R \text{ 且 } \{s_1, s_2, \ldots, s_k\} \in S\}$$

即 $R \times S$ 的每个元组的前 j 个分量是 R 中的一个元组，而后 k 个分量是 S 中的一个元组。

【例 1-1】 设 $R = \{ (a_1, b_1, c_1), (a_1, b_2, c_2), (a_2, b_2, c_1) \}$，$S = \{ (a_1, b_2, c_2), (a_1, b_3, c_2), (a_2, b_2, c_1) \}$，求 $R \cup S$、$R-S$、$R \cap S$、$R \times S$。

根据运算规则，有如下结果：

$R \cup S = \{ (a_1, b_1, c_1), (a_1, b_2, c_2), (a_2, b_2, c_1), (a_1, b_3, c_2) \}$

$R-S = \{ (a_1, b_1, c_1) \}$

$R \cap S = \{ (a_1, b_2, c_2), (a_2, b_2, c_1) \}$

$R \times S = \{ (a_1, b_1, c_1, a_1, b_2, c_2), (a_1, b_1, c_1, a_1, b_3, c_2), (a_1, b_1, c_1, a_2, b_2, c_1), (a_1, b_2, c_2, a_1, b_2, c_2), (a_1, b_2, c_2, a_1, b_3, c_2), (a_1, b_2, c_2, a_2, b_2, c_1), (a_2, b_2, c_1, a_1, b_2, c_2), (a_2, b_2, c_1, a_1, b_3, c_2), (a_2, b_2, c_1, a_2, b_2, c_1) \}$

$R \times S$ 是一个包含 9 个元组的 6 元关系。

2. 专门的关系运算

（1）选择（Selection）

设 $R = \{ (a_1, a_2, \ldots, a_n) \}$ 是一个 n 元关系，F 是关于 $(a_1, a_2, \ldots, a_n)$ 的一个条件，R 中所有满足 F 条件的元组组成的子关系称为 R 的一个选择，记作 $\sigma_F(R)$，并定义：

$$\sigma_F(R) = \{ (a_1, a_2, \ldots, a_n) \mid (a_1, a_2, \ldots, a_n) \in R \text{ 且 } (a_1, a_2, \ldots, a_n) \text{ 满足条件 } F\}$$

简言之，对 R 关系按一定规则筛选一个子集的过程就是对 R 施加了一次选择运算。

（2）投影（Projection）

设 $R = R(A_1, A_2, \ldots, A_n)$ 是一个 n 元关系，$\{i_1, i_2, \ldots, i_m\}$ 是 $\{1, 2, \ldots, n\}$ 的一个子集，并且 $i_1 < i_2 < \ldots < i_m$，定义：

$$\pi(R) = R_1(A_{i_1}, A_{i_2}, \cdots, A_{i_m})$$

即 $\pi(R)$ 是 R 中只保留属性 A_{i_1}、A_{i_2}、$\cdots$、A_{i_m} 的新的关系，称 $\pi(R)$ 是 R 在 A_{i_1}、A_{i_2}、$\cdots$、A_{i_m} 属性上的一个投影，通常记作 $\pi_{(A_{i_1}, A_{i_2}, \cdots, A_{i_m})}(R)$。

通俗地讲，关系 R 上的投影是从 R 中选择出若干属性列组成新的关系。

（3）联结（Join）

联结是从两个关系的笛卡儿积中选取属性间满足一定条件的元组，记作 $R \underset{A\theta B}{\bowtie} S$，其中 A 和 B 分别为 R 和 S 上维数相等且可比的属性组，θ 是比较运算符。联结运算从 R 和 S 的笛卡儿积 $R \times S$ 中选取（R 关系）在 A 属性组上的值与（S 关系）在 B 属性组上值满足比较关系 θ 的元组。

联结运算中有两种常用的联结，一种是等值联结（Equijoin），另一种是自然联结（Natural Join）。θ 为=的联结运算称为等值联结，它是从关系 R 与 S 的笛卡儿积中选取 A、B 属性值相等的那些元组。自然联结是一种特殊的等值联结，它要求关系 R 中的属性 A 和关系 S 中的属性 B 名字相同，并且在结果中把重复的属性去掉。一般的联结操作是从行的角度进行运算，但自然联结还需要取消重复列，所以是同时从行和列的角度进行运算。

在关系 R 和 S 进行自然联结时，选择两个关系在公共属性上值相等的元组构成新的关系，此时，关系 R 中的某些元组有可能在关系 S 中不存在公共属性值上相等的元组，造成关系 R 中这些元组的值在操作时被舍弃。同样的原因，关系 S 中的某些元组也有可能被舍弃。为了在操作时能保存这些将被舍弃的元组，提出了外联结（Outer Join）操作。

如果 R 和 S 进行自然联结时，把该舍弃的元组也保存在新关系中，同时在这些元组新增加的属性上填上空值（Null），这种联结就称为外联结。如果只把 R 中要舍弃的元组放到新关系中，那么这种连接称为左外联结；如果只把 S 中要舍弃的元组放到新关系中，那么这种连接称为右外联结；如果把 R 和 S 中要舍弃的元组都放到新关系中，那么这种连接称为完全外联结。

【例 1-2】　设有两个关系模式 R（A，B，C）和 S（B，C，D），其中关系 R={（a, b, c），（b, b, f），（c, a, d）}，关系 S={（b, c, d），（b, c, e），（a, d, b），（e, f, g）}，分别求 $\pi_{(A, B)}$（R）、$\pi_{A=b}$（R）、$R\underset{R.A=S.B}{\bowtie}S$、$R$ 和 S 自然联结、R 和 S 完全外联结、R 和 S 左外联结、R 和 S 右外联结的结果。

根据联结运算的规则，结果如下：

$\pi_{(A, B)}$（R）={（a, b），（b, b），（c, a）}

$\pi_{A=b}$（R）={（b, b, f）}

$R\underset{R.A=S.B}{\bowtie}S$={（$a$, b, c, a, d, b），（b, b, f, b, c, d），（b, b, f, b, c, e）}

R 和 S 自然联结={（a, b, c, d），（a, b, c, e），（c, a, d, b）}

R 和 S 完全外联结={（a, b, c, d），（a, b, c, e），（c, a, d, b），（b, b, f, Null），（Null, e, f, g）}

R 和 S 左外联结={（a, b, c, d），（a, b, c, e），（c, a, d, b），（b, b, f, Null）}

R 和 S 右外联结={（a, b, c, d），（a, b, c, e），（c, a, d, b），（Null, e, f, g）}

【例 1-3】　一个关系数据库由职工关系 E 和工资关系 W 组成，关系模式如下：

E（编号，姓名，性别）

W（编号，基本工资，标准津贴，业绩津贴）

写出实现以下功能的关系运算表达式。

① 查询全体男职工的信息。

② 查询全体男职工的编号和姓名。

③ 查询全体职工的基本工资、标准津贴和业绩津贴。

根据运算规则，写出关系运算表达式如下：

① 对职工关系 E 进行选择运算，条件是"性别='男'"，关系运算表达式是：

$$\sigma_{性别='男'}（E）$$

② 先对职工关系 E 进行选择运算，条件是"性别='男'"，这时得到一个"男"职工关系，再对"男"职工关系在属性"编号"和"姓名"上做投影计算，关系运算表达式是：

$$\pi_{（编号，姓名）}（\sigma_{性别='男'}（E））$$

③ 先对职工关系 E 和工资关系 W 进行联结运算，联结条件是"E.编号=W.编号"，这时得到一个职工工资关系，再对职工工资关系做投影计算，关系运算表达式是：

$$\pi_{（编号，姓名，基本工资、标准津贴，业绩津贴）}（E\underset{E.编号=W.编号}{\bowtie}W）$$

1.4.3　关系的完整性约束

为了防止不符合规则的数据进入数据库，数据库管理系统提供了一种对数据的监测控制机制，这种机制允许用户按照具体应用环境定义自己的数据有效性和相容性条件，在对数据进行插入、删除、修改等操作时，数据库管理系统自动按照用户定义的条件对数据实施监测，使不符合条件的数据不能进入数据库，以确保数据库中存储的数据正确、有效、相容，这种监测控制机制称为数据完整性保护，用户定义的条件称为完整性约束条件。在关系模型中，数据完整性包括实体完整性(Entity Integrity)、参照完整性(Referential Integrity)及用户定义完整性(User-defined Integrity)3 种。

1. 实体完整性

现实世界中的实体是可区分的，即它们具有某种唯一性标识。相应的，关系模型中以主关键字作为唯一性标识。主关键字中的属性即主属性不能取空值。如果主属性取空值，就说明存在某个不可标识的实体，即存在不可区分的实体，这与现实世界的应用环境相矛盾，因此这个实体一定不是一个完整的实体。

实体完整性就是指关系的主属性不能取空值，并且不允许两个元组的关键字值相同。也就是一个二维表中没有两个完全相同的行，因此实体完整性也称为行完整性。

2. 参照完整性

现实世界中的实体之间往往存在某种联系，在关系模型中实体及实体间的联系都是用关系来描述的，这样就自然存在着关系与关系间的引用。

设 F 是关系 R 的一个或一组属性，但不是关系 R 的关键字，如果 F 与关系 S 的主关键字 Ks 相对应，则称 F 是关系 R 的外部关键字，并称关系 R 为参照关系（ Referencing Relation ），关系 S 为被参照关系（ Referenced Relation ）或目标关系（ Target Relation ）。

参照完整性规则就是定义外部关键字与主关键字之间的引用规则，即对于 R 中每个元组在 F 上的值必须取空值或等于 S 中某个元组的主关键字值。

3. 用户定义完整性

实体完整性和参照完整性适用于任何关系数据库系统。除此之外，不同的关系数据库系统根据其应用环境的不同，往往还需要一些特殊的约束条件，用户定义的完整性就是针对某一具体关系数据库的约束条件，它反映某一具体应用所涉及的数据必须满足的语义要求，例如规定关系中某一属性的取值范围。

1.5 关系的规范化理论

在关系数据库系统中，关系模型包括一组关系模式，因此设计关系数据库的一个最基本的问题是怎样建立一组合理的关系模式，使数据库系统无论是在数据存储方面，还是在数据操作方面都具有较好的性能。一个好的关系模型应该包含多少个关系模式，而每个关系模式又应该包含哪些属性，又如何将这些相互关联的关系模式构建成一个合适的关系模型，这是在进行数据库设计之前必须明确的问题。为使数据库设计更加合理可靠、简单实用，长期以来形成了关系数据库设计理论，即规范化理论。它是根据现实世界存在的数据依赖而进行关系模式的规范化处理，从而得到一个合理的数据库。

1.5.1 关系模式的数据冗余和操作异常问题

数据冗余是指同一个数据在系统中多次重复出现。在数据管理中，数据冗余一直是影响系统性能的大问题。在文件系统中，由于文件之间没有联系，从而引起一个数据在多个文件中出现。数据库系统克服了文件系统的这种缺陷，但是如果关系模式设计得不好，仍然会像文件系统一样出现数据的冗余、异常和不一致等问题。

设有商品供应关系模式：商品供应（供应商名称，供应商地址，联系人，商品名称，订货数量，单价），该模式的一个关系实例如表 1-4 所示。

在商品供应关系模式中，一个供应商可以供应多种商品，同一种商品也可以由多个供应商供应，所以供应商和商品之间是多对多的联系。因此，一个供应商供应一种商品就构成该关系中的一个元组；同一个供应商如果供应多种商品，在该关系中就有多个元组存在。所以，决定该关系中一个元组值的唯一关键字是供应商名称和商品名称的组合。

表 1-4　　　　　　　　　　　　　　　　商品供应关系

供应商名称	供应商地址	联系人	商品名称	订货数量	单价
科海电子有限公司	韶山南路 22 号	章铁一	笔记本计算机	10	9800.00
科海电子有限公司	韶山南路 22 号	章铁一	激光打印机	5	2800.00
达仁计算机公司	芙蓉南路 127 号	李牧	笔记本计算机	5	10200.00
美希信息实业公司	五一路 99 号	林嘉威	喷墨打印机	5	780.00
美希信息实业公司	五一路 99 号	林嘉威	交换机	2	350.00

分析商品供应关系模式，会发现这是一个不好的关系模式，因为它存在数据冗余和操作异常问题。

1．数据冗余

在商品供应关系中，供应商名称、供应商地址、联系人对每种商品名称都要重复输入一次。如果一个供应商供应多种商品，即使它的名称、地址、联系人不改变，也要输入多次，既造成数据冗余，又会引起输入上的麻烦。如"科海电子有限公司"和"美希信息实业公司"及其地址、联系人都在表中出现了两次，这不仅浪费了存储空间，更有可能导致出现数据更新后产生数据不一致的情况。

2．操作异常

由于存在数据冗余，就可能导致数据操作异常，这主要表现在以下几个方面。

（1）更新异常

由于数据冗余，每个供应商的地址、联系人存在于多个元组中，当更新一个供应商的地址或联系人时，必须注意更新多个元组，否则会产生同一个供应商有不同的地址或联系人，使数据库的数据与事实不符，产生了数据的不一致性。如"科海电子有限公司"更换了联系人后，必须把相关的每行的数据同时进行更新，漏掉一处就会造成数据的不一致。

（2）插入异常

首先，关系中不允许有数据完全相同的行，但表 1-4 难以满足这个要求，一旦在不同时间从同一个供应商处购买了相同数量的同种商品，并假设从同一个供应商处采购的同类商品的单价相同，则描述这两次不同进货信息的元组就会完全相同。

其次，就算在该模式中增加一个订货日期属性可以解决上述问题，但也存在另外的问题，当该公司新发展了一个供应商，但目前还没有订货时（这在实际供销活动中是经常的事情），则无法在表中插入该供应商的信息。因为供应商名称和商品名称共同组成商品供应关系的关键字，没有商品名称相当于关键字的一部分为空值，这样的元组不能插入到关系中去，从而造成插入异常。

（3）删除异常

如果为了提高数据处理效率而把一些时间比较长的元组删除，就可能把一些最近没有业务往来的供应商的信息删除。如该公司有半年时间未从"科海电子有限公司"进货，当从表 1-4 中删除半年以前的数据时，就会把有关"科海电子有限公司"的两个元组全部删除，从该表中再也查不到"科海电子有限公司"的信息，从而造成删除异常。

因为上述关系模式存在数据冗余，就会引起更新异常、插入异常和删除异常等，所以这是一个不好的关系模式。如果把上述关系模式改造一下，即把它分解为如下两个模式。

供应商（供应商名称，供应商地址，联系人）

供应（供应商名称，商品名称，订货数量，单价）

在这两个模式中，数据的冗余大大减少，而且消除了更新异常、插入异常和删除异常现象。因为每个供应商的信息只在供应商表中用一个元组值记录下来，改变供应商的地址或联系人只需改变这一个元组值即可。该关系的关键字是供应商名称。供应关系模式中的主关键字是供应商名称和商品名称。每个供应商供应了一种商品，就在供应关系中插入一个相应的元组。如果某供应商没有供货，或者它的供货全部被删除了，在供应关系表中就没有了相应的元组，但是供应商的信息在供应商表中仍然存在。当然，如果一个供应商的信息从供应商表中全部被删除，在供应关系中也就不能存在被删除供应商的供应信息。因为供应关系中的供应商名称来自于供应商关系表。

如何构造一个好的关系模式呢？简单地说，就是消除上面提到的数据冗余和操作异常的模式，这种模式就是一个比较好的模式。上述模式之所以会发生插入异常和删除异常，是因为在这个模式中，属性间的函数依赖存在一些不好的性质。如何分析一个关系模式有哪些不好的性质，如何消除这些不好的性质，把一个不好的关系模式分解改造为一个好的关系模式，这就是关系数据库设计过程中要讨论的规范化理论问题。

1.5.2　函数依赖的基本概念

定义 1　设有关系模式 $R(A_1, A_2, \ldots, A_n)$ 或简记为 $R(U)$，X、Y 是 U 的子集，r 是 R 的任一具体关系，如果对 r 的任意两个元组 t_1、t_2，由 $t_1[X]=t_2[X]$ 导致 $t_1[Y]=t_2[Y]$，则称 X 函数决定 Y，或 Y 函数依赖于 X，记为 $X{\rightarrow}Y$。$X{\rightarrow}Y$ 为模式 R 的一个函数依赖。这里 $t_1[X]$ 表示元组 t_1 在属性集 X 上的值，其余符号表示的含义类似。

这个定义可以这样理解：有一个设计好的二维表格，X、Y 是表的某些列（可以是一列，也可以是多列），若在表中的 t_1 行和 t_2 行上的 X 值相等，那么必有 t_1 行和 t_2 行上的 Y 值也相等，这就是说 Y 函数依赖于 X。

根据定义，对于任意 X、Y，当 $X{\supseteq}Y$ 时，都有 $X{\rightarrow}Y$，这样的函数依赖称为平凡依赖，否则称为非平凡函数依赖。

可能容易将 $X{\rightarrow}Y$ 这样的函数依赖理解为可以根据某种计算方法由 X 求得 Y，从而在关系数据表中只要存储 X 即可，但这是一种误解。所谓 $X{\rightarrow}Y$，只是指出 X 和 Y 之间存在一种映射关系，但映射规则一般只能由关系表本身来定义。

假设有员工关系模式 R（员工代码，姓名，民族，基本工资），说"员工代码→民族"是 R 的一个函数依赖，只是说员工代码确定后，其民族就确定了（一般来说，员工代码与员工是一一对应的，而一个员工只能属于一个民族），但如果没有其他资料，是根本无法由员工代码通过某种计算而获知其民族的。R 关系表正好定义了这种对应规则。当给定了一个员工代码后，就可以通过查询 R 关系表而获得该员工的民族信息。

定义 2　R、X、Y 如定义 1 所设，如果 $X{\rightarrow}Y$ 成立，但对 X 的任意真子集 X_1，都有 $X_1{\rightarrow}Y$ 不成立，称 Y 完全函数依赖于 X，否则，称 Y 部分函数依赖于 X。

所谓完全依赖是说明在依赖关系的决定项（即依赖关系的左项）中没有多余属性，有多余属性就是部分依赖。

设有学生关系模式 R（学号，姓名，出生年月，班号，班长姓名，课程号，成绩），可知"（学号，班号，课程号）→成绩"是 R 的一个部分函数依赖关系。因为有决定项的真子集（学号，课程号），使得"（学号，课程号）→成绩"成立。

定义 3 设 X、Y、Z 是关系模式 R 的不同属性集，若 $X→Y$（但 $Y→X$ 不成立），$Y→Z$，称 X 传递函数决定 Z，或称 Z 传递函数依赖于 X。

例如，在学生关系模式中，有"学号→班号"，但"班号→学号"不成立，而"班号→班长姓名"，所以有"班长姓名"传递函数依赖于"学号"。

在定义 3 中，如果 $Y→X$ 也成立，则称 Z 直接函数依赖于 X，而不是传递函数依赖。例如，在学生关系模式中，当学生没有重名时，有"学号→姓名""姓名→学号""姓名→班号"，这是"班号"对"学号"是直接函数依赖，而不是传递函数依赖。

函数依赖属于语义范畴的概念，属性间的依赖关系完全由各属性的实际意义确定。所以，只有在深入分析研究实际数据对象和各属性的意义后，才可能列出函数依赖关系式。例如，在学生关系模式中，"姓名→出生年月"这个函数依赖只有在没有重名的条件下成立，如果有名字相同的学生，"出生年月"就不再函数依赖于"姓名"了。

1.5.3 关系模式的范式

在一个设计得不好的关系模式中，会存在很多异常现象。研究证明，关系模式只要满足一定条件，就可避免这些异常情况。通常将关系模式规范化过程为不同程度的规范化要求设立的不同标准称为模式的范式（Normal Form，NF）。

1. 主属性与非主属性

前面讨论过候选关键字与关键字，下面将在函数依赖理论的基础上，比较严格地论述这些概念。

（1）候选关键属性和关键属性

定义 4 设关系模式 $R(A_1, A_2, …, A_n)$，$A_i(i=1, 2, …, n)$ 是 R 的属性，X 是 R 的一个属性组，如果

① $X→(A_1, A_2, …, A_n)$。

② 对于 X 的任意真子集 X_1，$X_1→(A_1, A_2, …, A_n)$ 不成立。

则称属性组 X 是关系模式 R 的一个候选关键属性。

上述条件①表示 X 能唯一决定一个元组，而条件②表示 X 中没有多余属性，判断一个属性集是否组成一个候选关键属性时，上述两个条件是缺一不可的。

如果关系模式 R 只有一个候选关键属性，称这唯一的候选关键属性为关键属性，否则，应从多个候选关键属性中指定一个作为关键属性。习惯上把候选关键属性称为候选关键字，关键属性称为关键字。

从定义得知，对于关系模式 R，R 的任何两个元组在候选关键属性上的属性值应不完全相同。

（2）主属性和非主属性

一个关系模式 R 可能有多个候选关键属性，而一个候选关键属性又可能包含多个属性，这样，R 的所有属性 $A_i(i=1, 2, …, n)$ 按是否属于一个候选关键属性被划分为两类，即主属性和非主属性。

定义 5 设 A_i 是关系模式 R 的一个属性，若 A_i 属于 R 的某个候选关键属性，称 A_i 是 R 的主属性，否则，称 A_i 为非主属性。

应该注意的是，单个主属性并不一定能作为候选关键属性。

2. 第 1 范式

对关系模式的规范化要求分成从低到高不同的层次，分别称为第 1 范式、第 2 范式、第 3 范式、Boyce-Codd 范式、第 4 范式和第 5 范式，本书只讨论前 4 种范式。

定义 6　当关系模式 R 的所有属性都不能分解为更基本的数据元素时，即 R 的所有属性均满足原子特征时，称 R 满足第 1 范式（1NF）。

例如，如果关于员工的关系中有一个工资属性，而工资又由更基本的两个数据项基本工资和岗位工资组成，则这个员工的关系模式就不满足 1NF。

满足第 1 范式是关系模式规范化的最低要求，否则，将有许多基本操作在这样的关系模式中实现不了，如上述的员工关系模式就实现不了按基本工资的 20% 给每位员工增加工资的操作要求。当然，属性是否可以一步分解，是相对于应用要求来说的，同样是上述员工关系模式，如果关于这个模式的任何操作都不涉及基本工资和岗位工资，那么对工资也就没有进一步分解的要求，则这个关系模式也就符合 1NF。

满足第 1 范式的关系模式还会存在插入、删除、修改异常的现象，要消除这些异常，还要满足更高层次的规范化要求。

3. 第 2 范式

定义 7　如果关系模式 R 满足 1NF，并且 R 的所有非主属性都完全函数依赖于 R 的每一个候选关键属性，称 R 满足第 2 范式（2NF）。

设有借书关系模式 R（读者编号，工作单位，图书编号，借阅日期，归还日期），很容易判断出 R 满足 1NF（这里假设日期数据是不可分解的基本数据）。

如果进一步假定，每个读者只能借阅同一种编号的图书一次（这与实际情况可能有差距），在这样的假设下可以看出，属性组（读者编号，图书编号）是 R 的一个候选关键字。R 中的"工作单位"属性只部分函数依赖于该候选关键字。因为（读者编号，图书编号）→工作单位，读者编号→工作单位，即候选关键字的子集也能函数决定"工作单位"属性。所以，R 关系模式不满足第 2 范式。尽管在借书登记表中登记每个读者的工作单位是有某种方便，但明显是不合理的。当一个读者因为某种原因调动了工作单位，需修改其借书登记表 R 中的"工作单位"属性值时，就要找到他每一次的借书登记记录，将其"工作单位"属性值一一进行修改，这就是由于 R 不满足第 2 范式而带来的麻烦。

4. 第 3 范式

满足了第 2 范式的关系是否就完全消除了各种异常呢？下面来看一个实例。

设有公司关系模式 R（公司注册号，法人代表，注册城市，所在省），其中"公司注册号"是 R 的候选关键字。这个关系的每一个属性都不能进一步分解，因而满足第 1NF。又由于 R 的候选关键字只包含一个属性，因而 R 的非主属性对候选关键字不存在部分函数依赖的问题，所以 R 满足第 2NF。但是，R 仍然不是一个好的关系模式，如果一个城市有 10 000 家公司，则该城市所在省名就要在 R 关系表中重复 10 000 次，数据高度冗余。因此，有必要寻找更强的规范条件。

定义 8　如果关系模式 R 满足 1NF，并且 R 的所有非主属性都不传递函数依赖于 R 的每一个候选关键字，称 R 满足第 3 范式（3NF）。

不满足 3NF 的关系模式中必定存在非主属性对候选关键字的传递函数依赖。再来考查公司关系模式 R。在 R 中，公司注册号→注册城市，注册城市→所在省，所以公司注册号→所在省，即 R 的非主属性"所在省"传递函数依赖于其候选关键属性"公司注册号"，因而 R 不满足 3NF。

关于 3NF，有一个重要结论，这里对这个结论只叙述而不进行形式证明。

定理 1　若关系模式 R 符合 3NF 条件，则 R 一定符合 2NF 条件。

5. Boyce-Codd 范式

在 3NF 中，并未排除主属性对候选关键字的传递函数依赖，因此有必要对 3NF 进一步规范化，为此 Boyce 和 Codd 共同提出了一个更高一级的范式，这就是 Boyce-Codd 范式（BCNF）。

定义 9　如果关系模式 R 满足 1NF，且 R 的所有属性都不传递函数依赖于 R 的每一个候选关键字，称 R 满足 BCNF。

BCNF 是比 3NF 更强的规范，有下面的结论（证明略）。

定理 2　若关系模式 R 符合 BCNF 条件，则 R 一定符合 3NF 条件，但反过来却不一定成立。

尽管在很多情况下，3NF 也就是 BCNF，但两者是不等价的，可以设计出符合 3NF 而不符合 BCNF 的关系实例。设有关系模式 R（书号，书名，作者名），如果约定每个书号只有一个书名，但不同书号可以有相同书名；每本书可以由多个作者合写，但每个作者参与编写的书名应该互不相同。这样的约定可以用下列两个函数依赖表示：

> 书号→书名
> （书名，作者名）→书号

关系模式 R 的候选关键字为（书号，作者名）和（书名，作者名），因而 R 的属性都是主属性，R 满足 3NF。但从上述两个函数依赖可以看出，书名属性传递函数依赖于候选关键字（书名，作者名），因此 R 不符合 BCNF。例如，一本书由多个作者编写时，其书名和书号间的联系在关系中将多次出现，从而产生数据冗余和操作异常现象。

1.5.4　关系模式的分解

从上面的讨论中得知，符合 3NF 或 BCNF 标准的关系模式就会有比较好的性质，不会出现数据冗余或操作异常等情况，但是在实际应用过程中，所建立的许多关系并不符合 3NF，这就出现将一个不满足 3NF 条件的关系模式改造为符合 3NF 模式的要求，这种改造的方法就是对原有关系模式进行分解。

1. 关系模式分解的一般问题

所谓关系模式的分解，就是对原有关系模式在不同的属性上进行投影，从而将原有关系模式分解为含有较少属性的多个关系模式。在阐述分解方法之前，有必要就分解的一般问题先进行讨论。下面先看一个实例，如表 1-5 所示。

表 1-5　　　　　　　　　　　　　　　　员工奖金分配表

员工号	姓名	部门	月份	月度奖
00901	张小强	办公室	2013-05	380
00902	陈斌	一车间	2013-05	450
00903	李哲	销售科	2013-05	880
00904	赵大明	设计科	2013-05	850
00905	冯珊	办公室	2013-05	350
00906	张青松	销售科	2013-05	920
00901	张小强	办公室	2013-06	350
00902	陈斌	一车间	2013-06	480

续表

员工号	姓名	部门	月份	月度奖
00903	李哲	销售科	2013-06	850
00904	赵大明	设计科	2013-06	860
00905	冯珊	办公室	2013-06	360
00906	张青松	销售科	2013-06	900

表 1-5 所示关系的关键属性是属性组（员工号，月份），它也是唯一的候选关键属性（这里假定姓名有重名情况），从前面的知识可以知道，这个关系不满足 2NF，因为该关系的非主属性"姓名"和"部门"都只部分函数依赖于候选关键字（员工号，月份）。解决这个问题的基本方法是将其分解为两个关系，如表 1-6 和表 1-7 所示。

表 1-6 员工基本情况表

员工号	姓名	部门	员工号	姓名	部门
00901	张小强	办公室	00904	赵大明	设计科
00902	陈斌	一车间	00905	冯珊	办公室
00903	李哲	销售科	00906	张青松	销售科

表 1-7 员工奖金分配表

员工号	月份	月度奖	员工号	月份	月度奖
00901	2013-05	380	00901	2013-06	350
00902	2013-05	450	00902	2013-06	480
00903	2013-05	880	00903	2013-06	850
00904	2013-05	850	00904	2013-06	860
00905	2013-05	350	00905	2013-06	360
00906	2013-05	920	00906	2013-06	900

上述分解过程是对原有关系 R（员工号，姓名，部门，月份，月度奖）在（员工号，姓名，部门）和（员工号，月份，月度奖）上分别投影，并删除完全相同行后的结果。经过这种分解后，两个关系表都符合 BCNF 标准，从而符合 3NF 标准。并且，从这两个表完全可以经过连接恢复到原来的表，这样的分解称为无损分解。与之相反，如果对表 1-5 进行另一种分解（见表 1-6 和表 1-8），这种分解就不是无损的。从分解后的两个关系表中无法得知这些月度奖应该发给哪些员工。不能依靠记录顺序进行对应，关系表中记录的顺序是无关紧要的。

表 1-8 员工奖金分配表

部门	月份	月度奖	部门	月份	月度奖
办公室	2013-05	380	办公室	2013-06	350
一车间	2013-05	450	一车间	2013-06	480
销售科	2013-05	880	销售科	2013-06	850
设计科	2013-05	850	设计科	2013-06	860
办公室	2013-05	350	办公室	2013-06	360
销售科	2013-05	920	销售科	2013-06	900

无损的含义有两个方面，其一是信息没有丢失，即从分解后的关系通过连接运算可以恢复原有关系；其二是依赖关系没有改变。前者称为连接不失真，后者称为依赖不失真。

Heath 定理　设关系模式 R（A，B，C），A、B、C 是 R 的属性集。如果 $A \rightarrow B$，并且 $A \rightarrow C$，则 R 和投影 π（A，B），π（A，C）的连接等价。

由 Heath 定理可知，只要将关系 R 的某个候选关键字分解到每个子关系中，就会同时保持连接不失真和依赖不失真。

2. 3NF 分解

理论上已证明，任何关系都可以无损地分解为多个 3NF 关系。下面采用一种非形式化的叙述方法来讨论这个问题。在讨论中，假定 R 是一个关系模式，R_1，R_2，$\cdots$，R_n 是对 R 进行分解而得到的 n 个关系模式。

（1）如果 R 不满足 1NF 条件，先对其分解，使其满足 1NF

对 R 进行 1NF 分解的方法不是采用投影，而是直接将其复合属性进行分解，用分解后的基本属性集取代原来的属性，以获得 1NF。

【例 1-4】　将 R（员工号，姓名，工资）进行分解，使其满足 1NF 条件。

假定 R 的"工资"属性由"基本工资"和"岗位工资"组成，直接用属性组（基本工资，岗位工资）取代"工资"属性，得到新关系 R_NEW（员工号，姓名，基本工资，岗位工资），R_NEW 满足 1NF。

　　　　　对工资属性是否应进行上述分解，要根据具体情况决定，这里只是一个示意性的解答。

（2）如果 R 符合 1NF 条件但不符合 2NF 条件时，分解 R 使其满足 2NF

若 R 不满足 2NF 条件，根据定义 7，R 中一定存在候选关键字 K 和非主属性 X，使 X 部分函数依赖于 K，因此候选关键字 K 一定是由一个以上的属性组成的属性组。设 $K=$（K_1，K_2），并且 $K_1 \rightarrow X$ 是 R 中的函数依赖关系。又设 $R=$（K_1，K_2，X_1，X_2），且（K_1，K_2）是 R 的一个候选关键字，X_1 部分函数依赖于（K_1，K_2），不妨设 $K_1 \rightarrow X_1$，则将 R 分解成 R_1 和 R_2：$R_1=$（S_1，S_2，X_2），Primary Key（S_1，S_2），Foreign Key（S_1），即属性组（S_1，S_2）是 R_1 的关键字，S_1 是 R_1 的外部关键字。$R_2=$（S_1，X_1），Primary Key（S_1）。

容易证明，这样的分解是无损的。如果 R_1、R_2 还不满足 2NF 条件，可以继续上述分解过程，直到每个分解后的关系模式都满足要求为止。

再考查对表 1-5 所示关系的分解过程。设 $K_1=$员工号，$K_2=$月份，$X_1=$（姓名，部门），$X_2=$月度奖，有如下关系模式。

$R=$（员工号，姓名，部门，月份，月度奖）=（K_1，K_2，X_1，X_2），Primary key（K_1，K_2）=（员工号，月份），将 R 分解为 R_1 和 R_2。

$R_1=$（K_1，K_2，X_2）=（员工号，月份，月度奖），Primary Key（员工号，月份），Foreign Key（员工号）。

$R_2=$（K_1，X_1）=（员工号，姓名，部门），Primary Key（员工号）。

经过这样一次分解后得到的 R_1、R_2 均已满足 2NF 和 3NF 条件，因此分解过程结束。当 R 符合 2NF 条件但不符合 3NF 条件时，继续对其分解，使其满足 3NF 条件。

（3）如果 R 符合 2NF 条件但不符合 3NF 条件时，分解 R 使其满足 3NF

R 满足 2NF 条件但不满足 3NF 条件时，说明 R 中的所有非主属性对 R 中的任何候选关键字都是完全函数依赖的，但至少存在一个非主属性对候选关键字是传递函数依赖的。因此，存在 R 中的非主属性间的依赖作为传递函数依赖的过渡属性，设 $R = （K, X_1, X_2）$，且 R 以 K 作为主关键字，X_2 通过非主属性 X_1 传递函数依赖于 K，即 $K \rightarrow X_1$（但 $X_1 \rightarrow K$ 不成立），$X_1 \rightarrow X_2$，则对 R 分解成 R_1 和 R_2。

$R_1 = （K, X_1）$，Primary Key（K），Foreign Key（X_1）。

$R_2 = （X_1, X_2）$，Primary Key（X_1）。

上述分解过程是无损的。如果 R_1、R_2 还不满足 3NF，可以重复上述过程，直到符合 3NF 条件为止。

1.6   数据库的设计方法

数据库系统设计包括数据库模式设计和围绕数据库模式的应用程序设计两项工作，而数据库模式设计又包括数据结构设计和数据完整性约束条件设计两项工作，本节只介绍数据库模式设计，即如何设计一组关系模式。

1.6.1   数据库设计的基本步骤

考虑数据库及其应用系统开发全过程，将数据库设计分为 6 个阶段：需求分析、概念设计、逻辑设计、物理设计、数据库实施、数据库运行和维护。

1. 需求分析阶段

需求分析简单地说就是分析用户的要求，这是设计数据库的起点。需求分析的结果是否准确地反映了用户的实际要求，将直接影响到后面各个阶段的设计，并影响到设计结果是否合理和实用。

需求分析的任务是通过详细调查现实世界要处理的对象（组织、部门、行业等），充分了解原系统的工作概况，明确用户的各种需求，然后在此基础上确定新系统的功能。新系统必须充分考虑今后可能的扩充和改变，不能仅仅按当前应用需求来设计数据库。调查的重点是"数据"和"处理"，通过调查、收集与分析获得用户对数据库的要求，包括在数据库中需要存储哪些数据、用户要完成什么处理功能、数据库的安全性与完整性要求等。

2. 概念设计阶段

将需求分析得到的用户需求抽象为信息结构即概念模型的过程就是概念设计，它是整个数据库设计的关键。

在需求分析阶段所得到的应用需求应该首先抽象为概念模型，以便更好、更准确地用某一数据库管理系统实现这些需求。概念模型的主要特点如下。

① 能真实、充分地反映现实世界，包括事物和事物之间的联系，能满足用户对数据的处理要求。

② 易于理解，从而可以用它和不熟悉计算机的用户交换意见，用户的积极参与是数据库设计成功的关键。

③ 易于更改，当应用环境和应用要求改变时，容易对概念模型修改和扩充。

④ 易于向各种逻辑模型转换。

概念模型是各种逻辑模型的共同基础，它比逻辑模型更独立于机器、更抽象，也更加稳定。描述概念模型的有力工具是 E-R 模型。

3. 逻辑设计阶段

数据库逻辑设计是将概念模型转换为逻辑模型，也就是被某个数据库管理系统所支持的数据模型，并对转换结果进行规范化处理。关系数据库的逻辑结构由一组关系模式组成。因而，从概念模型结构到关系数据库逻辑结构的转换就是将 E-R 图转换为关系模型的过程。

4. 物理设计阶段

数据库在物理设备上的存储结构与存取方法称为数据库的物理结构，它依赖于给定的计算机系统。为一个给定的逻辑模型选取一个最适合应用要求的物理结构的过程，就是数据库的物理设计。

数据库的物理设计通常分为两步。

① 确定数据库的物理结构，在关系数据库中主要指存储结构和存取方法。

② 对物理结构进行评价，评价的重点是时间和空间效率。

如果评价结果满足原设计要求，则可进入到物理实施阶段，否则就需要重新设计或修改物理结构，有时甚至要返回逻辑设计阶段修改逻辑模型。

5. 数据库实施阶段

完成数据库的物理设计之后，就要用数据库管理系统提供的数据定义语言（DDL）和其他实用程序将数据库逻辑设计和物理设计结果严格描述出来，成为数据库管理系统可以接受的源代码，再经过调试产生目标代码，然后就可以组织数据入库了，这就是数据库实施阶段。

数据库实施阶段包括两项重要的工作，一是数据的载入，二是应用程序的编码和调试。

一般数据库系统中，数据量都很大，而且数据来源于各个不同的部门，数据的组织方式、结构和格式都与新设计的数据库系统有相当的差距，组织数据录入就要将各类源数据从各个局部应用中抽取出来输入计算机，再分类转换，最后综合成符合新设计的数据库结构的形式输入数据库。为提高数据输入工作的效率和质量，应该针对具体的应用环境设计一个数据录入子系统，由计算机来完成数据入库的任务。

6. 数据库运行和维护阶段

数据库系统经过试运行合格后，数据库开发工作就基本完成，即可投入正式运行了。在数据库系统运行过程中，对数据库设计进行评价、调整、修改等维护工作是一个长期的任务，也是设计工作的继续和提高。

在数据库运行阶段，对数据库进行经常性的维护工作主要是由数据库管理员完成的，它包括数据库的转储和恢复、数据库的安全性与完整性控制、数据库性能的分析和改造、数据库的重组织与重构造。当然数据库的维护也是有限的，只能做部分修改。如果应用变化太大，重构也无济于事，说明此数据库应用系统的生命周期已经结束，应该设计新的数据库应用系统了。

需要指出的是，设计一个完善的数据库应用系统是不可能一蹴而就的，它往往是上述 6 个阶段的不断反复，而且这个设计步骤既是数据库设计的过程，也包括了数据库应用系统的设计过程。在设计过程中把数据库的设计和对数据库中数据处理的设计紧密结合起来，将这两个方面的需求分析、系统设计和系统实现在各个阶段同时进行，并且相互参照、相互补充，从而完善两方面的设计。事实上，如果不了解应用环境对数据的处理要求，或没有考虑如何去实现这些处理要求，是不可能设计一个良好的数据库结构的。

1.6.2　E-R 模型到关系模型的转化

用 E-R 模型表示的概念模型独立于具体的数据库管理系统所支持的数据模型，它是各种数据模型的共同基础。下面讨论从 E-R 模型到关系模型的转化过程。

1．1∶1 联系的转化

若实体间的联系是 1∶1 联系，只要在两个实体类型转化成的两个关系模式中任意一个关系模式中增加另一关系模式的关键属性和联系的属性即可。

图 1-4 所示的 E-R 图中有"校长"和"学校"两个实体，一个校长只主管一个学校，而一个学校也只有一个校长，两者是一对一关系，可以转化为两个关系模式。

校长（<u>校长姓名</u>，性别，出生日期，职称，任职年月，学校名称）

学校（<u>学校名称</u>，所在地，网址）

其中校长姓名和学校名称分别是校长和学校两个关系模式的关键属性。在校长关系模式中，增加了学校关系模式的关键属性"学校名称"作为外部关键属性。

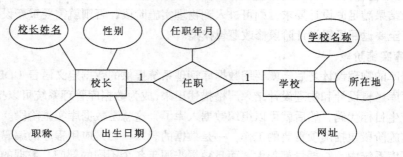

图 1-4　1∶1 联系到关系模式的转化

2．1∶n 联系的转化

若实体间的联系是 1∶n 联系，则需要在 n 方实体的关系模式中增加 1 方实体类型的关键属性和联系的属性，1 方的关键属性作为外部关键属性处理。

图 1-5 所示的"仓库"与"产品"的联系是 1∶n 的联系，对图 1-5 所示的联系进行转化，得到如下关系模式。

仓库（<u>仓库号</u>，地点，面积）

产品（<u>产品号</u>，产品名称，价格，数量，仓库号）

在产品关系中增加仓库关系中的关键属性"仓库号"作为外部关键属性，并增加联系的属性"数量"。

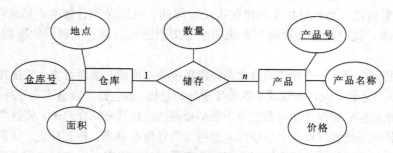

图 1-5　1∶n 联系到关系模式的转化

3. *m*：*n*联系的转化

若实体间的联系是 *m*：*n* 联系，则除对两个实体分别进行转化外，还要为联系类型单独建立一个关系模式，其属性为两方实体类型的关键属性加上联系类型的属性，其关键属性是两方实体关键属性的组合。

如图 1-6 所示，描述的供应商与货物的联系是 *m*：*n* 联系，该 E-R 图应转化为如下 3 个关系模式。

供应商（<u>供应商号</u>，供应商名，电话，地址）
货物（<u>货物代码</u>，货物名称，型号，库存量）
采购（<u>供应商号</u>，<u>货物代码</u>，数量）

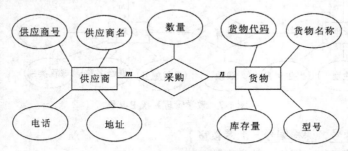

图 1-6　*m*：*n* 联系的转化

1.6.3　关系数据库设计实例

某大学教学管理系统对学生选课、教师授课等教学活动进行管理，还能提供教师和学生信息查询等功能。按照规定，每名学生可同时选修多门课程，每门课程可由多位教师讲授，每位教师可讲授多门课程，同时规定由各个学院对教师实行聘任，学生在某一专业学习。现在先画出系统的 E-R 图，再将 E-R 图转换成关系模型。

系统涉及以下 5 个实体（各个实体的属性不一定全部列出）。

① 学生（学号，姓名，性别，出生年月）。
② 课程（课程编号，课程名称，课程类别，学分）。
③ 教师（教师号，姓名，性别，职称）。
④ 专业（专业名称，成立年份，专业简介）。
⑤ 学院（学院名称，网址，教师人数）。

实体之间涉及以下 4 个联系，其中有 2 个 1：*n* 联系，2 个 *m*：*n* 联系。

① 学生与课程的联系是多对多的联系（*m*：*n*）。
② 专业与学生的联系是一对多的联系（1：*n*）。
③ 课程与教师的联系是多对多的联系（*m*：*n*）。
④ 学院与教师的联系是一对多的联系（1：*n*）。

系统的 E-R 图如图 1-7 所示。

将 5 个实体以及 2 个 *m*：*n* 联系转化成 7 个关系模式，具体结构如下。

① 学生（<u>学号</u>，姓名，性别，出生年月，专业名称）。
② 课程（<u>课程编号</u>，课程名称，课程类别，学分）。
③ 选课（<u>学号</u>，<u>课程编号</u>，成绩）。
④ 教师（<u>教师号</u>，姓名，性别，职称，学院名称，聘任时间）。

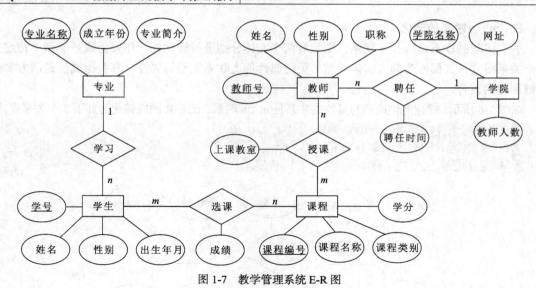

图 1-7　教学管理系统 E-R 图

⑤ 授课（教师号，课程编号，上课教室）。

⑥ 学院（学院名称，网址，教师人数）。

⑦ 专业（专业名称，成立年份，专业简介）。

1.7　SQL Server 数据库概述

　　SQL Server 是一个大型分布式客户/服务器结构的关系型数据库管理系统，目前常用的产品有 SQL Server 2005、SQL Server 2008 等，每一种产品又针对不同的应用分为不同的版本。SQL Server 界面友好、易学易用且功能强大，与 Windows 操作系统完美结合，可以构造网络环境数据库和分布式数据库，能满足企业大型数据库应用的需要。

1.7.1　SQL Server 的发展

　　SQL Server 最初是由 Microsoft、Sybase 和 Ashton-Tate 三家公司共同开发的，于 1988 年推出了第一个 OS/2 版本。1996 年，Microsoft 推出了 SQL Server 6.5 版本。1998 年，SQL Server 7.0 版本和用户见面。2000 年 Microsoft 发布了 SQL Server 2000。SQL Server 2005 是 Microsoft 在 SQL Server 2000 之后，历时 5 年完成的一个全面的企业级数据库平台产品，用于大规模联机事务处理（On-Line Transaction Processing，OLTP）、数据仓库和电子商务应用的数据库和数据分析。

　　2008 年 3 月，Microsoft 发布了新一代企业应用平台与开发技术，包括服务器操作系统 Windows Server 2008、开发工具 Visual Studio 2008 和数据库管理系统 SQL Server 2008，这是一个集服务器和开发软件为一体，且兼顾安全性、下一代网络、虚拟化以及业务决策的应用架构平台。

1.7.2　SQL Server 2008 的安装

1. SQL Server 2008 的版本

　　SQL Server 2008 有服务器版和专业版。服务器版包括 SQL Server Enterprise 版和 SQL Server Standard 版。专业版包括 SQL Server 2008 Developer 版、SQL Server Workgroup 版、SQL Server 2008

Web 版、SQL Server Express 版和 SQL Server Compact 版。根据不同版本的特点，可以有选择地安装不同的版本，这取决于用户的业务需要。

（1）服务器版

① SQL Server Enterprise 版是一个全面综合的数据平台，可以为运行安全的业务关键应用程序提供企业级可扩展性、高性能、高可用性和高级商业智能功能。这一版本将为用户提供更加坚固的服务器和执行大规模的在线事务处理。Enterprise 版是最全面的 SQL Server 版本，是超大型企业的理想选择。

② SQL Server Standard 版是一个提供易用性和可管理性的完整数据管理和业务智能平台。它包括电子商务、数据仓库和业务流解决方案所需的基本功能。该版本是需要全面的数据管理和分析平台的中小型企业的理想选择。

（2）专业版

① SQL Server 2008 Developer 版支持开发人员构建基于 SQL Server 的任一种类型的应用程序。它包括 SQL Server 2008 Enterprise 版的所有功能，但有许可限制，只能用作开发和测试系统，而不能用作生产服务器。基于这一版本开发的应用和数据库可以很容易地升级到企业版。

② SQL Server Workgroup 版是运行分支位置数据库的理想选择，它提供一个可靠的数据管理和报告平台，其中包括安全的远程同步和管理功能。它拥有核心的数据库特性，可以很容易地升级成 Standard 版或 Enterprise 版。对于在数据库的大小和用户数量上没有限制的小型企业，Workgroup Edition 是理想的数据库管理解决方案。

③ SQL Server 2008 Web 版是针对运行于 Windows 服务器中要求高可用、面向 Internet Web 服务的环境而设计的。这一版本为实现低成本、大规模的 Web 应用或客户托管解决方案提供了必要的支持工具。

④ SQL Server Express 版是学习和构建桌面及小型服务器应用程序的理想选择，也是独立软件供应商、非专业开发人员和构建客户端应用程序的人员的最佳选择。

⑤ SQL Server Compact 3.5 版免费提供，是生成用于基于各种 Windows 平台的移动设备、桌面和 Web 客户端的应用程序的嵌入式数据库的理想选择。

2. SQL Server 2008 的安装要求

在安装 SQL Server 2008 之前，必须配置适当的硬件和软件，才能保证它的正常安装和运行。

（1）硬件环境要求

硬件配置的高低会直接影响软件的运行速度。在通常情况下，利用 SQL Server 存储和管理数据的特点是数据量大，且对数据进行查询、修改和删除等操作较频繁，更主要的是要保证多人同时访问数据库的高效性，这对硬件性能要求较高。

在实际应用中，应根据应用的需求来选择和配置计算机的硬件。本书只是把 SQL Server 作为一个学习研究的对象，因此能够满足最低硬件配置要求就可以了。

① 处理器。对于运行 SQL Server 的处理器，建议的最低要求是 32 位版本对应 1GHz 的处理器，64 位版本对应 1.6GHz 的处理器。Microsoft 推荐更快的处理器。

② 内存。建议 1GB 或更大。

③ 硬盘空间。SQL Server 需要比较大的硬盘空间。SQL Server 本身将占用 1GB 以上的硬盘空间。实际硬盘空间需求取决于系统配置和决定安装的功能。

（2）操作系统要求

SQL Server 2008 Enterprise 版要求必须安装在 Windows Server 2003 及 Windows Server 2008 的

系统上。有两点需要注意。

① SQL Server 2008 已经不再提供对 Windows 2000 系列操作系统的支持。

② 64 位的 SQL Server 程序仅支持 64 位的操作系统。

（3）其他相关软件要求

SQL Server 2008 的运行还需要.NET Framework 版本。其中 Windows Server 2003（64 位）IA64 上的 SQL Server 2008 需要.NET Framework SP2。SQL Server Express 版本需要.NET Framework 2.0 SP2，SQL Server 的其他版本需要.NET Framework 3.5 SP1。

另外，所有的 SQL Server 2008 安装还需要使用 Microsoft Internet Explorer 6 SP1 或者更高版本。Microsoft 管理控制台（MMC）、SQL Server Management Studio、Business Intelligence Development Studio、Reporting Services 的报表设计器组件和 HTML 帮助都需要 Internet Explorer 6 SP1 或更高版本。

3. 安装 SQL Server 2008 的注意事项

① 使用具有 Windows 管理员权限的账户来安装 SQL Server 2008。

② SQL Server 2008 必须安装在未压缩的硬盘分区。

③ 安装时不要运行任何杀毒软件。

④ 停止依赖于 SQL Server 的所有服务，包括所有使用开放式数据库连接（ODBC）的服务，如 Internet 信息服务（Internet Information Server，IIS）、退出事件查看器和注册表编辑器（Regedit.exe 或 Regedt32.exe）。

4. 安装 SQL Server 2008 的步骤

下面以 Microsoft SQL Server 2008 Oeveloper 版为例介绍如何安装 Microsoft SQL Server 2008 数据库管理系统。安装步骤如下。

① 将 SQL Server 2008 安装盘放入光驱，运行 setup.exe 文件，出现 "SQL Server 安装中心" 窗口，如图 1-8 所示。

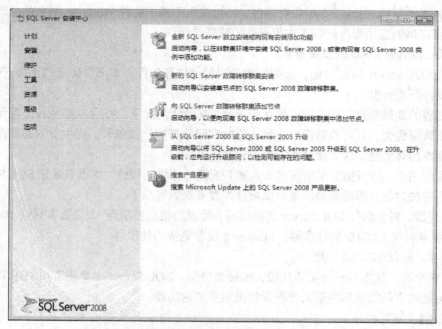

图 1-8　"SQL Server 安装中心" 窗口

② 在"SQL Server 安装中心"窗口左侧列表选择安装选项，并在其中选择第一个项目 "全新 SQL Server 独立安装或向现有安装添加功能"，即开始安装 SQL Server 2008。在 SQL Server 的安装过程中，要使用大量的支持文件，首先系统进行检查，检查结果如图 1-9 所示。检查结果没有出现任何错误，可以选择单击"下一步"按钮。

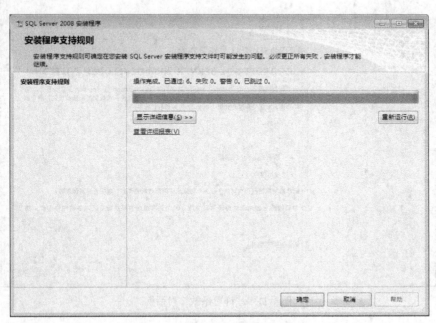

图 1-9 "安装程序支持规则"对话框

③ 在出现的"产品密钥"对话框选择要安装的 SQL Server 2008 版本，并且输入产品密钥，如图 1-10 所示。单击"下一步"按钮。

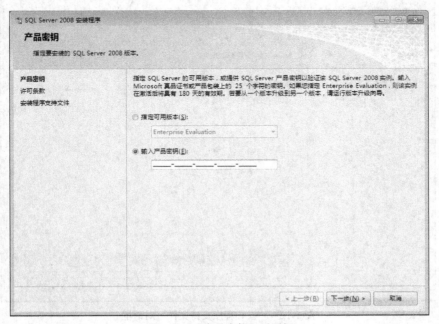

图 1-10 "产品密钥"对话框

④ 在"许可条款"对话框阅读 Microsoft 软件许可条款，并选择"我接受许可条款"，如图 1-11 所示。单击"下一步"按钮继续安装。

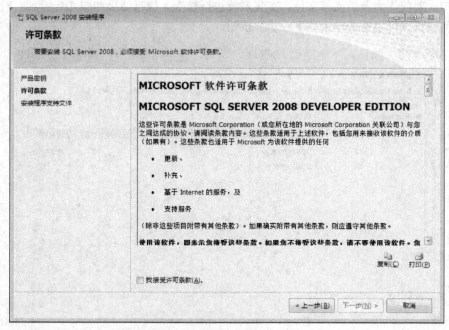

图 1-11　"许可条款"对话框

⑤ 在选择"我接受许可条款"之后，安装程序将检测计算机上是否安装有 SQL Server 必备组件，如图 1-12 所示，单击"安装"按钮，安装程序将安装这些组件。

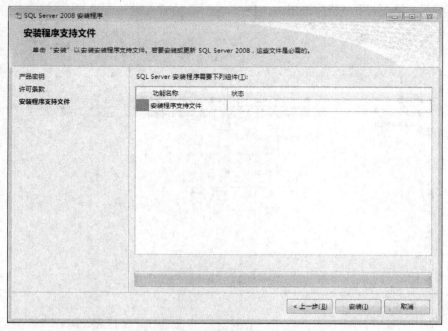

图 1-12　"安装程序支持文件"对话框

⑥ "安装程序支持规则"对话框确定在安装 SQL Server 安装程序支持文件时可能发生的问题，必须更正所有失败，安装程序才能继续，如图 1-13 所示。

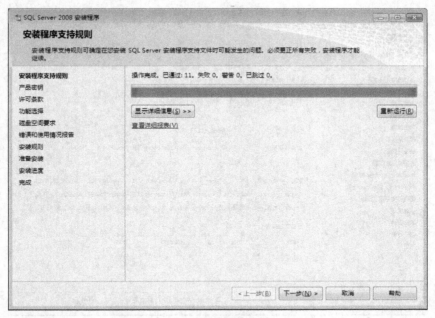

图 1-13 "安装程序支持规则"对话框

⑦ 在"安装程序支持规则"对话框通过所有操作后，单击"下一步"按钮进入"功能选择"，对话框如图 1-14 所示。在功能区域中选择需要安装的组件，此处可以选择安装所有的功能，也可以根据需要，有选择地安装需要的功能组件。其中，至少需要安装数据库引擎服务、客户端工具，以确保最基本的应用功能。

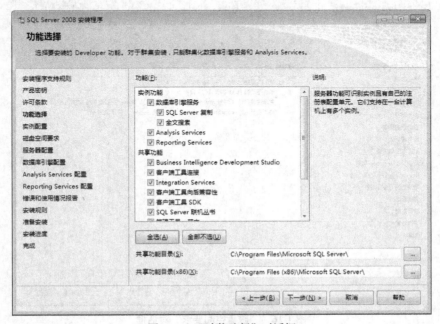

图 1-14 "功能选择"对话框

⑧ 完成功能选择后，单击"下一步"按钮进入"实例配置"对话框，如图 1-15 所示。可以选择默认实例或者命名实例。

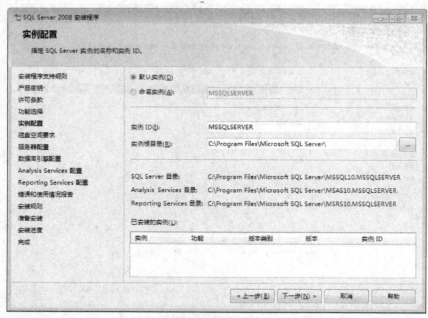

图 1-15　"实例配置"对话框

⑨ 完成实例配置后，单击"下一步"按钮进入"磁盘空间要求"对话框，如图 1-16 所示。"磁盘使用情况摘要"显示在所指定的磁盘驱动器中需要占用的磁盘空间大小、可用磁盘空间大小、分类占用磁盘空间的数量。

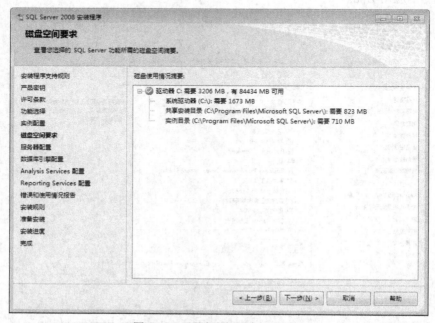

图 1-16　"磁盘空间要求"对话框

⑩ 如果磁盘空间符合要求，单击"下一步"按钮进入"服务器配置"对话框。在"服务账户"选项卡中为每个 SQL Server 服务单独配置账户名、密码以及启动类型，如图 1-17 所示。

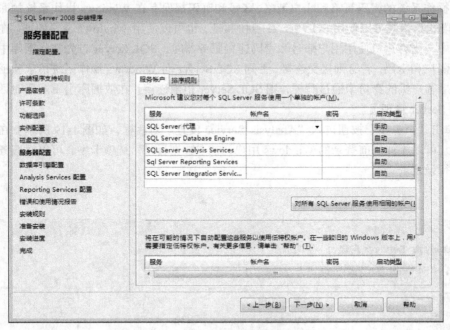

图 1-17　"服务器配置"对话框

⑪ 服务器配置完成后，单击"下一步"按钮进入"数据库引擎配置"对话框，如图 1-18 所示。

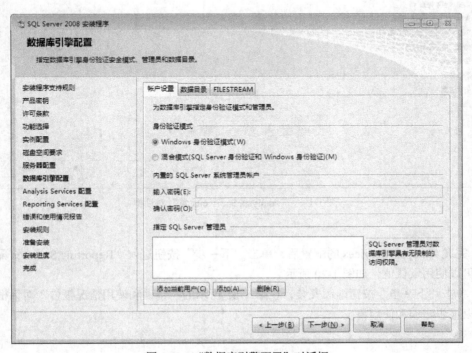

图 1-18　"数据库引擎配置"对话框

在"账户设置"选项卡中有两种登录身份验证模式：Windows 身份验证模式和混合模式。Windows 身份验证模式是通过使用 Windows 操作系统来对登录的账号进行身份验证，它支持 Windows 操作系统的密码策略和账户策略，账号和密码都保存在 Windows 操作系统的账户数据库中。混合模式是指既可以使用 SQL Server 身份验证，也可以使用 Windows 身份验证。在这种身份验证模式中，当客户机使用用户账号和密码连接服务器时，SQL Server 首先在数据库中查询是否有相同的账户和密码，若有则接受连接，否则 SQL Server 向 Windows 操作系统请求验证客户机的身份，如果客户机的身份未通过验证，则 SQL Server 拒绝连接。在数据库引擎配置对话框还可以指定 SQL Server 管理员。

⑫ 单击"下一步"按钮进入"Analysis Service 设置"对话框，如图 1-19 所示。在账户设置选项卡中，可以添加当前登录的 Windows 用户，在"数据目录"选项卡中，可以对服务数据存放的目录进行设定。

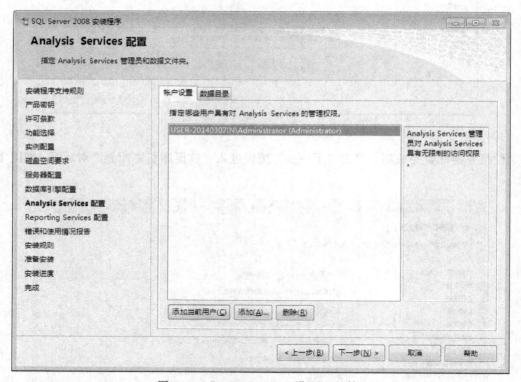

图 1-19　"Analysis Service 设置"对话框

⑬ 完成 Analysis Services 的配置后，单击"下一步"按钮进入"Reporting Services 配置"对话框，可以使用默认值，如图 1-20 所示。

⑭ 单击"下一步"按钮继续安装，在图 1-21 所示的"错误和使用情况报告"对话框中进行选择可以报告错误和使用情况。

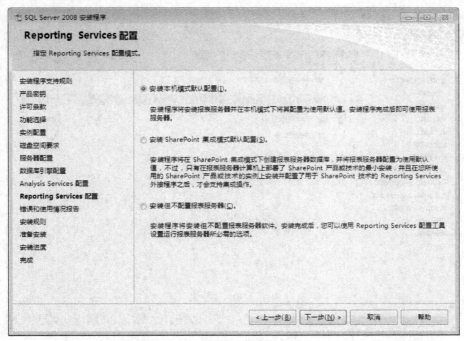

图 1-20 "Reporting Services 配置"对话框

⑮ 单击"下一步"按钮打开"安装规则"对话框,如图 1-22 所示,通过安装程序的所有规则之后可以继续进行安装。

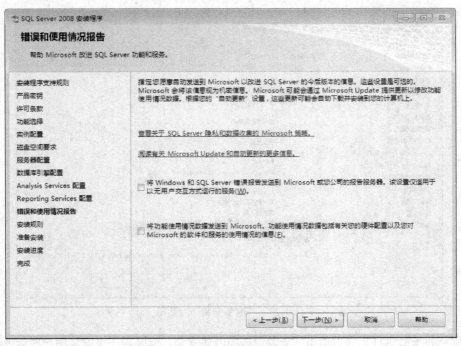

图 1-21 "错误和使用情况报告"对话框

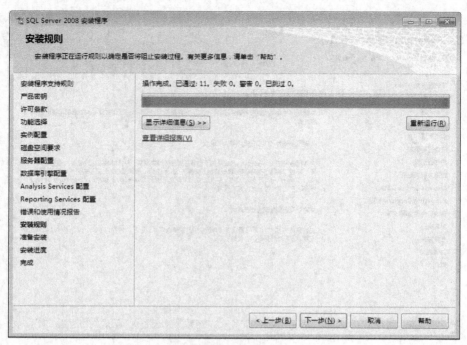

图 1-22　"安装规则"对话框

⑯ 单击"下一步"按钮进入"准备安装"对话框，如图 1-23 所示，在这里，用户可以查看所有将安装的组件信息。

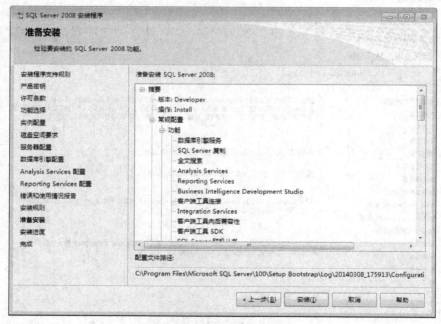

图 1-23　"准备安装"对话框

⑰ 确认将安装组件无误后单击"安装"按钮开始安装，安装程序将安装用户所选择的所有组件，并在"安装进度"对话框中显示正在安装的功能名称、安装状态和安装结果，如图 1-24 所示。

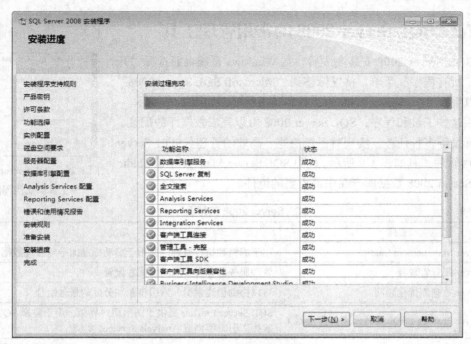

图 1-24 "安装进度"对话框

⑱ 在"功能名称"列表中的所有项目都成功安装后,单击"下一步"按钮打开图 1-25 所示的"完成"对话框。在"完成"对话框中显示整个 SQL Server 2008 安装过程的摘要、日志保存位置以及其他说明信息。至此,SQL Server 2008 成功安装,单击"关闭"按钮结束安装过程。

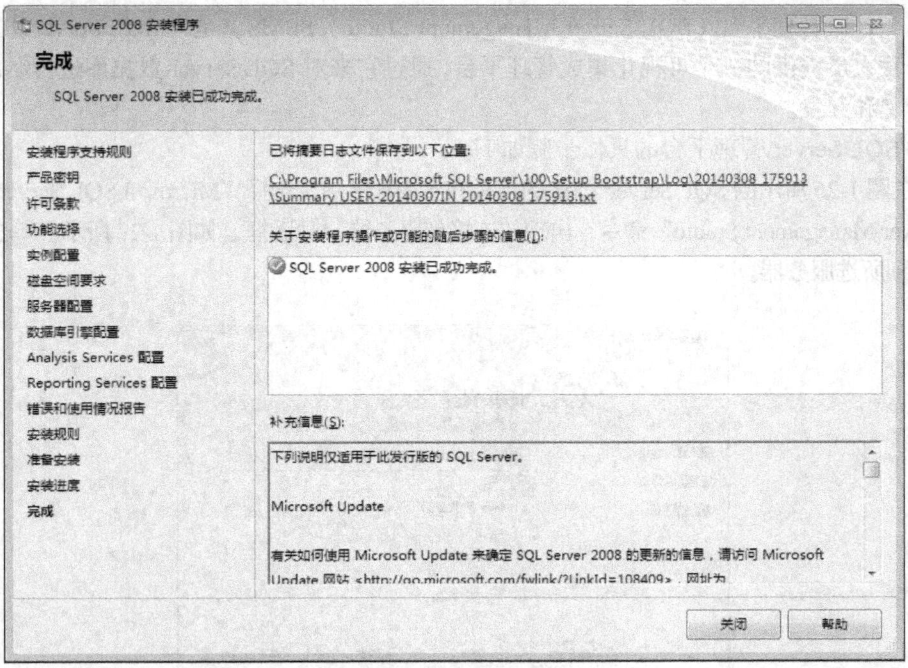

图 1-25 "完成"对话框

1.7.3 SQL Server 2008 的常用管理工具

在 SQL Server 2008 安装完成后，在 Windows 系统桌面选择"开始"→"所有程序"菜单，将鼠标移到"Microsoft SQL Server 2008"上，可以看到 SQL Server 2008 的工具和实用程序，如图 1-26 所示。

使用这些工具和程序，SQL Server 2008 可以完成数据库的配置、管理和开发等多种任务，实现对系统快速、高效的管理。SQL Server 2008 常用管理工具如表 1-9 所示。其中 SQL Server Management Studio 是 SQL Server 2008 数据库产品中最重要的组件。

图 1-26　SQL Server 2008 的
工具和实用程序

表 1-9　　　　　　　　　　　　SQL Server 2008 的管理工具

工具	功能
SQL Server Management Studio	用于编辑和执行查询，并用于启动标准向导与管理数据系统
SQL Server 配置管理器	管理服务器和客户端网络配置设置
SQL Server 数据库优化顾问	可以协助创建索引、索引视图和分区的最佳组合
SQL Server Profiler（SQL Server 事件探查器）	SQL Server Profiler 提供了图形用户界面，用于监视 SQL Server 数据库引擎实例或 Analysis Services 实例
SQL Server Business Intelligence Development Studio	用于 Analysis Sevvices 和 Integration Services 解决方案的集成开发环境
导入和导出数据	提供一套用于移动、复制及转换数据的图形化工具和可编辑对象
命令提示符工具	从命令提示符管理 SQL Server 对象

1. SQL Server 管理平台

SQL Server 管理平台（SQL Server Management Studio，SSMS）是为 SQL Server 数据库的管理员和开发人员提供的一个可视化集成管理平台，通过它来对 SQL Server 数据库进行访问、配置、控制、管理和开发。

启动 SQL Server 管理平台的具体步骤如下。

① 在图 1-26 所示的 SQL Server 2008 的工具和实用程序中，选择"Microsoft SQL Server 2008"→"SQL Server Management Studio"命令，出现"连接到服务器"对话框，如图 1-27 所示。单击"连接"按钮连接到所选服务器。

图 1-27　"连接到服务器"对话框

② 这里使用本地服务器，服务器名称为 CSUSQL。在"身份验证"下拉列表框中选择默认设置"Windows 身份验证"选项，单击"连接"按钮连接到所选服务器。如果在"身份验证"下拉列表框中选择"SQL Server 身份验证"选项，登录名为 sa，须在"密码"文本框中输入在安装时设置的密码。如果能够进入 SQL Server Management Studio 界面，说明 SQL Server Management Studio 启动成功，如图 1-28 所示。

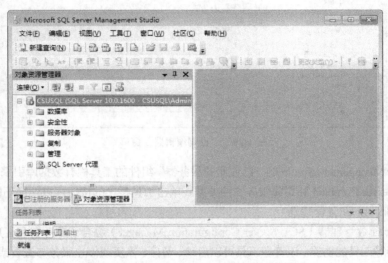

图 1-28　SQL Server Management Studio 界面

在 SQL Server Management Studio 中常用的工具包括对象资源管理器、查询编辑器和已注册的服务器。

（1）"对象资源管理器"窗口

SQL Server Management Studio 启动后，在默认的情况下显示当前连接服务器的"对象资源管理器"窗口。

对象资源管理器是 SQL Server Management Studio 的一个组件，可连接到数据库引擎实例、Analysis Services、Integration Services、Reporting Services 和 SQL Server Compact 3.5。它提供了服务器中所有对象的视图，并具有可用于管理这些对象的用户界面。

若要使用对象资源管理器，必须先将其连接到服务器上。单击"对象资源管理器"工具栏上的"连接"按钮，并从下拉列表中选择服务器的类型，打开"连接到服务器"窗口。用户可以在"已注册的服务器"组件中选择任意服务器进行连接。

（2）"查询编辑器"窗口

在 SQL Server Management Studio 工具栏中，单击工具栏左侧的"新建查询"按钮可以打开"查询编辑器"窗口。使用查询编辑器可以编写和执行 T-SQL 语句，并查看这些语句的执行结果。如图 1-29 所示，在"查询编辑器"窗口中输入查询语句"SELECT * FROM sys.sysdatabases"。与以前版本的"查询分析器"总是工作在连接模式下不同，"查询编辑器"既可以工作在连接模式下，又可以工作在断开模式下。在服务器端对数据库进行操作中，"查询编辑器"是一个非常实用的工具。

（3）"已注册的服务器"窗口

选择"已注册的服务器"选项将显示已注册的数据库服务器列表。用户可以根据需要从列表中增加或删除服务器。例如图 1-27 注册了本地服务器 CSUSQL。

图 1-29　"查询编辑器"窗口

SQL Server Management Studio 的"已注册的服务器"组件的工具栏有数据库引擎、分析服务、报表服务、SQL Server Compact 和集成服务 5 种类型。单击工具栏中的按钮可以切换不同类型的服务。

2. SQL Server 配置管理器

SQL Server 配置管理器（SQL Server Configuration Manager）综合了服务器和客户端网络实用工具、服务管理器等工具的功能。该管理工具可以启动、暂停、恢复或停止服务与查看或更改服务属性，可以管理与 SQL Server 相关联的服务，还能配置服务器和客户端网络协议以及连接选项。

要启动 SQL Server 配置管理器，可以选择"Microsoft SQL Server 2008"→"配置工具"→"SQL Server Configuration Manager"命令，打开"SQL Server Configuration Manager"对话框，如图 1-30 所示。

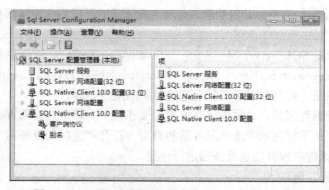

图 1-30　"SQL Server Configuration Manager"对话框

3. 数据库引擎优化管理顾问

企业的数据库系统的性能依赖于组成这些系统的数据库中物理设计结构的有效配置。这些物理设计结构包括索引、聚集索引、索引视图和分区，其目的在于提高数据库的性能和可管理性。SQL Server 2008 的数据库引擎优化顾问是一个分析数据库上工作负荷的性能效果的工具，主要用于优化数据库，提高查询处理的性能。

用户如果需要对数据库进行优化，首先指定要优化的一个或一组数据库，然后启动优化顾问，优化顾问将对该数据库数据访问的情况进行评估，找出可能导致性能低下的原因，生成文本格式或 XML 格式的分析报告，并给出如何通过修改物理设计结构来改善查询处理性能的建议。所有的优化操作都由数据库引擎优化顾问自动完成。

具体的操作步骤是：

选择"Microsoft SQL Server 2008"→"性能工具"→"数据库引擎优化顾问"命令，打开"数据库引擎优化顾问"窗口，如图 1-31 所示，设置会话名称、工作负荷所用的文件或表，选择要优化的数据库和表，然后单击"开始优化"按钮即可自动进行优化。

图 1-31　"数据库引擎优化顾问"窗口

4. SQL Server 事件探查器

SQL Server 事件探查器（SQL Server Profiler）是一个图形化的管理工具，利用创建和管理跟踪并分析和重播跟踪结果来监督、记录和检查 SQL Server 2008 在运行过程中产生的事件，如数据库的使用情况等。

SQL Server Profiler 捕获的来自服务器的事件保存在一个跟踪文件中，可以在以后对该文件进行分析，也可以在试图诊断某个问题时，用它来重播某一系列的步骤。SQL Server Profiler 能够支持以下多种活动：

① 监视 SQLServer Database Engine、分析服务器或 Integration Services 的实例的性能。

② 通过标识执行速度慢的查询来分析性能。

③ 捕获导致某个问题的一系列 Transact-SQL 语句，然后利用所保存的跟踪，在某台测试服务器上复制此问题，接着在测试服务器上诊断问题。

④ 重播一个或多个用户的跟踪。

⑤ 通过保存显示计划的结果来执行查询分析。

⑥ 将性能计数器与跟踪关联以诊断性能问题。

启动 SQL Server 事件探查器的操作步骤如下：

选择"Microsoft SQL Server 2008"→"性能工具"→"SQL Server Profiler"命令，启动 SQL

Server Profiler。之后，在 SQL Server Profiler 窗口选择"文件"→"新建跟踪"命令，打开图 1-32 所示的"跟踪属性"对话框。

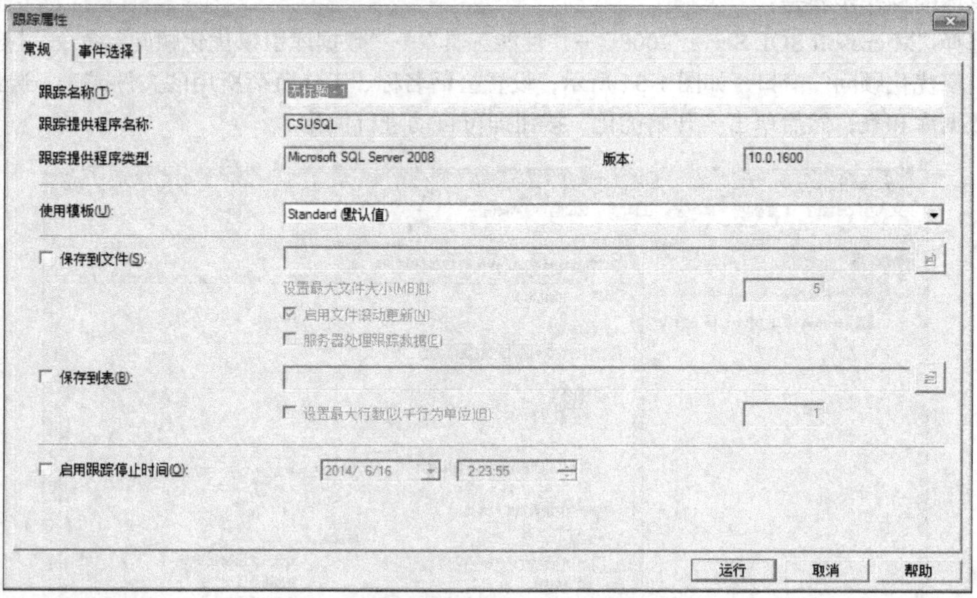

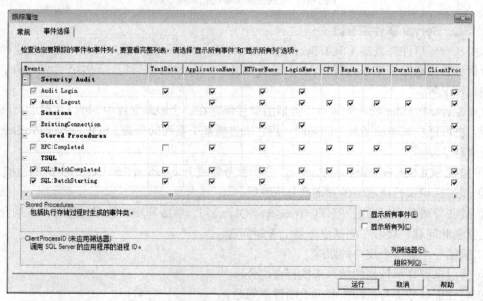

图 1-32　"跟踪属性"对话框的"常规"选项卡

在该对话框的"常规"选项卡中，可以设置跟踪名称和跟踪提供程序名称、类型，所使用的模板，保存的位置，是否启用跟踪停止时间设置等。

在"事件选择"选项卡中，可以设置需要跟踪的事件和事件列，如图 1-33 所示。

图 1-33　"跟踪属性"对话框的"事件选择"选项卡

单击"运行"按钮即完成创建一个跟踪 P1。如果在 Management Studio 的查询窗口执行一条查询

命令 "SELECT * FROM 课程"，在跟踪窗口立即可以看到被跟踪到的该条命令，如图 1-34 所示。

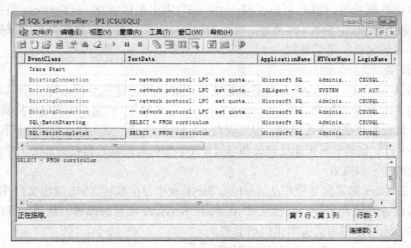

图 1-34 事件跟踪窗口

5. SQL Server 商业智能开发平台

SQL Server 2008 商业智能开发平台（Business Intelligence Development Studio）是一个集成的环境，用于开发包括 Analysis Services、Integration Services 和 Reporting Services 项目在内的商业解决方案。例如，从操作数据存储（如企业资源规划系统中的销售订单）提取原始业务数据并对那些数据进行合并、关联、汇总以分析商业趋势和状态并做出商业决策。

启动 SQL Server 2008 商业智能开发平台的步骤是：选择 "Microsoft SQL Server 2008" → "SQL Server Business Intelligence Development Studio" 命令，界面如图 1-35 所示。

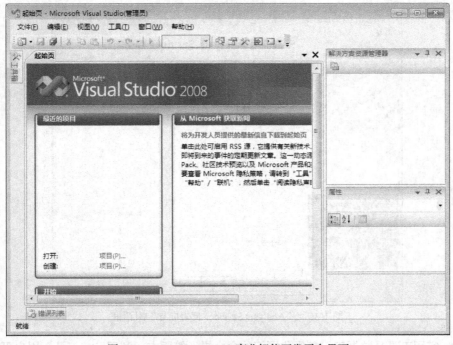

图 1-35 SQL Server 2008 商业智能开发平台界面

在商业智能开发平台中开发项目时，可将其作为某个解决方案的一部分进行开发，而该解决方案独立于具体的服务器，例如，可以在同一个解决方案中包括 Analysis Services 项目、Integration Services 项目和 Reporting Services 项目。在开发过程中，可以将对象部署到测试服务器中进行测试，然后将项目的输出结果部署到一个或多个临时服务器或生产服务器。

6. 分析服务

分析服务（Analysis Services）为商业智能应用程序提供联机分析处理（On-Line Analytical Processing，OLAP）和数据挖掘功能。Analysis Services 允许设计、创建和管理包含从其他数据源（如关系数据库）聚合的数据的多维结构，以实现对 OLAP 的支持。对于数据挖掘应用程序，Analysis Services 允许设计、创建和可视化处理那些通过使用各种行业标准数据挖掘算法，并根据其他数据源构造出来的数据挖掘模型。

Analysis Services 部署向导使用从 Analysis Services 项目生成的 XML 输出文件作为输入文件。可以方便地修改这些输入文件，以自定义 Analysis Services 项目的部署。随后，可以立即运行生成的部署脚本，也可以保留此脚本供以后部署。

使用 Analysis Services 部署向导的步骤如下：

选择"Microsoft SQL Server 2008"→"Analysis Services"→"Deployment Wizard"命令，出现图 1-36 所示的对话框，按照其中的提示进行操作即可。

7. 命令提示实用工具

SQL Server 2008 提供了丰富的命令行工具程序。可以在 Windows 命令提示符下输入命令及参数。这些命令包括：sqlservr、bcp、dta、dtexec、sqlcmd、ssms 等。

① sqlservr 实用工具的作用是可以在命令提示符下启动、停止、暂停、继续 Microsoft SQL Server 的实例。

② bcp 实用工具是在 SQL Server 2008 实例和用户指定格式的数据文件之间进行数据复制。

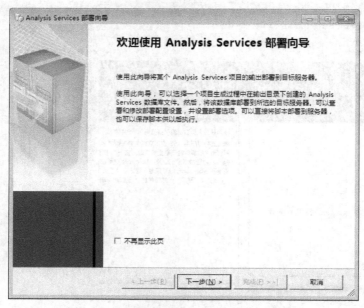

图 1-36　"Analysis Services 部署向导"对话框

③ dta 实用工具是数据库引擎优化顾问的命令提示符版本。利用 dta 工具，用户可以在应用

程序和脚本中使用数据库引擎优化顾问功能，从而扩大数据库引擎优化顾问的作用范围。

④ dtexec 实用工具用于配置和执行 Microsoft SQL Server 2008 Integration Services 包。

⑤ sqlcmd 实用工具可以在命令提示符下输入 T-SQL 语句、系统过程和脚本文件。

⑥ ssms 实用工具可以在命令提示符下打开 SQL Server Management Studio，并且可以与服务器建立连接，打开查询、脚本、文件、项目、解决方案等。

1.8　SQL 和 T-SQL 概述

SQL 是结构化查询语言（Structured Query Language）的英文缩写，是一种关系数据库标准查询语言，每一个具体的数据库系统都对这种标准的 SQL 有一些功能上的调整（一般是扩展），语句格式也有个别变化，从而形成了各自不完全相同的 SQL 版本。T-SQL（Transact-SQL）就是 SQL Server 中使用的 SQL 版本。

1.8.1　SQL 语言的发展与特点

SQL 最早是在 20 世纪 70 年代由 IBM 公司开发出来的，并被应用在 DB2 关系数据库系统中，主要用于关系数据库中的信息检索。

SQL 语言提出以后，由于它具有功能丰富、使用灵活、语言简洁易学等突出优点，在计算机工业界和计算机用户中备受欢迎。1986 年 10 月，美国国家标准学会（ANSI）的数据库委员会批准了 SQL 作为关系数据库语言的美国标准。1987 年 6 月国际标准化组织（ISO）将其采纳为国际标准。这个标准也称为 SQL86。SQL 标准的出台使 SQL 作为标准关系数据库语言的地位得到了加强。随后，SQL 标准几经修改和完善，其间经历了代号为 SQL89、SQL92、SQL99 的标准，一直到 2003 年 64 位的 SQL Server 2000 等多个版本，每个新版本都较前面的版本有重大改进。随着数据库技术的发展，将来还会推出更新的标准。但是需要说明的是，公布的 SQL 标准只是一个建议标准，目前一些主流数据库产品也只达到了基本级的要求，并没有完全实现这些标准。

按照 ANSI 的规定，SQL 被作为关系数据库的标准语言。SQL 语句可以用来执行各种各样的操作。目前流行的关系数据库管理系统，如 Oracle、Sybase、SQL Server、Visual FoxPro 等采用了 SQL 语言标准，而且很多数据库都对 SQL 语句进行了再开发和扩展。

尽管设计 SQL 的最初目的是查询，查询数据也是其最重要的功能之一，但 SQL 绝不仅仅是一个查询工具，它可以独立完成数据库的全部操作。按照其实现的功能可以将 SQL 划分为如下 4 类。

① 数据查询语言（Data Query Language，DQL）：按一定的查询条件从数据库对象中检索符合条件的数据。

② 数据定义语言（Data Definition Language，DDL）：用于定义数据的逻辑结构以及数据项之间的关系。

③ 数据操纵语言（Data Manipulation Language，DML）：用于更改数据库，包括增加新数据、删除旧数据、修改已有数据等。

④ 数据控制语言（Data Control Language，DCL）：用于控制其对数据库中数据的操作，包括基本表和视图等对象的授权、完整性规则的描述、事务开始和结束控制语句等。

由此可见，SQL 是一种能够控制数据库管理系统并能与之交互的综合性语言。但 SQL 并不是一种像 C 语言、PASCAL 语言那样完整的程序设计语言，没有用于程序流程控制的语句，它是一种数据库子语言。

1.8.2　T-SQL 语言简介

T-SQL 最早由 Sybase 公司、Microsoft 公司联合开发，Microsoft 公司将其应用在 SQL Server 上，并将其作为 SQL Server 的核心组件，与 SQL Server 通信，并访问 SQL Server 中的对象。它在 ANSI SQL92 标准的基础上进行了扩展，对语法也做了精简，增强了可编程性和灵活性，使其功能更为强大，使用更为方便。随着 SQL Server 的应用普及，T-SQL 语言也越来越重要了。

T-SQL 对 SQL 的扩展主要包含如下 3 个方面。

① 增加了流程控制语句。SQL 作为一种功能强大的结构化标准查询语言并没有包含流程控制语句，因此不能单纯使用 SQL 构造出一种最简单的分支程序。T-SQL 这方面进行了多方面的扩展，增加了块语句、分支判断语句、循环语句、跳转语句等。

② 加入了局部变量、全局变量等许多新概念，可以写出更复杂的查询语句。

③ 增加了新的数据类型，处理能力更强。

习　题

一、选择题

1. 数据库系统与文件系统的主要区别是（　　　）。

    A. 数据库系统复杂，而文件系统简单

    B. 文件系统只能管理程序文件，而数据库系统能够管理各种类型的文件

    C. 文件系统管理的数据量较少，而数据库系统可以管理庞大的数据量

    D. 文件系统不能解决数据冗余和数据独立性问题，而数据库系统可以解决

2. 在关系数据库系统中，当关系的模型改变时，用户程序也可以不变，这是（　　　）。

    A. 数据的物理独立性　　　　　　　　　　B. 数据的逻辑独立性

    C. 数据的位置独立性　　　　　　　　　　D. 数据的存储独立性

3. 在数据库三级模式中，对用户所用到的那部分数据的逻辑描述是（　　　）。

    A. 外模式　　　　　B. 概念模式　　　　　C. 内模式　　　　　D. 逻辑模式

4. E-R 图用于描述数据库的（　　　）。

    A. 概念模型　　　　B. 数据模型　　　　C. 存储模型　　　　D. 逻辑模型

5. 以下对关系模型性质的描述，不正确的是（　　　）。

    A. 在一个关系中，每个数据项不可再分，是最基本的数据单位

    B. 在一个关系中，同一列数据具有相同的数据类型

    C. 在一个关系中，各列的顺序不可以任意排列

    D. 在一个关系中，不允许有相同的字段名

6. 已知两个关系：

职工（职工号，职工名，性别，职务，工资）

设备（设备号，职工号，设备名，数量）

其中"职工号"和"设备号"分别为职工关系和设备关系的关键字，则两个关系的属性中，

存在一个外部关键字为（　　　）。

  A. 设备关系的"职工号"   B. 职工关系的"职工号"

  C. 设备关系的"设备号"   D. 设备关系的"设备号"和"职工号"

7. 在建立表时，将年龄字段值限制在 18～40 岁，这种约束属于（　　　）。

  A. 实体完整性约束   B. 用户定义完整性约束

  C. 参照完整性约束   D. 视图完整性约束

8. 关系运算"交"可以使用其他基本关系运算替代。$A \cap B$ 正确的替代表达式是（　　　）。

  A. $A-(A-B)$ B. $A \cup (A-B)$ C. $\pi_B(A)$ D. $A-(B-A)$

9. 关于关系规范化，下列叙述中正确的是（　　　）。

  A. 规范化是为了保证存储在数据库中的数据正确、有效、相互不出现矛盾的一组规则

  B. 规范化是为了提高数据查询速度的一组规则

  C. 规范化是为了解决数据库中数据的插入、删除、修改异常等问题的一组规则

  D. 4 种规范化范式各自描述不同的规范化要求，彼此没有关系

10. 下列叙述中正确的是（　　　）。

  A. 设 $A \rightarrow B$ 是 $R(A, B, C, D)$ 的一个函数依赖关系，为节约存储空间，可以在
   R 中不存储属性 B

  B. 某些关系没有候选关键字

  C. 属性依赖关系 $A \rightarrow B$ 是说当 B 的属性值确定后，A 的属性值也随之确定

  D. 若属性组合 (A, B) 是关系 R 的候选关键字，则 A，B 间没有函数依赖关系

11. SQL 是一种（　　　）语言。

  A. 高级算法 B. 人工智能 C. 关系数据库 D. 函数型

12. SQL 语言按其功能可分为 4 类，包括查询语言、定义语言、操纵语言和控制语言，其中最重要的、使用最频繁的语言为（　　　）。

  A. 定义语言 B. 查询语言 C. 操纵语言 D. 控制语言

二、填空题

1. 数据库是在计算机系统中按照一定的方式组织、存储和应用的_____。支持数据库各种操作的软件系统叫_____。由计算机 、操作系统、DBMS、数据库、应用程序及有关人员等组成的一个整体叫_____。

2. 数据库常用的逻辑数据模型有_____、_____、_____，SQL Server 2008 属于_____。

3. 关系中能唯一区分、确定不同元组的属性或属性组合，称为该关系的_____。

4. 在关系数据库的基本操作中，从表中取出满足条件元组的操作称为_____；把两个关系中相同属性值的元组连接到一起形成新的二维表的操作称为_____；从表中抽取属性值满足条件列的操作称为_____。

5. 设关系模式 $R(A, B, C, D)$，$(A, B) \rightarrow C$，$A \rightarrow D$ 是 R 的属性依赖函数，并且，$A \rightarrow C$、$B \rightarrow C$、$A \rightarrow B$、$B \rightarrow A$ 均不成立，则 R 的候选关键属性是_____，为使 R 满足 2NF，应将 R 分解为_____和_____。

6. 设关系模式 $R(A, B, C, D)$ 的属性依赖函数集 $F=\{(A, B) \rightarrow A, A \rightarrow B, (A, C) \rightarrow B, A \rightarrow C, A \rightarrow D\}$，与 F 等价的最小依赖函数集是_____。

7. Microsoft 公司提供了 7 种版本的 SQL Server 2008，它们的名称分别为：_____、_____、

_____、_____、_____、_____ 和 _____。

8. SQL Server 2008 支持两种登录验证模式，一种是_____，另一种是_____。

9. SQL Server Management Studio 分为左右两区域，一般_____、_____在左边，_____ 等以选项卡形式在右边区域。

三、问答题

1. 什么是数据独立性？在数据库系统中，如何保证数据的独立性？

2. 参考表 1-10 和表 1-11，按要求写出关系运算式。

表 1-10　　　　　　　　　　　医生表

医生编号	姓名	职称
D1	李一	主任医师
D2	刘二	副主任医师
D3	王三	副主任医师
D4	张四	主任医师

表 1-11　　　　　　　　　　　患者表

患者病历号	患者姓名	性别	年龄	医生编号
P1	李东	男	36	D1
P2	张南	女	28	D3
P3	王西	男	12	D4
P4	刘北	女	40	D4
P5	谭中	女	45	D2

（1）查找年龄在 35 岁以上的患者。

（2）查找所有的主任医师。

（3）查找王三医师的所有病人。

（4）查找患者刘北的主治医师的相关信息。

3. 现有关系模式：$R(A, B, C, D, E)$，其中 (A, B) 为候选关键属性，R 上存在的函数依赖有 $((A, B) \rightarrow E, B \rightarrow C, C \rightarrow D)$。

（1）该关系模式最高满足第几范式？

（2）如果将关系模式 R 分解为：

$R1(A, B, E)$

$R2(B, C, D)$

指出关系模式 R2 的关键属性，并说明该关系模式最高满足第几范式（在 1NF～BCNF 之内）？

（3）将关系模式 R 分解到 BCNF。

4. 商业管理数据库中有 3 类实体：一是"商店"实体，属性有商店编号、商店名、地址等；二是"商品"实体，属性有商品号、商品名、规格、单价等；三是"职工"实体，属性有职工编号、姓名、性别、业绩等。

商店与商品间存在"销售"联系，每个商店可销售多种商品，每种商品也可放在多个商店销售，每个商店销售一种商品，有月销售量；商店与职工间存在着"聘用"联系，每个商店有许多职工，每个职工只能在一个商店工作，商店聘用职工有聘期和工资。

（1）试画出 E-R 图。

（2）将 E-R 图转换成关系模型，并说明主键和外键。

5．为了安装 SQL Server 2008，在计算机上需要安装哪些软件组件？

6．SQL Server 2008 配置管理器的功能是什么？如何完成基本操作？

第2章
创建和管理数据库

本章学习目标:
- 了解 SQL Server 数据库的组成。
- 掌握创建数据库的方法。
- 掌握查看、修改和删除数据库的方法。
- 掌握数据库备份与还原、分离与附加、导入与导出等操作方法。

数据库按照一定的数据结构来组织、存储和管理数据。在开发一个数据库应用系统时,必须设计和创建数据库。数据库中的数据及其相关信息通常被存储在一个或多个磁盘文件(即数据库文件)中,而数据库管理系统(DBMS)为用户或数据库应用程序提供统一的接口来访问和控制这些数据,使得用户不需要直接访问数据库文件。

2.1 SQL Server 2008 数据库的基本概念

在讨论数据库的管理之前,先介绍 SQL Server 数据库的一些基本概念,它们是理解和掌握数据库操作过程的基础。

2.1.1 SQL Server 2008 数据库类型

SQL Server 2008 的服务器端安装成功后,就创建了一个实例。单从数据库引擎来说,一个实例包含 5 个系统数据库和若干个用户自定义数据库。SQL Server 2008 实例的组成如图 2-1 所示。

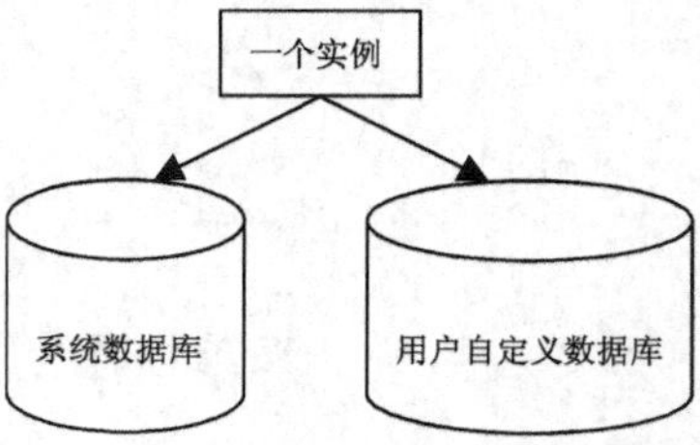

1. 系统数据库

系统数据库是由 SQL Server 系统创建和维护的数据库。系统数据库中记录了系统所有的配置情况、任务情况和用户数据库情况等系统管理的信息。SQL Server 2008 提供了以下 5 个系统数据库。

图 2-1 SQL Server 2008 实例的组成

(1)master 数据库

master 数据库是 SQL Server 系统最重要的一个数据库。它的作用是控制 SQL Server 和用户数据库的所有操作,记录 SQL Server 实例的所有系统信息,包括用户账户、可配置的环境变量、系统错误消息、用户数据库信息等。不要在其中创建任何用户对象。一旦 master 数据库被损坏,SQL Server 将无法启动工作。其主数据库文件和事物日志文件的文件名分别为 master.mdf、mastlog.ldf。

（2）msdb 数据库

msdb 是代理服务数据库，用于 SQL Server 代理计划警报、任务调度等提供存储空间。其主数据库文件和事物日志文件的文件名分别为 msdbdata.mdf、msdblog.ldf。

（3）model 数据库

model 数据库是在 SQL Server 实例上创建的所有数据库和 tempdb 数据库的模板。对 model 进行修改（如数据库大小、排列顺序、恢复模式和其他数据库选项）将用于以后创建的所有数据库。其主数据库文件和事物日志文件的文件名分别为 model.mdf、modellog.ldf。

（4）tempdb 数据库

tempdb 是一个临时数据库，为 SQL Server 提供一个工作空间，满足临时表、临时存储过程和其他临时的工作存储需要，用于保存临时对象或中间结果。每次启动 SQL Server 时重新创建 tempdb，在断开连接时自动删除。其主数据库文件和事物日志文件的文件名分别为 tempdb.mdf、templog.ldf。

（5）mssqlsystemresource 数据库

resource 数据库是只读数据库，它包含了 SQL Server 2008 中的所有系统对象。SQL Server 系统对象（例如 sys.objects）在物理上存在于 mssqlsystemresource 数据库中，但在逻辑上，它们出现在每个数据库的 sys 架构中。mssqlsystemresource 数据库不包含用户数据或用户元数据。

2. 用户数据库

在 SQL Server 中，用户数据库包括系统提供的示例数据库和用户创建的数据库。

① 安装 SQL server 2008 时，如果选择默认安装，就不会安装示例数据库。可以到微软官方网站下载 AdventureWorks 示例数据库并安装。AdventureWorks 数据库围绕着一个虚拟企业 Adventure Works Cycles 的商业数据应用，展现 SQL Server 2008 的功能、特性与数据库的结构设计。

② 用户创建的数据库。用户根据实际对象的管理需求可以自行创建数据库。

2.1.2　数据库文件和文件组

从物理磁盘存储的角度看，在 SQL Server 数据库中所有的数据、对象和事务日志都是以文件的形式保存在磁盘上。根据这些文件的作用不同，可以分为两类：数据文件和事务日志文件。数据文件可以根据数据存储的需要，由至少必需的一个主数据文件进一步扩充一个或多个次数据文件。

（1）主数据文件（Primary data file）

主数据文件用于存储数据库的系统表、数据库所有对象的启动信息和数据库的数据。所有的数据库有且只有一个主数据文件，其存储时的文件扩展名为 mdf。

（2）次数据文件（Secondary data file）

次数据文件用于存储主数据文件中未存储的数据和数据库对象。次数据文件是可选的，如想要将数据库文件保存到多个硬盘，则必须使用此数据文件。一个数据库可有一个或多个次数据文件，其存储时的文件扩展名为 ndf。

（3 事务日志文件（Transaction log file）

事物日志文件用于记录对数据库的操作情况。对数据库执行的 INSERT、ALTER、DELETE 和 UPDATE 等 SQL 命令操作都会记录在该文件内。必要时，可以利用该文件进行数据库的恢复。每个数据库至少有一个事务日志文件，其存储时的文件扩展名为 ldf。

采用主、次数据文件来存储文件的好处是，数据库的大小可以根据需要扩充而不受操作系统文件大小的限制。这些文件可以分别保存在不同的磁盘，使得可以同时对不同的磁盘作访问，提高数据处理的效率。

包括系统数据库在内的每个数据库都有自己的文件集，至少包含一个主数据文件和一个事务日志文件。

SQL Server 允许对数据文件进行分组。分组类型有主文件组、次文件组（或称为用户自定义文件组）和默认文件组。所有的数据库中都有且仅有一个主文件组。主数据文件只能属于主文件组。主文件组包含主数据文件，还可以包含其他次数据文件。没有包含在主文件组中的次数据文件可以组织到次数据文件组中。数据库首次创建时，主文件组是默认文件组；可以使用 ALTER DATABASE 语句将用户定义的文件组指定为默认文件组。默认文件组容纳创建时没有指定文件组的表、索引以及 text、ntext 和 image 数据类型的数据。

SQL Server 中数据库的文件组成如图 2-2 所示。

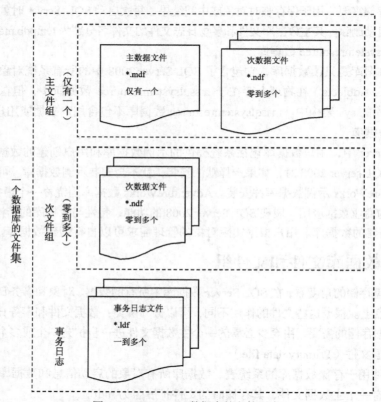

图 2-2　SQL Server 数据库的文件组成

在使用文件组时，应当注意以下规则：

① 文件或文件组不能被多个数据库使用。

② 每个文件都只能是一个文件组的成员。

③ 事务日志文件不属于任何文件组。

④ 一个数据文件被创建，不能被移动到另外的文件组中。

2.1.3　数据库对象及其标识符

数据库对象即数据库中存储数据的或对数据进行操作的实体，访问数据库的操作都由数据库对象来实施。SQL Server 中定义了表、字段、视图、索引、规则、默认、用户、存储过程、触发器、同义词、用户定义的数据类型和函数等数据库对象。每一个数据库对象都应有一个标识符来唯一地标识，标识符即数据库对象的名称。标识符用于引用对象。

SQL Server 中标识符共有两种类型：一种是常规标识符（Regular identifer），一种是界定标识符（Delimited identifer）。常规标识符严格遵守标识符的有关格式的规定，对于不符合标识符格式的标识符要使用界定符[ ]或"来标记，即界定标识符。常规标识符也可以用界定符分隔，也可以不分隔。

SQL Server 标识符的命名遵循以下规则：

① 标识符包含的字符数必须在 1～128。

② 标识符的首字符可以是 26 个英文字母或汉字、下画线、@、#。

③ 标识符首字符后的字符可以是 26 个英文字母或汉字、下画线、@、#、$及数字。

④ 如果标识符是保留字或包含空格，则需要使用界定标识符进行处理。

例如，Test_table，table123，学生，#temp_table 是常规标识符；[from]，[order details]，"order details"，[My Table]，[order]是界定标识符。以下查询语句中出现了界定标识符：

SELECT * FROM [My Table] WHERE [order]=10

在 SQL Server 中，某些处于标识符开始位置的符号具有特殊意义。例如，以@开头的标识符表示局部变量或参数，由系统定义并维护的全局变量的名称前有@@。一个以#符号开头的标识符表示临时表或过程。以##符号开头的标识符表示全局临时对象。

2.2　创建数据库

在创建数据库时，SQL Server 首先将 model 数据库的内容复制到新数据库，然后使用空页填充新数据库的剩余部分。model 数据库中的对象均将被复制到所有新数据库中，model 数据库的数据库选项设置也将被新数据库所继承。因此，如果更改了 model 数据库的选项，向 model 数据库中添加任何对象，例如表、视图、存储过程、数据类型等，增加的对象将添加到所有此后新建的数据库中。

在 SQL Server 2008 中，可以利用 SQL Server Management Studio 管理平台和 T-SQL 语句来创建数据库。需要注意的是：在一般情况下，只有系统管理员才可以创建数据库，而其他用户必须得到系统管理员的授权；创建数据库的用户是该数据库的所有者；数据库的命名必须遵循 SQL Server 2008 标识符命名规则。

2.2.1　使用管理工具创建数据库

使用 SQL Server Management Studio 管理平台创建数据库的步骤如下。

① 打开 SQL Server 2008 的数据库管理工具 SQL Server Management Studio，在其"对象资源管理器"面板中展开要创建数据库的服务器节点，并右键单击"数据库"节点，在打开的菜单中选择"新建数据库"命令，如图 2-3 所示。

② 打开图 2-4 所示的"新建数据库"窗口，在"常规"选项卡的"数据库名称"文本框中输入新数据库名称"教学管理"，在"所有者"下拉列表框中选择数据库所有者，默认值为系统登录者；在"数据库文件"的列表区中可以改变数据文件和日

图 2-3　选择"新建数据库"命令

志文件的逻辑名称和存放的物理位置、文件初始大小和增长率等内容，可以取默认值也可根据需

要进行修改。如数据库文件存放路径可以改为"F:\MY SQL"文件夹。

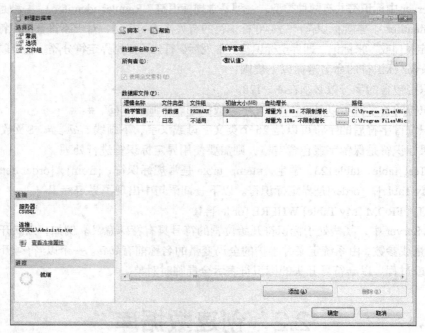

图 2-4　"新建数据库/常规"选项卡

③ 在"新建数据库"窗口左边的"选择页"列表区中选择"选项"项，打开图 2-5 所示的"新建数据库/选项"选项卡，在其中可对数据库的排序规则、恢复模式、状态等内容进行设置，可根据需要进行修改，通常取默认值。

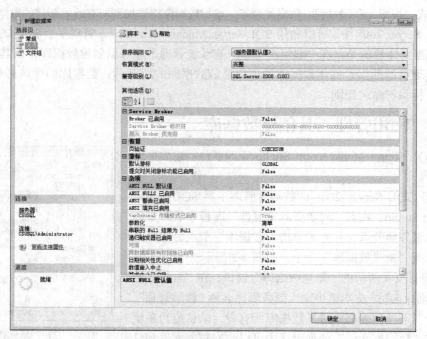

图 2-5　"新建数据库/选项"选项卡

④ 在"新建数据库"对话框中左边的"选择页"列表区中选择"文件组"项，打开如图 2-6 所示的"新建数据库/文件组"选项卡，单击右下端的"添加"按钮可以为数据库添加文件组。此时"删除"按钮为不可选，因为"PRIMARY"文件组不能删除。如果该数据库有多个文件组，可以删除除"PRIMARY"文件组以外的其他文件组。

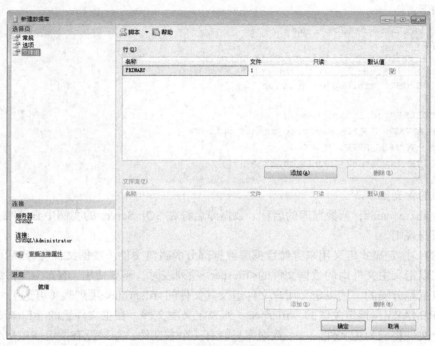

图 2-6　"新建数据库/文件组"页面

⑤ 所有的设置按要求完成后，单击"确定"按钮，新的数据库建立完成。返回 SQL Server Management Studio 窗口，在"对象资源管理器"面板中的"数据库"项下有了新建的数据库"教学管理"，如图 2-7 所示。

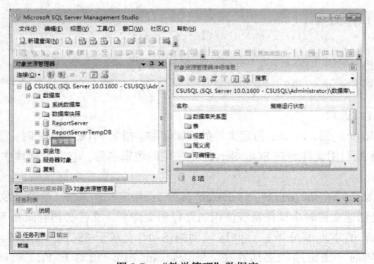

图 2-7　"教学管理"数据库

2.2.2 使用 T-SQL 语句创建数据库

在 SQL Server Management Studio 窗口的工具栏中单击"新建查询"按钮，在右边的查询编辑器的编辑区中，使用 CREATE DATABASE 语句即可创建数据库以及存储该数据库的文件。其语法格式如下：

```
CREATE DATABASE database_name
    [ ON
        [ PRIMARY ] [ <filespec> [ ,...n ]
        [ , <filegroup> [ ,...n ] ]
    [ LOG ON { <filespec> [ ,...n ] } ]
    ]
    [ COLLATE collation_name ]
[FOR { ATTACH [ WITH <service_broker_option> ]
    | ATTACH_REBUILD_LOG }]
    [ WITH <external_access_option> ]
]
```

各选项的含义如下。

（1）database_name：新数据库的名称。数据库名称在 SQL Server 的实例中必须唯一，并且必须符合标识符规则。

（2）ON：指定显式定义用来存储数据库数据部分的磁盘文件（数据文件）。当后面是以逗号分隔的、用以定义主文件组的数据文件的<filespec>项列表时，需要使用 ON。主文件组的文件列表可后跟以逗号分隔的、用以定义用户文件组及其文件的<filegroup>项列表（可选）。

（3）PRIMARY：指定关联的 <filespec> 列表定义主文件。在主文件组的 <filespec> 项中指定的第一个文件将成为主文件。一个数据库只能有一个主文件。如果没有指定 PRIMARY，那么 CREATE DATABASE 语句中列出的第一个文件将成为主文件。

（4）LOG ON：指定显式定义用来存储数据库日志的磁盘文件（日志文件）。

（5）<filespec>：控制文件属性。代表数据文件或日志文件的定义，其语法格式如下。

```
<filespec> ::=
{
(
    NAME = logical_file_name ,
    FILENAME = { 'os_file_name' | 'filestream_path' }
    [ , SIZE = size [ KB | MB | GB | TB ] ]
    [ , MAXSIZE = { max_size [ KB | MB | GB | TB ] | UNLIMITED } ]
    [ , FILEGROWTH = growth_increment [ KB | MB | GB | TB | % ] ]
) [ ,...n ]
```

其中选项的含义如下。

① NAME=logical_file_name：指定文件的逻辑名称。指定 FILENAME 时，需要使用 NAME。logical_file_name 是引用文件时在 SQL Server 中使用的逻辑名称，它在数据库中是唯一的，必须符合标识符规则。

② FILENAME { 'os_file_name' | 'filestream_path' }：指定操作系统（物理）文件名称。' os_file_name '是创建文件时由操作系统使用的路径和文件名。文件必须驻留在下列一种设备中：安装 SQL Server 的本地服务器、存储区域网络[SAN]或基于 iSCSI 的网络。执行 CREATE DATABASE 语句前，指定路径必须存在。' filestream_path '指对于 FILESTREAM 文件组，FILENAME 指向将存储 FILESTREAM 数据的路径。

③ SIZE size：指定文件的大小。size 是文件的初始大小。如果没有为主文件提供 size，则数据库引擎将使用 model 数据库中的主文件的大小。如果指定了辅助数据文件或日志文件，但未指定该文件的 size，则数据库引擎将以 1 MB 作为该文件的大小。为主文件指定的大小至少应与 model 数据库的主文件大小相同。

④ MAXSIZE max_size：指定文件可增大到的最大大小。max_ 是最大的文件大小，是整数。如果不指定 max_size，则文件将不断增长直至磁盘被占满。UNLIMITED 指定文件将增长到磁盘充满。在 SQL Server 中，指定为不限制增长的日志文件的最大大小为 2 TB，而数据文件的最大大小为 16 TB。

⑤ FILEGROWTH growth_increment：指定文件的自动增量。文件的 FILEGROWTH 设置不能超过 MAXSIZE 设置。growth_increment 是每次需要新空间时为文件添加的空间量。如果未指定 FILEGROWTH，则数据文件的默认值为 1 MB，日志文件的默认增长比例为 10%，并且最小值为 64 KB。

⑥ <filegroup>：代表数据库文件组的定义，其语法格式如下。

```
<filegroup> ::=
{
FILEGROUP filegroup_name [ CONTAINS FILESTREAM ] [ DEFAULT ]
    <filespec> [ ,...n ]
}
```

其中各项的含义如下所示。

① FILEGROUP filegroup_name 是文件组的逻辑名称。filegroup_name 必须在数据库中唯一，不能是系统提供的名称 PRIMARY 和 PRIMARY_LOG。名称可以是字符或 Unicode 常量，也可以是常规标识符或分隔标识符。名称必须符合标识符规则。

② CONTAINS FILESTREAM 指定文件组在文件系统中存储 FILESTREAM 二进制大型对象（BLOB）。

③ DEFAULT 指定命名文件组为数据库中的默认文件组。

（6）COLLATE collation_name：指定数据库的默认排序规则。排序规则名称既可以是 Windows 排序规则名称，也可以是 SQL 排序规则名称。如果没有指定排序规则，则将 SQL Server 实例的默认排序规则分配为数据库的排序规则。

（7）FOR { ATTACH [WITH <service_broker_option>] | ATTACH_REBUILD_LOG }：指定通过附加一组现有的操作系统文件来创建数据库，所有数据文件（MDF 和 NDF）都必须可用。不能使用 FOR ATTACH 或 FOR ATTACH_REBUILD_LOG 子句指定排序规则名称。其中选项的含义如下。

① FOR ATTACH [WITH <service_broker_option>]：必须有一个指定主文件的 <filespec> 项。如果存在多个日志文件，这些文件都必须可用。如果一个可读/写数据库具有一个当前不可用的日志文件，并且进行附加操作前在没有被使用或打开情况下关闭了该数据库，FOR ATTACH 会自动重新生成日志文件并更新主文件。对于只读数据库，由于主文件不能更新，将不能重新生成日志。因此，如果附加一个日志不可用的只读数据库，必须在 FOR ATTACH 子句中提供日志文件或文件。

如果数据库使用 service broker，则在 FOR ATTACH 子句中使用 WITH <service_broker_option>。<service_broker_option>控制 service broker 消息传递和数据库的 service broker 标识符。仅当使用 FOR ATTACH 子句时，才能指定 service broker 选项。

② FOR ATTACH_REBUILD_LOG：该选项只限于读/写数据库。必须有一个指定主文件的 <filespec> 项。如果日志文件可用，数据库引擎将使用这些文件。如果缺少一个或多个事务日志

文件，将重新生成日志文件。

（8）<external_access_option>：控制外部与数据库之间的双向访问，其语法格式如下。

```
<external_access_option> ::=
{
  [ DB_CHAINING { ON | OFF } ]
  [ , TRUSTWORTHY { ON | OFF } ]
}
```

其中各项含义如下。

① DB_CHAINING { ON | OFF }：指定为 ON 时，数据库可以作为跨数据库所有权链接的源或目标；当为 OFF 时，数据库不能参与跨数据库所有权链接。默认值为 OFF。

② TRUSTWORTHY { ON | OFF }：当指定 ON 时，使用模拟上下文的数据库模块（例如，视图、用户定义函数或存储过程）可以访问数据库以外的资源；当为 OFF 时，模拟上下文中的数据库模块不能访问数据库以外的资源。默认值为 OFF。只要附加数据库，TRUSTWORTHY 就会设置为 OFF。

---

① 在 T-SQL 语句的语法格式中，"[ ]"表示该项可以省略，省略时该参数取默认值。"{}"表示该项是必选项。"|"用于分隔括号或大括号内的项，这些项只能选择一个。"[, …n]"表示前面的项可重复 n 次，每一项由逗号分隔。"<标签> ::="是语法块的名称，此规则用于对可在语句中的多个位置使用的过长语法单元部分进行标记，适合使用语法块的位置由带尖括号的标签表示（<标签>）。本书所有语句的语法格式都遵守此约定。

② SQL 语句在书写时不区分大小写，为了清晰，一般用大写表示系统保留字，用小写表示用户自定义的名称。一条语句可以写在多行上。

【例 2-1】 最简单形式的创建数据库（不指定文件）语句。

```
CREATE DATABASE Student
```

本例创建名为 Student 的数据库，并由 SQL Server 自动创建了一个主数据文件和一个事务日志文件，其逻辑文件名分别为 Student 和 Student_log，磁盘文件名分别为 Student.mdf 和 Student_log.LDF，默认存放于 C:\Program Files\Microsoft SQL Server\MSSQL10.MSSQLSERVER\MSSQL\DATA 目录中。

因为本例没有<filespec>项，所以主数据文件和事务日志文件的大小与 model 数据库的相应文件相等，主数据文件和事务日志文件的逻辑文件名与磁盘文件名由系统自动产生。因为没有指定 MAXSIZE，数据文件和事务日志文件可以增长到填满所有可用的磁盘空间为止。

【例 2-2】 创建简单的数据库，指定数据库的数据文件。

```
CREATE DATABASE Student2
ON
( NAME= Student2_dat,
  FILENAME='E:\DataBase\Student2.mdf',
  SIZE=4,
  MAXSIZE=10,
  FILEGROWTH=1 )
```

本例创建名为 Student2 的数据库。指定逻辑文件名为 Student2_dat，磁盘文件名为 E:\DataBase\Student2.mdf 的数据文件。该文件默认为主数据文件，SIZE 为 4MB，MAXSIZE 为 10MB，增长量为每次 1MB。并将自动创建一个 1MB 的事务日志文件 Studen2_log.LDF。

【例 2-3】 创建指定数据文件和事务日志文件的数据库。

```
CREATE DATABASE Student3
ON
( NAME=Student3_dat,
```

```
    FILENAME='E:\DataBase\student3_dat.mdf',
    SIZE=10MB,
    MAXSIZE=500MB,
    FILEGROWTH=5%)
LOG ON
 (NAME=Student3_log,
    FILENAME='E:\DataBase\student3_log.ldf',
    SIZE=5MB,
    MAXSIZE=25MB,
    FILEGROWTH=5 )
```

本例创建名为 Student3 的数据库。第一个数据文件 Student3_dat 默认成为主数据文件。Student3_dat 文件初始大小为 10MB，每次增长 5%，最多可以增长到 500MB。指定事物日志文件逻辑名为 Student3_log，磁盘文件名为 E:\DataBase\student3_log.LDF。该日志文件初始大小为 5MB，增长量为每次 5MB，最大为 25MB。

【例 2-4】 指定多个数据文件和事务日志文件创建数据库 Student4。

```
CREATE DATABASE Student4
ON
PRIMARY
(NAME=Student4_dat1,
FILENAME='E:\DataBase\Student4_dat1.mdf',
SIZE=100MB,
MAXSIZE=200,
FILEGROWTH=20),
 (NAME= Student4_dat2,
FILENAME='E:\DataBase\Student4_dat2.ndf',
SIZE=100MB,
MAXSIZE=200,
FILEGROWTH=20)
LOG ON
 (NAME= Student4_log1,
FILENAME='E:\DataBase\Student4_log1.ldf',
SIZE=100MB,
MAXSIZE=200,
FILEGROWTH=20),
 (NAME= Student4_log2,
FILENAME='E:\DataBase\Student4_log2.ldf',
SIZE=100MB,
MAXSIZE=200,
FILEGROWTH=20)
```

本例创建了名为 Student4 的数据库，定义了该数据库包含的两个 100MB 的数据文件和两个 100MB 的事务日志文件。主数据文件是列表中的第一个文件，并使用 PRIMARY 关键字显式指定。事务日志文件在 LOG ON 关键字后指定。注意 FILENAME 项中所用的文件扩展名：主数据文件使用.mdf，次数据文件使用.ndf，事务日志文件使用.ldf。

【例 2-5】 创建数据库 Student5，定义数据库的文件和文件组。

```
CREATE DATABASE Student5
ON
/* 默认的 Primary 文件组，存放在 E 盘 */
PRIMARY
(NAME= Student5_dat1,
FILENAME='E:\DataBase\Student5_dat1.mdf',
```

```
SIZE=10,
MAXSIZE=50,
FILEGROWTH=15% ),
/* Student5_Group1 文件组，存放在 E 盘 */
FILEGROUP Student5_Group1
( NAME=Student5_dat2,
FILENAME='E:\DataBase\Student5_dat2.ndf',
SIZE=10,
MAXSIZE=50,
FILEGROWTH=5 )
LOG ON
(NAME=Student5_log,
FILENAME='E:\DataBase\Student5_log.ldf',
SIZE=5MB,
MAXSIZE=25MB,
FILEGROWTH=5MB
```

本例创建名为 Student5 的数据库该数据库包含 2 个文件组。

① 主文件组包含主数据文件 Student5_dat1，存放在 E:\DataBase，文件的增量为 15%。

② Student5_Group1 文件组包含次数据文件 Student5_dat2，存放在 E:\DataBase。

【例 2-6】 使用 FOR ATTACH 子句来附加数据库。

```
CREATE DATABASE Student6
ON PRIMARY (FILENAME='E:\DataBase\Student6.mdf')
FOR ATTACH
```

本例创建一个名为 Student6 的数据库，该数据库从主数据文件为 E:\DataBase\Student6. mdf 的一系列文件中附加。虽然该数据库还包含其他文件，但不需要显式指定这些文件的逻辑文件名和磁盘文件名，除非这些文件的磁盘路径与该数据库最初的路径不一致。因为主数据文件中记载了该数据库的启动信息，其中包含了该数据库的文件组成与存放位置（路径）。此处需注意的是所使用的数据库文件不可以是正在运行中的服务器上其他数据库的文件。

2.3 管理数据库

数据库在创建后，可以使用 SQL Server 2008 的管理平台工具和 T-SQL 语句对其进行查看、修改和删除。可以进行的操作包括更改数据库的名称或所有者，更改数据文件、事务日志文件和文件组的属性，添加或删除数据文件、事务日志文件和文件组，指定数据文件到文件组等。

2.3.1 查看和修改数据库

对于已经建立的数据库，可以利用 SQL Server Management Studio 工具和 SQL 语句来查看或修改数据库信息，具体操作步骤如下。

1. 利用 SQL Server Management Studio 工具查看和修改数据库信息

① 在需要修改的数据库名称上单击鼠标右键，从弹出的快捷菜单中选择"属性"命令，打开"数据库属性"对话框，如图 2-8 所示。

② 在"数据库属性"窗口的"常规"选项卡中显示了当前数据库的基本信息，包括数据库的状态、所有者、大小、创建日期、可用空间、用户数及备份和维护等，本页面的信息不能修改。

图 2-8　数据库属性设置

③　"数据库属性"对话框的"文件"选项卡中显示了当前数据库的文件信息，如图 2-9 所示，包括数据库文件和日志文件的基本内容（如存储位置、初始大小等）。用户可根据需要对此项内容进行修改。单击文件的"初始大小"选项，将出现微调框，可以通过微调框修改初始大小；通过单击"自动增长"选项右侧的　…　按钮可以修改数据库文件的增长方式。

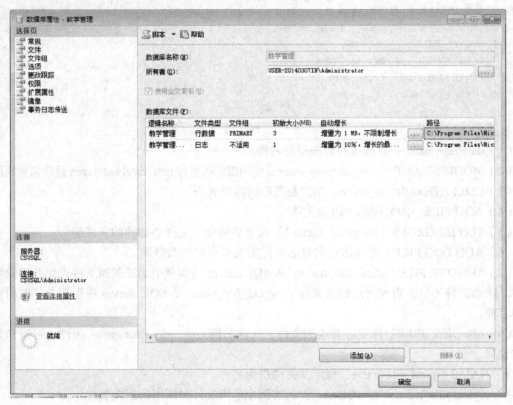

图 2-9　数据库文件设置

④ "数据库属性"窗口的"文件组"选项卡显示数据库文件组的信息，用户可以设置文件组信息。

⑤ "数据库属性"窗口的"选项"选项卡显示当前数据库选项信息，包括恢复选项、游标选项、杂项、状态选项和自动选项等。

⑥ "数据库属性"窗口的"权限"选项卡显示当前数据库的使用权限。

⑦ 在"数据库属性"窗口的"扩展属性"选项卡中，可以添加文本、输入掩码和格式规则，将其作为数据库对象或数据库本身的属性。

⑧ "数据库属性"窗口的"镜像"选项卡显示当前数据库的镜像设置属性，用户可以设置主体服务器和镜像服务器的网络地址及运行方式。

⑨ "数据库属性"窗口的"事务日志传送"选项卡显示当前数据库的日志传送配置信息。用户可以为当前数据库设置事务日志备份、辅助数据库及监视服务器。

2. 使用 T-SQL 语句修改数据库

在 SQL Server 中，可以使用 ALTER DATABASE 语句完成对数据库的修改。其语法格式如下：

```
ALTER DATABASE database_name
{
  | MODIFY NAME = new_database_name
  | COLLATE collation_name
  | ADD FILE <filespec> [ ,...n ]
      [ TO FILEGROUP { filegroup_name } ]
  | ADD LOG FILE <filespec> [ ,...n ]
  | REMOVE FILE logical_file_name
  | MODIFY FILE <filespec>
| ADD FILEGROUP filegroup_name
| REMOVE FILEGROUP filegroup_name
| MODIFY FILEGROUP filegroup_name
}
```

各项的含义如下：

（1）database_name：要修改的数据库的名称。

（2）MODIFY NAME = new_database_name：使用指定的名称 new_database_name 重命名数据库。

（3）COLLATE collation_name：指定数据库的排序规则。

（4）ADD FILE：向数据库中添加文件。

（5）TO FILEGROUP { filegroup_name }：指定要将指定文件添加到的文件组。

（6）ADD LOG FILE：将要添加的日志文件添加到指定的数据库。

（7）REMOVE FILE logical_file_name：从 SQL Server 的实例中删除逻辑文件说明并删除物理文件。除非文件为空，否则无法删除文件。logical_file_name 是 SQL Server 中引用文件时所用的逻辑名称。

（8）MODIFY FILE：指定应修改的文件。一次只能更改一个 <filespec> 属性，可以作如下修改设置。

- NAME logical_file_name：指定文件的逻辑名称。
- logical_file_name：在 SQL Server 的实例中引用文件时所用的逻辑名称。
- NEWNAME new_logical_file_name：指定文件的新逻辑名称。new_logical_file_name 用于

替换现有逻辑文件名称的名称。该名称在数据库中必须唯一，并应符合标识符规则。该名称可以是字符或 Unicode 常量、常规标识符或分隔标识符。

- FILENAME { 'os_file_name' | 'filestream_path' }：指定操作系统（物理）文件名称。'os_file_name' 对于标准（ROWS）文件组是在创建文件时操作系统所使用的路径和文件名。该文件必须驻留在安装 SQL Server 的服务器上。在执行 ALTER DATABASE 语句前，指定的路径必须已经存在。'filestream_path'对于 FILESTREAM 文件组，FILENAME 指向将存储 FILESTREAM 数据的路径。在最后一个文件夹之前的路径必须存在，但不能存在最后一个文件夹。

- SIZE size：指定文件大小。新大小必须比文件当前大小要大。

- MAXSIZE { max_size | UNLIMITED }：指定文件可增大到的最大文件大小。如果未指定 max_size，则文件大小将一直增加，直至磁盘已满。UNLIMITED：指定文件将增长到磁盘充满。在 SQL Server 中，指定为不限制增长的日志文件的最大大小为 2 TB，而数据文件的最大大小为 16 TB。

- FILEGROWTH growth_increment：指定文件的自动增量。文件的 FILEGROWTH 设置不能超过 MAXSIZE 设置。growth_increment 是每次需要新空间时为文件增加的空间量。该值可以以 MB、KB、GB、TB 或百分比（%）为单位指定，默认值为 MB。如果值为 0，则表明自动增长被设置为关闭，且不允许增加空间。如果未指定 FILEGROWTH，则数据文件的默认值为 1 MB，日志文件的默认增长比例为 10%，并且最小值为 64 KB。

（9）ADD FILEGROUP filegroup_name：向数据库中添加文件组。

（10）REMOVE FILEGROUP filegroup_name：从数据库中删除文件组。只有当文件组为空时，才能将其删除。

（11）MODIFY FILEGROUP filegroup_name：用于修改文件组。可以做如下修改设置。

- <filegroup_updatability_option>：对文件组设置只读（READ_ONLY）或读/写 （READ/WRITE）属性。

- DEFAULT：将默认数据库文件组改为 filegroup_name。

- NAME = new_filegroup_name：将文件组名称改为 new_filegroup_name。

【例 2-7】　更改数据库名称。

```
ALTER DATABASE Student
MODIFY NAME=NewStudent
```

本例将 Student 数据库的名称改为 NewStudent。该语句要求当前数据库只有一个用户连接，否则该语句将失败。也可以使用系统存储过程 sp_renamedb 实现，语句如下：

```
EXEC sp_renamedb 'Student', 'NewStudent'
```

其中，EXEC 命令用于执行存储过程。

【例 2-8】　向数据库中添加文件。

```
ALTER DATABASE Student2
ADD FILE
(
NAME=Student2_dat2,
FILENAME='E:\DataBase\Student2_dat2.ndf',
SIZE=5MB,
MAXSIZE=100MB,
FILEGROWTH=5MB
)
```

　　本例修改了例 2-2 所创建的数据库，为该数据库添加了一个逻辑文件名为 Student2_dat2 的新数据文件。注意该数据文件为次数据文件 Student2_dat2.ndf。

【例 2-9】　向数据库中添加由两个文件组成的文件组。

```
/*  添加文件组  */
ALTER DATABASE Student2
ADD FILEGROUP Student2_Group1
GO
/*  添加文件到文件组  */
ALTER DATABASE Student2
ADD FILE
(NAME=Student2G1F1_dat,
  FILENAME='E:\DataBase\Student2G1F1_dat.ndf',
  SIZE=5MB,
  MAXSIZE=100MB,
  FILEGROWTH=5MB
),
( NAME=Student2G1F2_dat,
  FILENAME='E:\DataBase\StudentG1F2_dat.ndf',
  SIZE=5MB,
MAXSIZE=100MB,
FILEGROWTH=5MB
)
  TO FILEGROUP Student2_Group1
GO
/*  指定默认文件组  */
ALTER DATABASE Student2
  MODIFY FILEGROUP Student2_Group1 DEFAULT
GO
```

　　本例由 3 条 ALTER DATABASE 语句组成。首先，在例 2-2 中所创建的 Student2 数据库中创建一个文件组 Student2_Group1；然后，向该文件组添加两个数据文件 Student2G1F1_dat、StudentG1F2_dat；最后，将该文件组设置为默认文件组。

　　本例中的 GO 是一个 SQL Server 命令，用来通知 SQL Server 执行 GO 命令之前的一个或多个 SQL 语句。GO 命令和 SQL 语句不能在同一行上。

【例 2-10】　向数据库中添加日志文件。

```
ALTER DATABASE Student2
ADD LOG FILE
(NAME=Student2Log2,
FILENAME='E:\DataBase\Student2_log2.ldf',
SIZE=5MB,
MAXSIZE=100MB,
FILEGROWTH=5MB
)
```

　　本例向数据库中添加了一个 5 MB 大小的日志文件 Student2Log2。

　　以上例 2-8、例 2-9 和例 2-10 对数据库 Student2 执行修改后，数据库的文件属性如图 2-10 示。

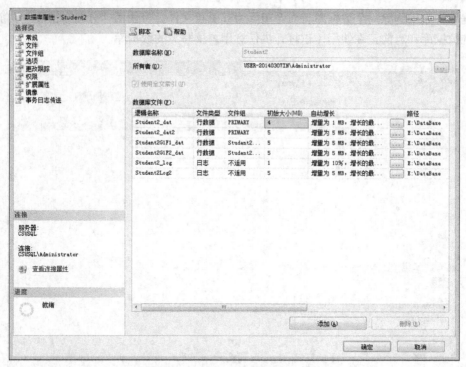

图 2-10　Student2 数据库的文件属性

2.3.2　删除数据库

对于不再需要的用户数据库，可以从服务器中删除，释放其所占有的存储空间。删除数据库的操作比较简单，但是应该注意的是，当前正在使用的数据库不能被删除，SQL Server 的系统数据库也无法删除。可以使用 SQL Server 管理平台和 SQL 语句删除数据库。

1. 使用 SQL Server 管理平台删除数据库

在 SQL Server Management Studio 的"对象资源管理器"中，找到"数据库"节点下要删除的数据库，在其名称上单击鼠标右键，选择"删除"菜单命令，打开图 2-11 所示的"删除对象"对话框，默认选择"删除数据库备份和还原历史记录信息"复选框，表示同时删除数据库的备份等内容。单击"确定"按钮完成数据库的删除，这时数据库所对应的数据文件和日志文件也同时被删除。

2. 使用 T-SQL 语句删除数据库

在 SQL Server 中，可以使用 DROP DATABASE 语句完成对数据库的修改。其语法格式如下：

```
DROP DATABASE database_name [ , …n ]
```

其中，database_name 指定要删除的数据库名称。

【例 2-11】　删除单个数据库。

```
DROP DATABASE Student5
```

本例从当前服务器删除 Student5 数据库。

【例 2-12】　删除多个数据库。

```
DROP DATABASE Student5,Student6
```

本例从当前服务器删除数据库 Student5 和 Student6。

删除数据库时，组成该数据库的所有磁盘文件将同时被删除。如果仅需从当前 SQL Server 实例的数据库列表中删除一个数据库，而希望保留其磁盘文件，可使用"分离数据库"功能。不能删除系统数据库和当前正在使用（正打开供任意用户读写）的数据库。

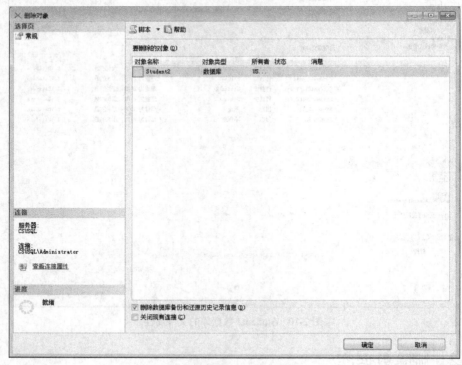

图 2-11　"删除对象"对话框

2.4　备份与还原数据库

系统在运行中可能由于媒体故障、用户错误（例如误删除了某个表）、硬件故障（例如磁盘驱动器损坏或服务器报废）、自然灾难等原因而发生故障。此时，系统的"备份"就可用于还原和恢复数据。此外，数据库备份对于将数据库从一台服务器复制到另一台服务器、设置数据库镜像等也很有用。Microsoft SQL Server 2008 提供了高性能的备份和还原功能，以保护存储在 SQL Server 数据库中的关键数据。

2.4.1　备份数据库

SQL Server 的备份是指对 SQL Server 数据库或事务日志进行的复制。数据库备份记录了在进行备份操作时数据库中所有数据的状态，如果数据库因意外而损坏，这些备份文件将在数据库恢复时被用来恢复数据库。

1．备份概述

（1）备份内容

数据库中数据的重要程度决定了数据恢复的必要性与重要性，即决定了数据如何备份，数据库需备份的内容可分为系统数据库、用户数据库和事务日志 3 部分。

　　系统数据库主要包括 master、msdb 和 model 数据库，它们记录了重要的系统信息，是确保 SQL Server 系统正常运行的重要依据，必须完全备份。

　　用户数据库是存储用户数据的存储空间集，通常用户数据库中的数据依其重要性可分为关键数据和非关键数据。对于关键数据则是用户的重要数据，不易甚至不能重新创建，必须进行完全备份。

　　事务日志记录了用户对数据的各种操作，平时系统会自动管理和维护所有的数据库事务日志。相对于数据库备份，事务日志备份所需要的时间较少，但恢复需要的时间比较长。

　　在 SQL Server 中固定服务器角色 sysadmin 和固定数据库角色 db_owner、db_backupoperator 可以做备份操作。但通过授权的其他角色也允许数据库备份。

　　（2）备份设备

　　备份设备是指数据库备份到的目标载体，即备份到何处。在 SQL Server 中允许使用两种类型的备份设备，分别为硬盘和磁带。硬盘是最常用的备份设备，用于备份本地文件和网络文件。磁带是大容量备份设备，仅用于备份本地文件。

　　在进行数据库备份时，可以首先创建用于存储备份的备份设备，然后再将备份存放到指定的设备上，一般情况下，命名备份设备实际就是对应某一物理文件的逻辑名称。

　　（3）备份频率

　　数据库备份频率一般取决于修改数据库的频繁程度以及一旦出现意外而丢失的工作量的大小，还有发生意外丢失数据的可能性大小。

　　在正常使用阶段，对系统数据库的修改不会十分频繁，所以对系统数据库的备份也不需要十分频繁，只要在执行某些语句或存储过程导致 SQL Server 对系统数据库进行了修改的时候备份。

　　如果在用户数据库中执行了添加数据、创建索引等操作，则应该对用户数据库进行备份。如果清除了事务日志，也应该备份数据库。

　　（4）数据库备份的类型

　　SQL Server 2008 支持 4 种基本类型的备份：完整数据库备份、事务日志备份、差异备份、文件或文件组备份。

　　① 完整数据库备份。完整备份（以前称为数据库备份）将备份整个数据库，包括用户表、系统表、索引、视图和存储过程等所有数据库对象和事务日志部分（以便可以恢复整个备份）。完整备份代表备份完成时的数据库。通过完整备份中的事务日志，可以使用备份恢复到备份完成时的数据库。创建完整备份是单一操作，通常会安排该操作定期发生。每个完整备份使用的存储空间比其他差异备份使用的存储空间要大。因此，完成完整备份需要更多的时间，因而创建完整备份的频率通常要比创建差异备份的频率低。

　　② 事务日志备份。事务日志记录数据库的改变，备份的时候只复制自上次备份事务日志后对数据库执行的所有事务的一系列记录。创建事务日志备份之前应该先有一个完整数据库备份。

　　③ 差异备份。差异备份只记录数据库自上次备份后发生更改的数据。因此，差异备份一般会比完整数据库备份占用更少的空间，备份时间较短。通过增加差异备份次数，可以降低丢失数据的风险。

　　④ 文件或文件组备份。数据库文件或文件组备份可以对指定的数据库文件或文件组进行备份。这种备份策略使用户可以只恢复已损坏的文件或文件组，而不用恢复数据库的其余部分，从而可以加快还原速度。

　　2. 创建和删除备份设备

　　SQL Server 2008 定义了可以将数据库、事务日志和文件备份到磁盘和磁带两种类型的备份设备上。磁盘备份设备是指定义在本地或远程硬盘或其他磁盘存储媒体上的文件。引用磁盘备份设备与引用任何其他操作系统文件一样。磁带设备要求物理连接到运行 SQL Server 服务器的计算机上，且不支持远程设备备份。

创建和删除备份设备可以使用 SQL Server 管理平台和系统存储过程 sp_addumpdevice、sp_dropdevice 实现。

（1）使用 SQL Server 管理平台创建备份设备

其操作步骤如下。

① 在 SQL Server 管理平台的"对象资源管理器"中，展开服务器树，选择"服务器对象"节点并展开，在其下的"备份设备"节点上单击鼠标右键，从弹出的快捷菜单上选择"新建备份设备"命令，打开图 2-12 所示的"备份设备"对话框。

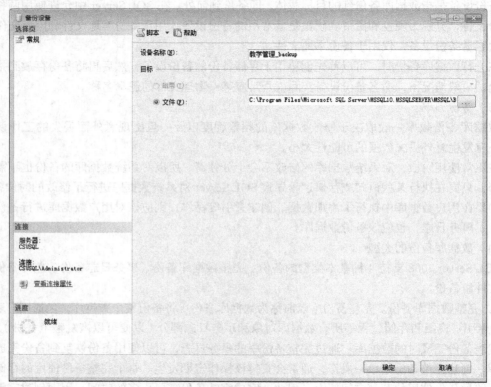

图 2-12   "备份设备"对话框

② 在"备份设备"对话框，"设备名称"文本框中输入新设备的逻辑名称，如教学管理_backup。在下面的"文件"文本框中显示的是一个默认的文件名及其路径，用户可以对它进行修改。

③ 设置好后，单击"确定"按钮，即可创建备份设备。所创建的备份设备可在"备份设备"节点下看到，如图 2-13 所示。

（2）使用系统存储过程 sp_addumpdevice 创建备份设备

```
sp_addumpdevice 的语法格式为：
sp_addumpdevice [ @devtype = ] 'device_type'
, [ @logicalname = ] 'logical_name'
, [ @physicalname = ] 'physical_name'
[ , { [ @cntrltype = ] 'controller_type '| [ @devstatus = ] 'device_status' }
]
```

图 2-13　查看"备份设备"

各项的含义如下。

① [@devtype=] 'device_type'：备份设备的类型，取值为 DISK 表示硬盘，取值为 TAPE 表示磁带设备。

② [@logicalname=] 'logical_name'：备份设备的逻辑名称，该逻辑名称用于 BACKUP 和 RESTORE 语句中。

③ [@physicalname=] 'physical_name'：备份设备的物理名称。物理名称应遵守操作系统文件名的规则或者网络设备的通用命名规则，并且必须使用完整的路径。

④ [@cntrltype =] 'controller_type'：已过时。支持它是为了向后兼容。新的 sp_addumpdevice 使用应省略此参数。

⑤ [@devstatus =] 'device_status'：已过时。支持它是为了向后兼容。新的 sp_addumpdevice 使用应省略此参数。

【例 2-13】　使用系统存储过程创建备份设备 student_backup。

```
EXEC sp_addumpdevice 'DISK','student_backup','E:\Backup\student_backup.bak'
```

本例添加一个逻辑名称为 student_backup 的磁盘备份设备，物理名称为 E：\Backup\ student_backup.bak。

【例 2-14】　添加网络磁盘备份设备。

EXEC sp_addumpdevice 'DISK', 'netdevice', '\servername\sharename\filename.bak'

本例添加一个远程磁盘备份设备，并命名其逻辑名称为 netdevice。

（3）使用 SQL Server 管理平台删除备份设备

使用 SQL Server 管理平台删除备份设备的操作步骤如下。

① 打开 SQL Server 管理平台，在"对象资源管理器"中展开"数据库服务器"→"服务器对象"→"备份设备"。

② 在"备份设备"节点下，选择要删除的设备，鼠标右键单击该设备，从弹出的菜单中选择"删除"命令即完成删除操作。

（4）使用系统存储过程 sp_dropdevice 删除备份设备

sp_dropdevice 语句的语法格式为：

```
sp_dropdevice [@logicalname=] 'device' [, [@delfile=] 'delfile' ]
```

各项含义如下。

① [@logicalname=] 'device'：数据库设备或备份设备的逻辑名称，该名称存储在系统表 sys.sysdevices 中。

② [@delfile=] 'delfile'：指出是否应该删除物理备份设备文件。如果将其指定为 DELFILE，则表示删除物理备份设备的磁盘文件。

【例 2-15】 使用系统存储过程删除例 2-13 创建的备份设备 student_backup。

```
EXEC sp_dropdevice 'student_backup'
```

3. 备份数据库

备份数据库可以使用 SQL Server 管理平台和 T-SQL 语句 BACKUP 来实现。

（1）使用 SQL Server 管理平台备份数据库

其操作步骤如下。

① 打开 SQL Server 管理平台，在对象资源管理器中，展开所选定的"服务器"→"数据库"，在需要备份的数据库名称上单击鼠标右键，在弹出的快捷菜单上选择"任务"→"备份"命令，打开图 2-14 所示的"备份数据库"对话框。

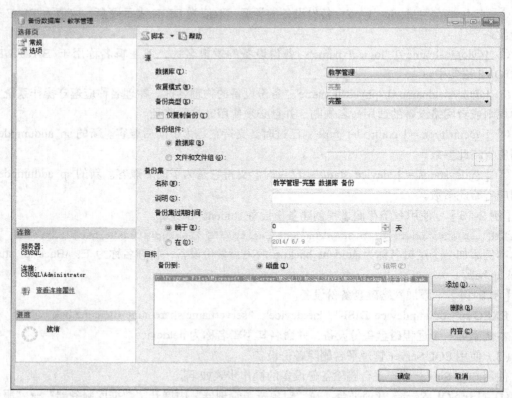

图 2-14 "备份数据库"对话框

② 在"备份数据库"对话框的"常规"选项卡中，"数据库"下拉列表框可以更改待备份的数据库；选择备份的类型，如果是第一次备份，应该选择"完整"备份；在"备份集"名称文本

框中可设置此备份的名称；"备份集过期时间"设定备份集多久以后过期；"目标"中可添加或删除备份设备。此处"目标"添加备份设备"教学管理_backup"，并删除默认的磁盘文件教学管理.bak。

③ 设置完成后，单击"确定"按钮开始备份。

（2）使用 T-SQL 语句 BACKUP 备份数据库

使用 T-SQL 语句 BACKUP 可以对整个数据库、数据库文件及文件组、事务日志进行备份。

BACKUP 语句的语法格式为：

```
BACKUP {DATABASE|LOG}
{database_name|@database_name_var}
[ <file_or_filegroup>[, …n ] ]
TO <backup_device>[, …n]
[ WITH { DIFFERENTIAL | <general_WITH_options> [ ,...n ] } ]
```

各项含义如下。

① {DATABASE|LOG}：指定是备份数据库还是备份事务日志，LOG 指定只备份事务日志。

② {database_name|@database_name_var}：指定了要备份的数据库名称。

③ <file_or_filegroup>：指定包含在数据库备份中的文件或文件组的逻辑名。可以指定多个文件或文件组。只能与 BACKUP DATABASE 一起使用。

④ <backup_device>指定备份操作时要使用的逻辑或物理备份设备。默认值为逻辑设备名。其格式为：

```
<backup_device>:÷{{'logical_backup_device_name'|@logical_backup_device_name_var}
       |{DISK|TAPE}={'physical_backup_device_name'|@physical_backup_name_var}}
```

当<backup_device>取值为 {DISK|TAPE}='physical_backup_device_name'|@physical_ backup_device_name_var 时，指定备份设备为指定磁盘文件或磁带物理设备，在执行 BACKUP 之前可以不必存在指定的物理设备。在 SQL Server 的未来版本中将删除 TAPE 选项。

⑤ WITH：指定要用于备份操作的选项。

⑥ DIFFERENTIAL：含有此参数表示执行的是差异备份。

⑦ <general_WITH_options> [,...n]选项结构如下：

```
<general_WITH_options> [ ,...n ]::=
COPY_ONLY
 | { COMPRESSION | NO_COMPRESSION }
 | DESCRIPTION = { 'text' | @text_variable }
 | NAME = { backup_set_name | @backup_set_name_var }
 | PASSWORD = { password | @password_variable }
 | { EXPIREDATE = { 'date' | @date_var }
 | RETAINDAYS = { days | @days_var } }
```

各项含义如下。

• COPY_ONLY：指定备份为"仅复制备份"，该备份不影响正常的备份顺序。仅复制备份是独立于定期计划的常规备份而创建的。仅复制备份不会影响数据库的总体备份和还原过程。

• { COMPRESSION | NO_COMPRESSION }：仅适用于 SQL Server 2008 Enterprise 及更高版本；指定对此备份启用或禁用备份压缩；优先于服务器级默认设置。

• DESCRIPTION = { 'text' | @text_variable：指定说明备份集的自由格式文本。该字符串最长可以有 255 个字符。

• NAME = { backup_set_name | @backup_set_name_var }：指定备份集的名称。名称最长可

达 128 个字符。如果未指定 NAME，它将为空。

- PASSWORD = { password | @password_variable }：为备份集设置密码。SQL Server 后续版本将删除该功能，不建议使用。

- { EXPIREDATE = 'date' || RETAINDAYS = days }：EXPIREDATE = 'date'指定备份集过期的时间。RETAINDAYS = days 指定备份集可以保留不被覆盖的天数，当超过此设定值，备份集允许被后续备份集覆盖。如果同时使用这两个选项，RETAINDAYS 的优先级别将高于 EXPIREDATE。

【例 2-16】 使用 T-SQL 语句备份数据库。

（1）数据库完整备份

① 将数据库 Student 备份到一个磁盘文件上，备份设备为物理设备。

```
BACKUP DATABASE Student TO DISK='E:\Backup\Student_backup.bak'
```

② 将数据库 Student 完整备份到逻辑备份设备 backup1 上。

```
BACKUP DATABASE Student TO backup1
```

③ 若将 Student 数据库分别备份到 backup2、backup3 上，可使用 "," 将备份设备分隔。

```
BACKUP DATABASE Student TO backup2,backup3
```

（2）数据库差异备份

在 BACKUP DATABASE 语句中使用 WITH DIFFERENTIAL 项以实现数据库差异备份。

① 将 Student 数据库差异备份到一个磁盘文件上。

```
BACKUP DATABASE Student TO Disk='E:\Backup\Student_backup1.bak' WITH DIFFERENTIAL
```

② 将 Student 数据库差异备份到逻辑备份设备 backup4 上。

```
BACKUP DATABASE Student TO backup4 WITH DIFFERENTIAL
```

 只有已经执行了完整数据库备份的数据库才能执行差异备份。为了使差异备份与完整备份的设备能相互区分开来，应使用不同的设备名。

（3）事务处理日志备份

将 Student 数据库的事务日志备份到备份设备 backup5 上。

```
BACKUP LOG Student TO backup5
```

（4）备份数据文件和文件组

在 BACKUP DATABASE 语句中使用 "FILE=逻辑文件" 或 "FILEGROUP=逻辑文件组名" 来备份文件和文件组。

【例 2-17】 将数据库 Student 的数据文件和文件组备份到备份设备 backup6 中。

```
BACKUP DATABASE Student
FILE='Student_data1',
FILEGROUP='fg1',
FILE ='Student_data2',
FILEGROUP='fg2'
TO backup6
BACKUP LOG Student TO backup6
```

本例将数据库 Student 的数据文件 Student _data1、Student _data2 及文件组 fg1、fg2 备份到备份设备 backup6 中，将 Student 的事务日志文件备份到 backup6。

 必须使用 BACKUP LOG 提供事务日志的单独备份，才能使用文件和文件组备份来恢复数据库，且必须指定文件或文件组的逻辑名。

2.4.2　还原数据库

数据库还原是和数据库备份相对应的操作，它是将数据库备份重新加载到系统中的过程。数据库恢复可以创建备份完成时数据库中存在的相关文件，但是备份以后的所有数据库修改都将丢失。

SQL Server 进行数据库恢复时，系统将自动进行安全性检查，以防止误操作而使用了不完整的信息或其他的数据备份覆盖现有的数据库。当出现以下几种情况时，系统将不能恢复数据库。

① 还原操作中的数据库名称与备份集中记录的数据库名称不匹配。

② 需要通过还原操作自动创建一个或多个文件，但已有同名的文件存在。

③ 还原操作中命名的数据库已在服务器上，但是与数据库备份中包含的数据库不是同一个数据库，例如数据库名称虽相同，但是数据库的创建方式不同。

如果重新创建一个数据库，可以禁止这些安全检查。

1.　数据库恢复模式

恢复模式旨在控制事务日志维护。根据保存数据的需要和对存储介质使用的考虑，SQL Server 提供了 3 种数据库恢复模式：简单恢复模式、完整恢复模式、大容量日志记录恢复模式。通常，数据库使用完整恢复模式或简单恢复模式。

（1）简单恢复模式

简单恢复模式无日志备份，可以将数据库恢复到上次备份结尾处，但是无法将数据库还原到故障点或特定的即时点，最新备份之后的更改必须重做。它常用于恢复最新的完整数据库备份、差异备份。

（2）完整恢复模式

完整恢复模式使用数据库备份和事务日志备份提供将数据库恢复到故障点或特定即时点的能力。完整恢复模式的优点是可以恢复到任意即时点，这样数据文件的丢失和损坏不会导致工作损失，但是如果事务日志损坏，则必须重做最新的日志备份后进行的修改。

（3）大容量日志记录恢复模式

大容量日志记录恢复模式需要日志备份，是完整恢复模式的附加模式，允许执行高性能的大容量复制操作。通过使用最小方式记录大多数大容量操作，减少日志空间使用量。如果在最新日志备份后发生日志损坏或执行大容量日志记录操作，则必须重做自该上次备份之后所做的更改，即只允许数据库恢复到事务日志备份的结尾处，不支持即时点恢复。

不同的恢复模式针对不同的性能、磁盘和磁带空间以及保护数据丢失的需要。恢复模式决定总体备份策略，包括可以使用的备份类型，即选择一种恢复模式，可以确定如何备份数据以及能承受何种程度的数据丢失，由此也确定了数据的恢复过程。

2.　查看备份信息

由于恢复数据库与备份数据库之间往往存在较长的时间差，难以记住备份设备和备份文件及其所备份的数据库，需要对这些信息进行查看。

需要查看的信息通常包括：备份集内的数据和日志文件、备份首部信息、介质首部信息。可以使用 SQL Server 管理平台和 T-SQL 语句查看这些信息。

（1）使用 SQL Server 管理平台查看备份信息

使用 SQL Server 管理平台查看所有备份介质属性的操作步骤如下。

① 打开 SQL Server 管理平台，在"对象资源管理器"中，展开"服务器对象"→"备份设备"，在某个具体的备份设备名称上单击鼠标右键，在弹出的快捷菜单上选择"属性"命令，打开图 2-15 所示的"备份设备"属性对话框。

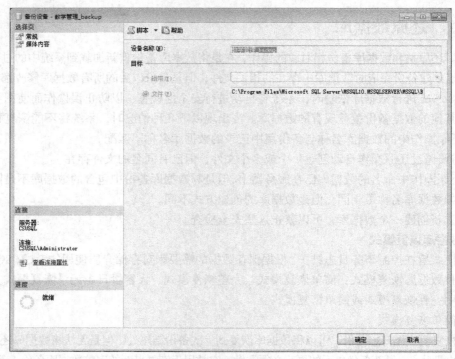

图 2-15　查看备份设备的属性

② 在"备份设备"属性窗口中选择"媒体内容"选项卡，打开图 2-16 所示的"媒体内容"对话框，在列表框中列出所选备份介质的有关信息。

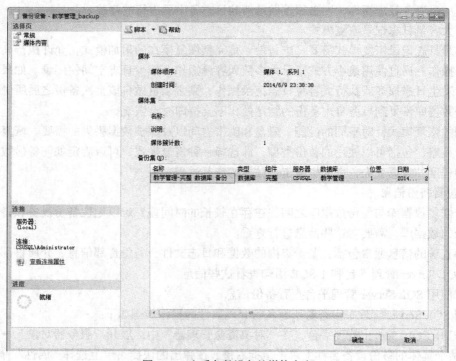

图 2-16　查看备份设备的媒体内容

（2）使用 T-SQL 语句查看备份信息

```
RESTORE HEADERONLY 语句的格式为：
RESTORE HEADERONLY
FROM <backup_device>
```

其中<backup_device>的语法结构如下。

```
<backup_device>::={
{'logical_backup_device_name'|@logical_backup_device_name_var}
| {DISK|TAPE}={'physical_backup_device_name'|@physical_backup_name_var}
}
```

选项含义如下。

<backup_device>：指定备份操作时要使用的逻辑或物理设备。

RESTORE HEADERONLY 语句返回的结果集包括：备份集名称、备份集类型、备份集的有效时间、服务器名称、数据库名称、备份大小等信息。

【例 2-18】　使用 T-SQL 语句得到教学管理数据库备份的信息。

```
RESTORE HEADERONLY FROM 教学管理_backup
```

3. 恢复数据库

（1）使用 SQL Server 管理平台恢复数据库

其操作步骤如下。

① 在 SQL Server 管理平台的"对象资源管理器"中，展开数据库文件夹，右键单击要进行还原的数据库图标，这里以教学管理数据库为例，从弹出的快捷菜单中选择"任务"→"还原"→"数据库"选项，打开图 2-17 所示的"还原数据库"对话框。

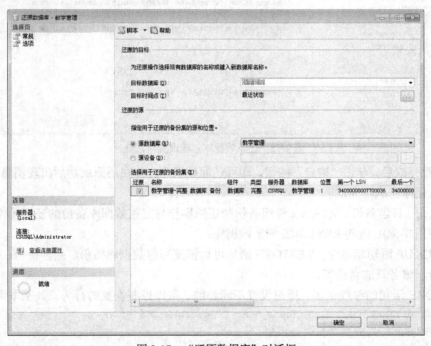

图 2-17　"还原数据库"对话框

② 在"还原数据库"对话框的"常规"选项卡中，"目标数据库"下拉列表框用于选择要还原的数据库；"目标时间点"文本框用于设置还原时间点，可以保留默认值，也可以通过单击旁边的浏览按钮打开"时点还原"对话框，选择具体的日期和时间，对于完整数据库备份恢复，只能

恢复到完全备份完成的时间点；"还原的源"区域中的"源数据库"下拉列表框用于选择要还原的备份的数据库的名称；"源设备"文本框用于设置还原的备份设备的位置；"选择用于还原的备份集"列表框用于选择还原的备份。

③ 选择"选项"选项卡，如图 2-18 所示。在其中进行还原选项和恢复状态的设置。其中，"覆盖现有数据库"复选框被选中表示恢复操作覆盖所有现有数据库及相关文件；"保留复制设置"复选框被选中表示将已发布的数据库还原到创建该数据库的服务器之外的服务器时，保留复制设置；"还原每个备份之前进行提示"复选框被选中表示在还原每个备份设置之前要求用户确认；"限制访问还原的数据库" 复选框被选中表示还原后的数据库仅供 db_owner、dbcreator 或 sysadmin 的成员使用；"将数据库文件还原为"区域可选择数据文件和日志文件的路径。

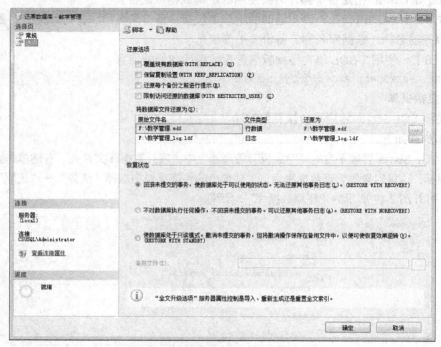

图 2-18　还原数据库选项设置对话框

④ 设置完成后，单击"确定"按钮，即可还原数据库，并在还原成功后出现消息对话框，要求用户确认还原已成功完成。

差异备份、日志备份、文件和文件组备份的还原操作与完整数据库备份的还原操作过程相似。

（2）使用 T-SQL 语句 RESTORE 恢复数据库

与 BACKUP 语句相对应，RESTORE 语句可以恢复完整数据库备份、差异备份、数据文件及文件组备份、事务日志备份等。

RESTORE 语句的参数很多，通过设置不同参数，可以控制恢复的行为。其基本语法格式为：

```
RESTORE DATABASE|LOG { database_name | @database_name_var }
[ FROM <backup_device> [ ,...n ] ]
[ WITH {
    [ RECOVERY | NORECOVERY | STANDBY =
    {standby_file_name | @standby_file_name_var } ]
    | , <general_WITH_options> [ ,...n ]
    } [ ,...n ]
]
```

各选项含义如下。

① DATABASE：指定要恢复备份的数据库。

② LOG：指定对数据库恢复事务日志备份。SQL Server 检查已备份的事务日志，以确保按正确的序列将事务恢复到正确的数据库。

③ {database_name|@database_name_var}：数据库或日志还原的目标数据库名称。

④ FROM <backup_device>：指定从中恢复备份的备份设备，其定义与 BACKUP 语句相同。

⑤ RECOVERY | NORECOVERY | STANDBY：指定还原的选项。RECOVERY（默认值）表示应回滚未提交的事务。NORECOVERY 指定不回滚未提交的事务。STANDBY 相当于使数据库处于只读模式，撤销未提交的事务。

⑥ <general_WITH_options>选项的结构如下。

```
<general_WITH_options> [ ,...n ]::=
 MOVE 'logical_file_name_in_backup' TO 'operating_system_file_name'
        [ ,...n ]
 | REPLACE
 | RESTART
 | RESTRICTED_USER
 | FILE = { backup_set_file_number | @backup_set_file_number }
 | PASSWORD = { password | @password_variable }
```

选项含义如下。

* REPLACE：指定还原时强制覆盖现有数据库文件。
* RESTART：指定在还原中断时，从中断点重新启动还原。
* RESTRICTED_USER：限制只有 db_owner、dbcreater 或 sysadmin 的成员才能访问此数据库。
* FILE：用于指定还原的是备份集中的第几个备份数据。
* PASSWORD：在备份时设置的密码，还原时需要使用。

【例 2-19】　从一个已存在的备份介质 backup1 恢复整个数据库 Student。

```
RESTORE DATABASE Student FROM backup1
```

【例 2-20】　从磁盘上的备份文件 E :\Backup\Student_backup.bak 中恢复数据库 Student。

```
RESTORE DATABASE Student FROM DISK='E:\Backup\Student_backup.BAK'
```

【例 2-21】　将一个数据库备份和一个事务日志进行数据库的恢复操作。

```
RESTORE DATABASE Student
FROM backup1 WITH NORECOVERY
RESTORE LOG Student
FROM backup1 WITH NORECOVERY
```

【例 2-22】　恢复数据库 Student 中指定数据文件 Student_data1。

```
RESTORE DATABASE Student
FILE='Student_data1'
FROM backup6
WITH NORECOVERY
```

2.5　分离与附加数据库

若要将数据库脱离服务器的管理或复制、移动、删除该数据库的相关文件，而又不停止服务器的运行，此时应该将数据库从服务器进行分离。除了系统数据库外，其他用户数据库都可以从服务器的管理中分离出来，且保持数据文件和日志文件的完整性和一致性。与分离对应的操作是附加数据库，附加可以将数据库重新置于 SQL Server 的管理之中。附加还是一种利用原有数据库数据和日志文件来创建新数据库的方法。

在进行分离和附加数据库操作时，应注意以下几点：

① 不能进行更新，不能运行任务，用户也不能连接在数据库上。

② 在移动数据库前，为数据库做一个完整的备份。

③ 确保数据库要移动的目标位置及将来数据增长能有足够的空间。

④ 分离数据库并没有将其从磁盘上真正地删除。

2.5.1　分离数据库

使用 SQL Server 管理平台或 T-SQL 语句可以分离用户数据库。

1. 使用 SQL Server 管理平台分离用户数据库

① 打开 SQL Server 管理平台，在"对象资源管理器"窗口中选择要分离的数据库，如教学管理数据库，单击鼠标右键，在弹出的快捷菜单中选择"任务"→"分离"菜单项。

② 这时将打开"分离数据库"对话框，如图 2-19 所示。在此对话框中有几个选项："删除连接"复选框用来删除用户连接；"更新统计信息"意味着 SQL Server 的状态（如索引等）会在数据库分离之前会被更新。

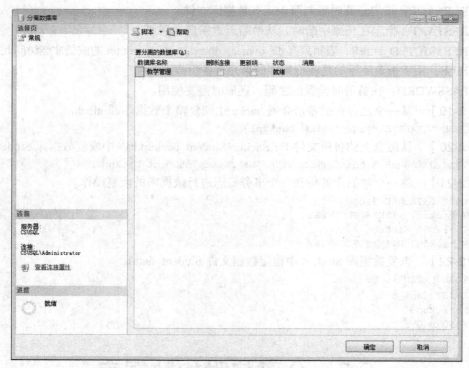

图 2-19　"分离数据库"对话框

③ 单击"确定"按钮，完成数据库的分离操作。

数据库被分离后，不再属于 SQL Server 的一部分，该数据库也不在"对象资源管理器"列表中。此时其相关文件可以被复制、移动、删除。

2. 使用 T-SQL 语句分离用户数据库

系统存储过程 sp_detach_db 可以分离数据库，其语法格式如下：

```
sp_detach_db [ @dbname= ] 'dbname'
  [ , [ @skipchecks= ] 'skipchecks' ]
  [ , [ @KeepFulltextIndexFile= ] 'KeepFulltextIndexFile' ]
```

① [@dbname =] 'dbname'：要分离的数据库的名称。如果没有该选项，则没有数据库能被分离。

② [@skipchecks =] 'skipchecks'：指定跳过还是运行 UPDATE STATISTIC。默认值为 NULL。要跳过 UPDATE STATISTICS，需指定 TRUE。要显式运行 UPDATE STATISTICS，则指定 FALSE。

③ [@KeepFulltextIndexFile =] 'KeepFulltextIndexFile'：指定在数据库分离操作过程中不会删除与正在被分离的数据库关联的全文索引文件。默认值为 true。如果 KeepFulltextIndexFile 为 NULL 或 false，则会删除与数据库关联的所有全文索引文件以及全文索引的元数据。

【例 2-23】　用系统存储过程 sp_detach_db 分离"教学管理"数据库。

sp_detach_db '教学管理'

2.5.2　附加数据库

数据库的数据文件和事务日志文件，可以重新附加到原来所在的或其他 SQL Server 2008 实例。附加所创建的数据库可以采用原来的数据库名称或者设置新名称以创建新数据库。

使用 SQL Server 管理平台或 T-SQL 语句可以附加用户数据库。

1. 使用 SQL Server 管理平台附加用户数据库

① 打开 SQL Server 管理平台，在"对象资源管理器"中右键单击"数据库"节点，从弹出的快捷菜单中选择"附加"命令，打开图 2-20 所示的"附加数据库"对话框。

图 2-20　"附加数据库"对话框

② 在 "附加数据库" 窗口中单击 "添加" 按钮，打开 "定位数据库文件" 对话框，找到数据库的 MDF 文件并选择它，单击 "确定" 按钮。这时，将返回到 "附加数据库" 对话框中，并在其中显示细节文件，如图 2-21 所示。如果需要，此处附加的数据库也可以更换为新数据库的名称以创建新数据库。

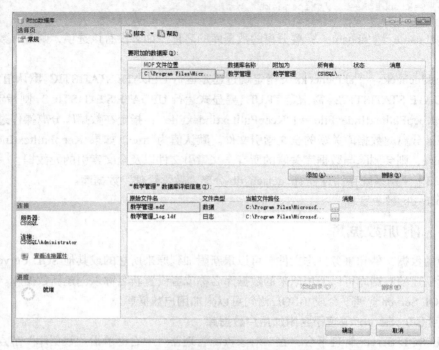

图 2-21　选定了将附加的数据库文件的 "附加数据库" 对话框

③ 单击 "确定" 按钮附加数据库。在 "对象资源管理器" 中，可以看到数据库已经附加到当前 SQL Server 实例上。

2. 使用 CREATE DATABASE 语句附加用户数据库

附加数据库的语法格式如下：

```
CREATE DATABASE database_name
    ON <filespec> [,…n]
    FOR { ATTACH [WITH <service_broker_option>]
        | ATTACH_REBUILD_LOG}
```

选项说明参见 CREATE DATABASE 的语法说明。

【例 2-24】　附加 "教学管理" 数据库。

```
CREATE DATABASE 教学管理
    ON (FILENAME=' C:\Program Files\Microsoft SQL Server\MSSQL10.MSSQLSERVER\MSSQL\DATA\教学管理.mdf')
    FOR ATTACH
```

2.6　导入与导出数据库

SQL Server 2008 的数据导入导出功能能够实现在 SQL Server 数据库系统内部，或者在 SQL Server 与外部系统之间进行数据交换。导入数据是从其他数据源中查询或指定数据，并将其加入到 SQL Server 数据库中的过程；导出数据是指将 SQL Server 数据库中的数据导出到其他 SQL Server 数据库中，或者导出并转换为用户指定格式数据的过程。SQL Server 2008 支持的数据源包括.NET Framework、OLE DB 和 ODBC Provider，具体有 SQL Server、Oracle、Microsoft Access、Microsoft Excel、Microsoft 分析服务、Microsoft 数据挖掘服务、XML 和平面文件等。

2.6.1　导入数据

数据导入即从外部数据源将数据导入到 SQL Server 某个数据库中。外部数据源包括其他 SQL Server 数据库、其他如 Access、Oracle 等数据库的数据，或者 Excel、平面文件等文件的数据。下面通过将一个 Access 2007 数据库 E:\教学管理.accdb 的数据导入到 SQL Server 数据库"教学管理"中，来说明数据导入的基本步骤。

① 打开 SQL Server 管理平台，在"对象资源管理器"中依次展开服务器及其中的"数据库"节点，选择"教学管理"数据库并单击鼠标右键，在弹出的快捷菜单中选择"任务"→"导入数据"命令，出现导入导出"欢迎"界面。

② 在"欢迎"界面，单击"下一步"按钮，打开"选择数据源"对话框，如图 2-22 所示。在这里首先需要确定要转换的数据源，按约定选择在数据源下拉列表框中选择"Microsoft Office 12.0 Access DataBase Engine OLE DB Provider"。单击"下一步"按钮，在"数据链接属性"对话框的"数据源"文本框中选择 Access 文件的路径及文件名，如图 2-23 所示，单击"确定"按钮返回"选择数据源"对话框。

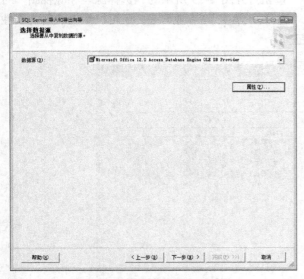

图 2-22　"选择数据源"对话框

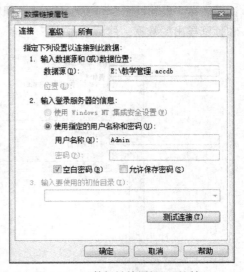

图 2-23　"数据链接属性"对话框

③ 下一步打开图 2-24 所示的"选择目标"对话框，在这里需要确定要转换到的目标数据源、服务器名称、身份验证方式和数据库名称。选择 SQL Server 服务器，给出服务器名称和登录方式，选择目标数据库"教学管理"，然后单击"下一步"按钮。

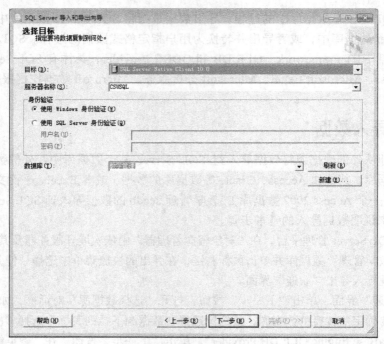

图 2-24　"选择目标"对话框

④ 在打开的"指定表复制或查询"对话框中选择一种复制方式或查询方式，默认选择"复制一个或多个表或视图的数据"，单击"下一步"按钮打开图 2-25 所示的"选择源表和源视图"对话框。在"表和视图"列表框中选择"课程""选课""学生""专业"表，还可以编辑映射的属性和预览导出的数据，然后单击"下一步"按钮。

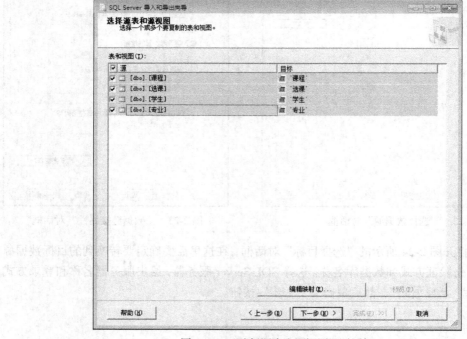

图 2-25　"选择源表和源视图"对话框

⑤ 在打开的图 2-26 所示的 "保存并运行包" 窗口中，可以选择是否 "保存 SSIS（SQL Server Integration Services）包" 选项，然后单击 "下一步" 按钮。

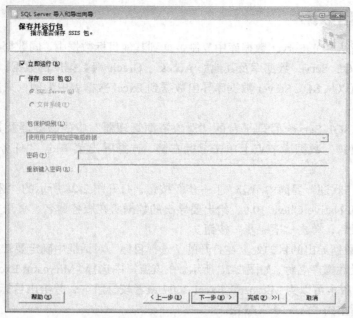

图 2-26　"保存并运行包" 对话框

⑥ 在打开的 "完成该向导" 对话框中，可以看到本次数据导入的一些基本信息，单击 "完成" 按钮。随后系统开始导入数据，导入完成后弹出图 2-27 所示的 "执行成功" 对话框，单击 "关闭" 按钮，导入数据完成。此时，可以在 SQL Server 管理平台中查看 "教学管理" 数据库，在此数据库中加入了 4 个表，其数据内容与 Access 数据库教学管理.accdb 中的表内容一致。

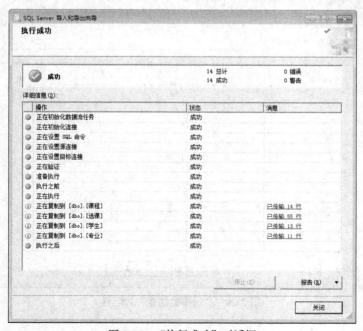

图 2-27　"执行成功" 对话框

类似地，可以将其他数据源的数据导入到当前服务器的某个数据库中。可见，利用导入功能导入其他数据源可以生成 SQL Server 数据库的数据。

2.6.2 导出数据

数据导出是指从 SQL Server 数据库中复制数据到其他目标数据中。同数据导入一样，其他目标数据包括其他 SQL Server 数据库及其他如 Access、Oracle 等数据库的数据，或者 Excel、平面文件等数据。下面以从 SQL Server 数据库导出数据到 Excel 数据表中为例，来说明数据导出的基本操作步骤。

① 依次展开 SQL Server 管理平台的"对象资源管理器"中的服务器及其中的"数据库"节点，在"教学管理"数据库节点上单击鼠标右键，选择弹出菜单的 "任务"→"导出数据"命令。

② 在打开的"欢迎"界面中单击"下一步"按钮，打开图 2-28 所示的"选择数据源"窗口。默认数据源为 SQL Native Client 10.0，给出要导出的数据所在服务器名、登录方式和数据库名称等内容，确认无误后，单击"下一步"按钮。

③ 继续选择数据导出的目的处。在打开的"选择目标"对话框中确定要转换到的目标数据源名称和验证方式及数据库名称，如图 2-28 所示。在该窗口中选择"Microsoft Excel"项，指定 Excel 版本，这里 Excel 版本可以为 Microsoft Excel 2007 或者较早版本，并给出目标 Excel 文件所在的位置及名称，然后单击"下一步"按钮。

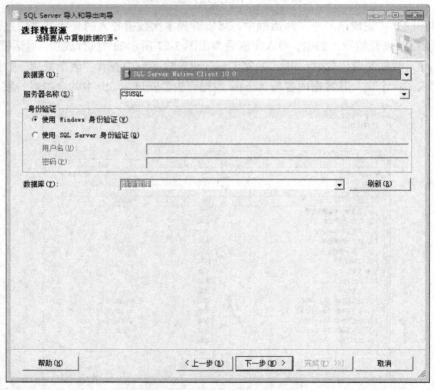

图 2-28 "选择数据源"对话框

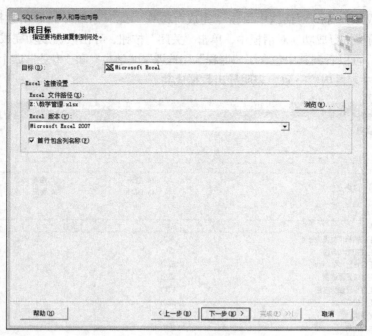

图 2-29　"选择目标"对话框

④　在打开的"指定表复制或查询"对话框中选择一种复制方式或查询方式，默认选择"复制一个或多个表或视图的数据"，单击"下一步"按钮打开图 2-30 所示的"选择源表和源视图"窗口。在列表框中选择需导出的"课程"、"选课"、"学生"和"专业"4 个表，单击"下一步"按钮。

⑤　在打开的"保存并运行包"对话框中，可以选择是否"保存 SSIS 包"，单击"完成"或"下一步"按钮，打开 "完成该向导"对话框，可以看到本次数据导出的一些摘要信息。

图 2-30　"选择源表和源视图"对话框

⑥ 在"完成该向导"对话框中单击"完成"按钮，此时系统开始导出数据，在随后弹出的图 2-31 所示的"执行成功"对话框中，单击"关闭"按钮，导出数据成功完成。此时，打开导出的 Excel 文件，可以看到其中包含了"课程"、"选课"、"学生"和"专业"四个表，内容与"教学管理"数据库中表的内容一致，表明导出数据成功。

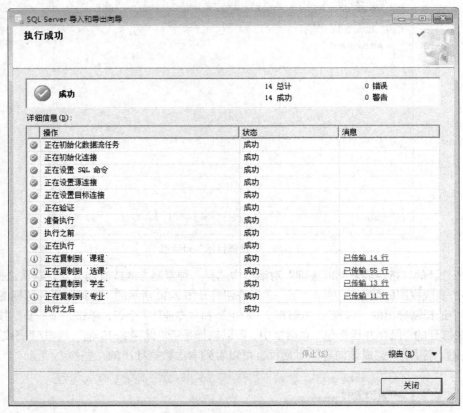

图 2-31　"执行成功"对话框

按此方法，也可以将 SQL Server 中的数据导出为其他格式的数据。

习　　题

一、选择题

1. SQL Server 2008 的物理存储主要包括两类文件（　　）。

   A. 主数据文件、次数据文件　　　　　　B. 数据文件、事务日志文件

   C. 表文件、索引文件　　　　　　　　　D. 事务日志文件、文本文件

2. 关于 SQL Server 2008 文件组的叙述正确的是（　　）。

   A. 一个数据库文件不能存在于两个或两个以上的文件组中

   B. 日志文件可以属于某个文件组

   C. 文件组可以包含不同数据库的数据文件

   D. 一个文件组只能放在同一个存储设备中

3. 用于存储数据库中表和索引等数据库对象信息的文件为（　　　）。

    A. 数据文件　　　　　B. 事务日志文件　C. 文本文件　　　　　D. 图像文件

4. SQL Server 2008 主数据库文件的扩展名为（　　　）。

    A. .txt　　　　　　　B. .db　　　　　　C. .mdf　　　　　　　D. .ldf

5. 下列（　　　）数据库不属于 SQL Server 2008 在安装时创建的系统数据库。

    A. master　　　　　　B. msdb　　　　　　C. model　　　　　　D. pubs

6. SQL Server 2008 的数据（　　　）功能能够实现在 SQL Server 数据库系统内部，或者在 SQL Server 与外部系统之间进行数据交换。

    A. 批处理　　　　　　B. 导入导出　　　　C. 修改　　　　　　　D. 筛选

7. 在 SQL Server 中，将某用户数据库移动到另一 SQL Server 服务器，应执行（　　　）。

    A. 分离数据库，再将数据库文件附加到另一服务器中

    B. 将数据库文件移到另一服务器的磁盘中

    C. 将数据库文件复制到另一服务器的磁盘中

    D. 不能实现

8. 当数据库损坏时，数据库管理员可利用（　　　）恢复数据库。

    A. 主数据文件　　　　B. 事务日志文件　C. UPDATE 语句　D. 联机帮助文件

9. 下列关于数据库备份的叙述错误的是（　　　）。

    A. 如果数据库很稳定就不需要经常做备份，反之要经常做备份以防止数据库损坏

    B. 数据库备份是一项很复杂的任务，应该由专业的管理人员来完成

    C. 数据库备份也受到数据库恢复模式的制约

    D. 数据库备份策略的选择应该综合考虑各方面的因素，并不是备份做得越多越好

二、填空题

1. 在 SQL Server 中，数据库是由_____文件和_____文件组成的。

2. 在 SQL Server 2008 中，系统数据库是_____、_____、_____、_____和_____。

3. 在 SQL Server 2008 中，文件分为 3 大类，它们是_____、_____和_____；文件组也分为 3 类，它们是_____、_____和_____。

4. 默认情况下安装 SQL Server 2008 后，系统自动建立了_____个数据库。

5. 使用 T-SQL 管理数据库时，创建数据库的语句为_____，修改数据库的语句为_____，删除数据库的语句为_____。

三、问答题

1. 一个数据库至少包含几个文件和文件组？主数据文件和次数据文件有哪些不同？

2. 欲在某 SQL Server 实例上建立多个数据库，每个数据库都包含一个用于记录用户名和密码的 Users 表。如何操作能快捷地建立这些表？

3. 简述 SQL Server 2008 支持的数据库备份方式和数据库恢复模型。

4. 数据导入导出的概念和作用是什么？

5. 如何分离与附加数据库？

6. 使用 T-SQL 完成如下操作，写出相应的语句。

（1）创建 Sales 数据库，使其包含两个文件组，主文件组（Primary）中包含两个数据文件 SalDat01（主数据文件）和 SalesDat02，次文件组（FileGrp1）中包含 3 个数据文件 SalDat11、SalDat12 和 SalDat13。主文件组的数据文件位于 C:\DB，次文件组的数据文件位于 D:\DB；数据

文件的磁盘文件名与逻辑文件名相同。

（2）向 Sales 数据库中添加一个位于 C:\DB、名为 SalLog2 的日志文件。

（3）向 Sales 数据库的主文件组添加一个位于 C:\DB、名为 SalDat03 的数据文件，其初始大小为 5MB，按 20%的比率增长。

（4）将 Sales 数据库设置为单用户模式。

（5）将 OldSales 数据库删除。

第3章
创建和管理表

本章学习目标:
- 了解 SQL Server 的数据类型。
- 掌握创建和管理表的方法。
- 掌握表中数据维护的方法。

在关系数据库中,每个关系都对应为一个表,一个数据库包含一个或多个表。表是 SQL Server 2008 数据库最重要的数据库对象,因为它存储了数据库的所有数据。其他对象,如查询、视图、索引等都依附于表而存在。管理好表也就是管理好数据库。

3.1 SQL Server 2008 表的基本知识

SQL Server 2008 数据库在创建之初只具有从 model 数据库复制而来的数据对象,用户还需创建其他自定义的数据对象。这里先来了解最重要、最基本的数据库对象,即 SQL Server 2008 的表。

3.1.1 表的类型

SQL Server 2008 的表包括系统数据表、已分区表、用户自定义数据表和临时表。

SQL Server 2008 中的系统数据存储在隐藏的"资源"表中,这些表只能被服务器自身直接访问。数据库管理员和低级用户必须使用新的一系列的分类视图,这些视图显示了从各种用户看不到也不能调用的隐藏表和各种隐藏函数中获得的数据。以前版本的 SQL Server 中的系统表现在作为一系列"兼容视图"的形式实现,存储在 master 数据库的系统视图中。如图 3-1 所示,检索系统视图 sys.sysdatabases 查看当前服务器上的数据库。用户不应直接更改系统表,不要使用 DELETE、UPDATE、INSERT 语句或用户定义的触发器修改系统表。

已分区表是将数据水平划分为多个单元的表,这些单元可以分布到数据库中的多个文件组中。在维护整个集合的完整性时,使用分区可以快速而有效地访问或管理数据子集,从而使大型表或索引更易于管理。因为它们的目标只是所需的数据,而不是整个表。如果表非常大或者有可能变得非常大,当表中包含或可能包含以不同方式使用的许多数据或者对表的查询或更新没有按照预期的方式执行,或者维护开销超出了预定义的维护期,此时使用分区表将很有意义。已分区表支持所有与设计和查询标准表关联的属性和功能,包括约束、默认值、标识和时间戳值、触发器和索引。下面主要了解用户自定义数据表和临时表。

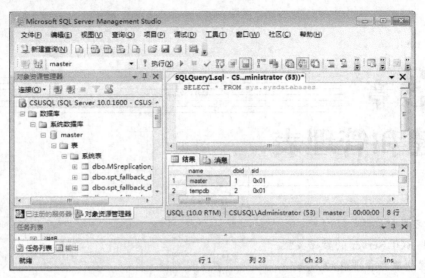

图 3-1　SQL Server 2008 系统视图

3.1.2　表的设计——数据类型

数据表中存储了数据库的所有数据。数据的类型决定数据表中所能存储的数据、给这些数据分配的存储空间，以及对这些数据能施加的运算。在 SQL Server 中，凡是具有值的数据对象，如表和视图中的列、变量、存储过程或函数中的参数和返回值等，都应该给其定义数据类型。当指定了某个对象的数据类型，也就定义了该对象所能表示的数据、数据的存储空间的大小、数据的值域范围和精度（仅用于数值型数据类型）等信息。

SQL Server 定义了丰富的基本数据类型，包括字符数据类型、二进制数据类型、日期时间数据类型、逻辑数据类型、数值数据类型，用于各类数据值的存储、检索和解释。此外，还有其他一些数据类型，如可变数据类型、表类型等。另外，SQL Server 允许用户基于系统的数据类型定义自定义数据类型。

1. 字符数据类型

（1）传统编码的字符数据类型的表示

字符数据类型用于存储汉字、英文字母、数字符号和其他各种符号。作为字符型数据的符号须用单引号（'）或双引号（"）标记，如"SQL Server 2008"。传统编码表示的字符型数据有定长字符型（char）、变长字符型（varchar）和文本型（text）3 种。

char 数据类型：其定义形式为 char[（n）]，n 的取值为 1～8000，即最多可存储 8000 个字符。指定的字符取决于安装 SQL Server 时所指定的字符集，通常采用 ANSI 字符集。在用 char（n）数据类型对列进行说明时，指示列长度为 n。如果不指定长度 n，系统将默认长度为 1。char 数据类型有固定的长度。如果定义 char（10），则最多存储 10 个字符，当输入字符的长度短于指定字符长度时用空格填满。

varchar 数据类型：其定义形式为 varchar[（n）]，n 的取值为 1～8000。varchar()没有指定长度 n，系统将默认长度为 1。varchar 数据类型的结构与 char 数据类型类似，所定义的长度 n 即为最多能存储的字符数。它们的主要区别是当输入 varchar 字符长度小于 n 时按输入字符的实际长度存储，不用空格来填满。varchar 类型适合字符最大长度确定，但长度不固定的情形。varchar 数据所需存储空间要比 char 数据少一些，但 varchar 列的存取速度比 char 列要慢一些。

text 数据类型：用于存储数据量大而变长的字符文本数据。text 列的长度可变，最多可包含 $2^{31}-1$ 个字节长的文本，实际应用还需考虑硬盘空间和操作系统所允许的文件大小。text 数据类型不能用作变量或存储过程的参数。

（2）Unicode 编码的字符数据类型的表示

SQL Server 允许使用多国语言，采用 Unicode 标准字符集。为此 SQL Server 提供多字节的字符数据类型：nchar（n）、nvarchar（n）和 ntext。

Unicode 字符串的格式与普通字符串相似，但 Unicode 数据中的每个字符都使用两个字节进行存储。Unicode 字符串常量的前面有一个大写 N（N 代表 SQL-92 标准中的国际语言——National Language）。例如，'SQL Server 2008'是字符串常量，而 N'SQL Server 2008'则是 Unicode 常量。类似地，Unicode 字符串的几种类型是在普通字符串的类型名前增加了一个字母 N 来标识的。

SQL Server 2008 的字符数据类型如表 3-1 所示。

表 3-1　　　　　　　　　　　　　　　　字符数据类型

数据类型	描述	存储空间
char(n)	n 为 1～8000 字符	n 字节
nchar(n)	n 为 1～4000 Unicode 字符	($2n$ 字节) + 2 字节额外开销
ntext	最多为 $2^{30}-1$ Unicode 字符	每字符 2 字节
nvarchar(max)	最多为 $2^{30}-1$ Unicode 字符	2×字符数 + 2 字节额外开销
text	最多为 $2^{31}-1$ 字符	每字符 1 字节
varchar(n)	N 为 1～8000 字符	每字符 1 字节 + 2 字节额外开销
varchar(max)	最多为 $2^{31}-1$ 字符	每字符 1 字节 + 2 字节额外开销

2. 二进制数据类型

SQL Server 二进制数据类型用于存储二进制数或字符串。与字符数据类型相似，在列中插入二进制数据时，用引号标识，或用 0x 开头的两个十六进制数构成一个字节。SQL Server 有 3 种有效二进制数据类型，即定长二进制类型 binary、变长二进制类型 varbinary 和大块二进制类型 image。

binary 数据类型：定义形式为 binary[（n）]，n 的取值为 1～8000。若不指定 n，n 默认为 1。binary 数据用于存储二进制字符，例如程序代码和图像数据。数据所需的存储空间为 $n+4$ 个字节。若输入的数据不足 $n+4$ 个字节，则以 0 填充补足后存储。若输入的数据超过 $n+4$ 个字节，则截断后存储。

varbinary 数据类型：与 binary 数据类型基本相同。不同之处在于 varbinary 数据类型的存储长度为实际数据长度+4 个字节。若输入的数据超过 $n+4$ 个字节，则截断后存储。由于存储输入数据的实际长度而节省存储空间，但存取速度比 binary 类型要慢。

image 数据类型：image 数据类型的存储数据模式与 text 数据类型类似，可存储 1～$2^{31}-1$ 个字节的二进制数据。image 数据类型存储的是二进制数据而不是文本字符，不能用作变量或存储过程的参数。

长度不超过 8KB 的二进制数据可以采用 varbinary 类型来存储。image 数据通常用来存储超过 8KB 的可变长度的二进制数据，如 Word 文档、Excel 电子表格、图像或其他文件。image 数据不是由 SQL Server 解释的，必须由应用程序来解释。

表 3-2 列出了二进制数据类型，对其做了简单描述，并说明了要求的存储空间。

表 3-2 二进制数据类型

数据类型	描述	存储空间
binary(*n*)	n 为 1～8000 十六进制数字	*n* 字节
image	最多为 $2^{31}-1$ 个字节	每字符 1 字节
varbinary(*n*)	n 为 1～8000 十六进制数字	每字符 1 字节 + 2 字节额外开销
varbinary(max)	最多为 $2^{31}-1$ 个字节	每字符 1 字节 + 2 字节额外开销

3. 日期时间数据类型

日期和时间数据类型用于存储日期和时间数据。SQL Server 2008 支持多种日期时间数据类型：datetime、smalldatetime、datetime2、dateoffset、date 和 time。

datetime 数据类型存储两个长度为 4 字节的整数：日期和时间。它对于定义为 datetime 数据类型的列，并不需要同时输入日期和时间，可省略其中的一个。datetime 数据类型有许多格式，可被 SQL Server 的内置日期函数操作。

smalldatetime 数据类型只需 4 字节的存储空间，时间值是按小时和分钟来存储。插入数据时，日期时间值以字符串形式传给服务器。

datetime2 数据类型是 datetime 数据类型的扩展，有着更广的日期范围。时间总是用时、分钟、秒形式来存储。可以定义末尾带有可变参数的 datetime2 数据类型，如 datetime2（3）。这个表达式中的 3 表示存储时秒的小数精度为 3 位，或 0.999。有效值为 0～9，默认值为 3。

datetimeoffset 数据类型和 datetime2 数据类型一样，带有时区偏移量。该时区偏移量最大为 + /−14 小时，包含了 UTC 偏移量，因此可以合理化不同时区捕捉的时间。

date 数据类型只存储日期，而 time 数据类型只存储时间。它也支持 time（*n*）声明，因此可以控制小数秒的粒度。与 datetime2 和 datetimeoffset 一样，*n* 可为 0～7。

表 3-3 列出了日期/时间数据类型，对其进行简单描述，并说明了要求的存储空间。

表 3-3 日期/时间数据类型

数据类型	描述	存储空间
date	9999 年 1 月 1 日～12 月 31 日	3 字节
datetime	1753 年 1 月 1 日～9999 年 12 月 31 日，精确到最近的 3.33ms	8 字节
datetime2(*n*)	9999 年 1 月 1 日～12 月 31 日 0～7 的 n 指定小数秒	6～8 字节
datetimeoffset(*n*)	9999 年 1 月 1 日～12 月 31 日 0～7 的 n 指定小数秒 + /−偏移量	8～10 字节
smalldateTime	1900 年 1 月 1 日～2079 年 6 月 6 日，精确到 1 分钟	4 字节
time(*n*)	小时：分钟：秒.99999990～7 的 n 指定小数秒	3～5 字节

4. 逻辑数据类型

也称为位（bit）数据类型，取值为 1 或 0，长度为一个字节，适用于判断真/假、是/否、ON/OFF 等二值的场合。

5. 数值数据类型

SQL Server 提供了多种方法存储数值，SQL Server 的数值数据类型可分为 4 种基本类型，包括整数数据类型、浮点数据类型、精确数值类型和货币数据类型。

（1）整数数据类型

整数数据类型包括 int、smallint、tinyint 和 bigint，用于存储不同范围的值。SQL Server 2008

的整数类型如表 3-4 所示。

表 3-4　　　　　　　　　　　　　　　　　整数数据类型

数据类型	描述	存储空间
tinyint	0～255 的整数	1 字节
smallint	-2^{15}～$2^{15}-1$ 的整数	2 字节
int	-2^{31}～$2^{31}-1$ 的整数	4 字节
bigint	-2^{63}～$2^{63}-1$ 的整数	8 字节

（2）浮点数据类型

浮点数据用来存储系统所能提供的最大精度保留的实数数据。近似数字的运算存在误差，因此不能用于需要固定精度的运算，如货币数据的运算。

float（n）中的 n 是用于存储该数尾数的位数。SQL Server 对此只使用两个值。如果指定值位于 1～24，SQL Server 就使用 24。如果指定值在 25～53，SQL Server 就使用 53。当指定 float()时（括号中为空），默认为 53。real 的同义词为 float（24）。

表 3-5 列出了近似数值数据类型，对其进行了简单描述，并说明了要求的存储空间。

表 3-5　　　　　　　　　　　　　　　　　近似数值数据类型

数据类型	描述	存储空间
float[[(n)]	-1.79×10^{308}～-2.23×10^{308}，0，2.23×10^{-308}～1.79×10^{308}	n 为 1～24 时，4 字节 n 为 25～53 时，8 字节
real()	-3.40×10^{38}～-1.18×10^{-38}，0，1.18×10^{-38}～3.40×10^{38}	4 字节

（3）精确数值数据类型

精确数值数据类型用于存储有小数点且小数点后位数确定的实数。SQL Server 支持两种精确的数值数据类型：decimal 和 numeric。这两种数据类型同义，定义格式如下：

```
decimal[(p[,s])]
numeric[(p[,s])]
```

其中，p 指定精度，即小数点左边和右边可以存储的十进制数字的最大个数。s 指定小数位数，即小数点右边可以存储的十进制数字的最大个数。如表 3-6 所示。

表 3-6　　　　　　　　　　　　　　　　　精确数值数据类型

数据类型	描述	存储空间
numeric(p,s)或 decimal(p,s)	$10^{38}+1$～$10^{38}-1$ 的数值	最多 17 字节

（4）货币数据类型

SQL Server 提供了两种货币数据类型：money 和 smallmoney，如表 3-7 所示。

表 3-7　　　　　　　　　　　　　　　　　货币数据类型

数据类型	描述	存储空间
money	−922 337 203 685 477.580 8～ 922 337 203 685 477.580 7	8 字节
smallmoney	−214 748.3648～2 14 748.3647	4 字节

输入货币数据时必须在货币数据前加货币单位$符号。

6. 其他数据类型

除了以上 5 种基本数据类型，SQL Server 还支持其他一些数据类型，如表 3-8 所示。

表 3-8　　　　　　　　　　　　　　其他数据类型

数据类型	描述	存储空间
cursor	包含一个对光标的引用和可以只用作变量或存储过程参数	不适用
hierarchyid	包含一个对层次结构中位置的引用	1～892 字节 + 2 字节的额外开销
sql_variant	可能包含任何系统数据类型的值，除了 text、ntext、image、timestamp、xml、varchar(max)、nvarchar(max)、varbinary (max)、sql_variant 以及用户定义的数据类型。最大尺寸为 8000 字节数据+16 字节（或元数据）	8016 字节
table	用于存储结果集供稍后处理。定义类似于 Create Table。主要用于返回表值函数的结果集，它们也可用于存储过程和批处理中	取决于表定义和存储的行数
timestamp or rowversion	对于每个表来说是唯一的、自动存储的值。通常用于版本戳，该值在插入和每次更新时自动改变	8 字节
uniqueidentifier	可以包含全局唯一标识符（Globally Unique Identifier，GUID）。guid 值可以从 Newid()函数获得。这个函数返回的值对所有计算机来说是唯一的。尽管存储为 16 位的二进制值，但它显示为 char（36）	16 字节
xml	可以以 Unicode 或非 Unicode 形式存储	最多 2GB

7. 空值

当用户往表中插入一行而未对其中的某列指定值时，该列将出现空值（NULL）。空值不同于空白（空字符串）或数值 0，通常表示未填写、未知（UNKNOWN）、不可用或将在以后添加的数据。例如，某公司的某份销售订单在初下单时，是无法确定货物的发货日期（send_date）和到货日期（arrival_date）的，故该订单信息在进入数据库时，send_date 和 arrival_date 不能填写，系统将用空值标识该订单记录的这两列。

可通过以下方法在列中插入空值：在 INSERT 或 UPDATE 语句中显式声明 NULL，或不使此列进入 INSERT 语句，或使用 ALTER TABLE 语句在现有表中新添一列。

比较两个空值或将空值与任何其他数值相比均返回未知（UNKNOWN）。若要判断某列中的值是否为空值，可以使用关键字 IS NULL 或者 IS NOT NULL。

8. 用户定义的数据类型

用户定义的数据类型须基于 Microsoft SQL Server 中提供的数据类型。当几个表中必须存储同一种数据类型时，并且为保证这些列有相同的数据类型、长度和可空性时，可以使用用户定义的数据类型。

当创建用户定义的数据类型时，提供 3 个部分：数据类型的名称、所基于的系统数据类型和数据类型的可控性。

（1）创建用户定义的数据类型

创建用户定义的数据类型可以使用 T-SQL 语句。系统存储过程 sp_addtype 可以创建用户定义的数据类型。其语法形式如下：

```
sp_addtype [ @typename = ] type,
    [ @phystype = ] system_data_type
    [ , [ @nulltype = ] 'null_type' ]
```

其中，type 是用户定义的别名数据类型的名称。别名数据类型名称必须遵循标识符规则，并且在每个数据库中必须是唯一的。system_data_type 是系统提供的数据类型，例如 decimal、int、char 等。null_type 表示该数据类型是如何处理空值的，必须使用单引号引起来，如'NULL'、'NOT NULL'或者'NONULL'，默认值为 NULL。

【例 3-1】　基于系统数据类型 datetime 创建一个用户定义的数据类型 birthday，允许为空。

```
USE student
EXEC sp_addtype birthday,datetime,'NULL'
```

（2）删除用户定义的数据类型

当用户定义的数据类型不再需要时，可以删除。删除用户定义的数据类型的命令是：

```
sp_droptype [ @typename =] 'type'
```

【例 3-2】　删除用户自定义数据类型 birthday。

```
USE student
EXEC sp_droptype 'birthday'
```

当表中的列正在使用用户定义的数据类型，或者在其上面还绑定有默认认或者规则时，这种用户定义的数据类型不能删除。

3.2　创　建　表

一个数据库可以包含多个数据表，每个表代表一定的实体或实体之间的联系。例如，教学管理数据库可能包含学生个人信息、课程信息、成绩信息、专业信息等多个表。创建数据库后，就可以向数据库中添加数据表。

创建表就是定义一个表的结构以及它与其他表之间的关系。表结构指的是构成表的列的列名、数据类型、数据精度、列上的约束等，定义表和其他表的关系就是确定相关表的数据之间的关系。SQL Server 2008 提供了使用管理工具和 T-SQL 语句创建数据表。

3.2.1　使用管理工具创建表

在 SQL Server 管理平台中，表的操作可以可视化完成。管理平台中可以对单个表进行设计，也可以对同一数据库的多个表进行设计，并生成一个或多个关系图，以显示数据库中的部分或全部表、列、键和表间关系。

1. 使用 SQL Server 管理平台创建和修改表

创建数据表的一般步骤如下。

① 打开"对象资源管理器"，展开需要创建表的数据库"教学管理"，在数据库对象"表"上单击鼠标右键，从弹出的快捷菜单中选择"新建表"命令，打开表设计器对话框。在表设计器中输入各个字段的名称、数据类型、长度、精度和是否为空，如图 3-2 所示。

列名在一个表中的唯一性是由 SQL Server 强制实现的。每一列都有一个唯一的数据类型，数据类型确定列的精度和长度，可以根据实际的需要进行选择。列允许为空值时将显示"√"，表示该列可以不包含任何数据，空值不是 0，也不是空字符，而是表示未知。如果不允许列包含空值，则在输入元组时必须为该列提供具体的数据。

图 3-2　表的创建

② 字段定义完成后，单击工具栏中的"保存"按钮，打开"选择名称"对话框，如图 3-3 所示。输入新建表的名称后，单击"确定"按钮，则完成了创建"课程"表，此时表中没有数据。类似地可以创建"学生"表和"选课"表。

③ 若要修改该表，可以展开"数据库"节点，在需要修改的表上单击鼠标右键，从弹出的快捷菜单中选择"修改"命令，可在打开的图 3-2 所示的表设计器中重新进行操作。

图 3-3　输入表名称

④ 对于一个数据表，为了唯一地标识每个元组，还需设置表的主键。在"课程"表的"课程编号"行上单击鼠标右键，在弹出的快捷菜单中选择"设置主键"命令，即可将课程编号设置为该表的主键。此时，该字段前面会出现一个钥匙图标，如图 3-4 所示。

图 3-4　设置主键

类似地，创建"学生"表和"选课"表，并分别设置"学生"表的主键为"学号"，"选课"表的主键为"学号"和"课程编号"字段的组合，如图 3-5 和图 3-6 所示。

图 3-5 创建"学生"表

图 3-6 创建"选课"表

2. 使用 SQL Server 管理平台设计数据库关系

在 SQL Server 管理平台设计器以图形方式显示部分或全部数据库结构，这种图形被称为数据库关系图。在关系图中，也可以创建和修改表、列、关系、键、索引和约束。可创建一个或更多的关系图，以显示数据库中的部分或全部表、列、键和关系。

展开要操作的"教学管理"数据库，选择"数据库关系图"选项，然后单击鼠标右键，在弹出的快捷菜单中选择"新建数据库关系图"命令，在出现的窗口中选择要建立关系的"学生"表、"课程"表、"选课"表。根据"学生"表和"选课"表的主键外键关系，以及"课程"表和"选课"表的主键外键关系，建立起图 3-7 所示的"教学管理"数据库中的一个关系图。在该关系图中，可以看到"选课"表分别与"学生"表和"课程"表都有一条连接线联系起来了，当鼠标移到该连线上时，会弹出提示框显示该关系的名称等信息。

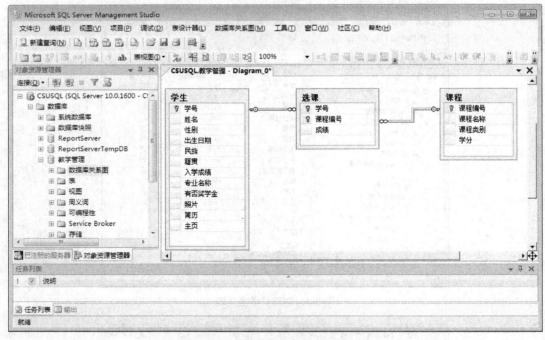

图 3-7   "教学管理"数据库的关系图

在关系图的空白处单击右键，从弹出的快捷菜单中，可以添加数据库中已定义但未出现在关系图中的表，也可以新建表。如果新建表，关系图中将出现与图 3-2 所示的表设计器上半窗格同样的网格，用以定义新表中各列的基本属性。

在关系图的某个表上单击右键，从弹出的快捷菜单中，可以从关系图或从数据库中删除该表。

3.2.2   使用 T-SQL 语句创建表

在 T-SQL 中，使用 CREATE TABLE 语句来建立表，其基本语法格式如下：

```
CREATE TABLE
    [ database_name . [ schema_name ] . | schema_name . ] table_name
    ( { <column_definition> | <computed_column_definition>}
    [ <table_constraint> ] [ ,...n ] )
    [ ON { partition_scheme_name ( partition_column_name ) | filegroup | "default" } ]
    [ { TEXTIMAGE_ON { filegroup | "default" } ]
```

各选项的含义如下：

（1）database_name：要在其中创建表的数据库名称，必须是现有数据库的名称，默认为当前数据库。

（2）schema_name：新表所属架构的名称。

（3）table_name：新表的名称。表名必须遵循有关标识符的规则。table_name 最多可包含 128 个字符，本地临时表名（以单个数字符号（#）为前缀的名称）不能超过 116 个字符。

（4）column_definition：表示数据列的语法结构，其语法格式如下。

```
<column_definition> ::=
column_name [ type_schema_name . ] type_name
    [ COLLATE collation_name ]
    [ NULL | NOT NULL ]
    [ [ CONSTRAINT constraint_name ] DEFAULT constant_expression ]
     | [ IDENTITY [ ( seed ,increment ) ] [ NOT FOR REPLICATION ]]
    [ ROWGUIDCOL ] [ <column_constraint> [ ...n ] ]
```

其中选项的含义如下。

① column_name [type_schema_name .] type_name：指定列名和存储在该列的数据类型。

• column_name：表中列的名称。列名称必须遵循标识符的规则，且在表中必须唯一。column_name 最多可以有 128 个字符。对于使用 timestamp 数据类型创建的列，可以省略 column_name。如果未指定 column_name，则 timestamp 列的名称默认为 timestamp。

• [type_schema_name.] type_name：指定列的数据类型以及该列所属的架构。

② COLLATE <collation_name>：指定该列的排序规则。

③ NULL | NOT NULL：确定列中是否允许使用空值。

④ [CONSTRAINT constraint_name] DEFAULT constant_expression：定义约束。各选项含义如下。

• CONSTRAINT：可选关键字，表示 PRIMARY KEY、NOT NULL、UNIQUE、FOREIGN KEY 或 CHECK 约束定义的开始。

• constraint_name：约束的名称。约束名称必须在表所属的架构中唯一。

• DEFAULT constant_expression：用一个常量表达式设置该列的默认约束。

⑤ IDENTITY [（seed，increment）：设置该列为标识列，并由 seed 和 increment 分别指定种子和增量（默认都为 1）。

⑥ NOT FOR REPLICATION：指定列的 IDENTITY 列的属性，在把从其他表中复制的数据插入到表中时不发生作用。

⑦ ROWGUIDCOL：指定该列为全局唯一标识符列。

⑧ <column_constraint>：定义在该列上的列约束。取 NULL 或 NOT NULL 时，指定是否在该列上设置非空约束。

（5）computed_column_definition：某计算列的列定义。定义计算列的值的表达式。计算列并不是物理地存储在表中的虚拟列，除非此列标记为 PERSISTED。该列由同一表中的其他列通过表达式计算得到。表达式可以是非计算列的列名、常量、函数、变量，也可以是用一个或多个运算符连接的上述元素的任意组合。表达式不能是子查询，也不能包含别的数据类型。

在使用计算列时，应注意如下几点。

① 计算列不能作为 INSERT 或 UPDATE 语句的目标。

② 计算列不能用作 DEFAULT 或 FOREIGN KEY 约束定义，也不能与 NOT NULL 约束定义一起使用。

③ 如果计算列由具有确定性的表达式定义，并且索引列中允许计算结果的数据类型，则可将该列用作索引中的键列，或用作 PRIMARY KEY 或 UNIQUE 约束的一部分。

（6）table_constraint：表示对数据表的约束进行设置。

（7）partition_scheme_name（partition_column_name）| filegroup | "default"：指定存储表的分区架构或文件组。各选项含义如下。

① partition_scheme_name：分区架构的名称，该分区架构定义要将已分区表的分区映射到的

文件组。

② partition_column_name：表示分区策略依据的列。

③ filegroup：表将存储在指定的文件组中。

④ "default"：表存储在默认文件组中。

（8）TEXTIMAGE_ON { filegroup | "default"：指示 text、ntext、image、xml、varchar（max）、nvarchar（max）、varbinary（max） 和 CLR 用户定义类型的列存储在指定文件组的关键字。如果表中没有较大值的列，则不允许使用 TEXTIMAGE_ON。如果指定了 <partition_scheme>，则不能指定 TEXTIMAGE_ON。如果指定了 "default"，或者未指定 TEXTIMAGE_ON，则较大值的列存储在默认文件组中。

【例 3-3】 使用 T-SQL 语句创建"专业"表。

```
USE 教学管理
CREATE TABLE 专业
(专业名称 varchar(30) NOT NULL,
成立年份 smalldatetime  NOT NULL,
专业简介 varchar(max)
)ON [PRIMARY]
```

本例使用 USE 语句指定教学管理为当前数据库，然后在当前数据库中创建了"专业"表，所有者为当前用户。

"专业"表共有 3 列，使用 varchar（n）、smalldatetime 两种数据类型，并设置其中专业名称和成立年份非空。指定"专业"表保存在 PRIMARY 文件组中。

在实际应用中，可能用到临时表来暂存数据。SQL Server 中使用 SQL 语句创建临时表，需要在表名前加 "#" 或 "##" 符号。其中 "#" 表示本地临时表，在当前数据库内使用，"##" 表示全局临时表，可在所有数据库内使用。临时表等临时对象保存在系统 tempdb 数据库中。

【例 3-4】 创建临时表。

```
CREATE TABLE #students
( 学号 varchar(8),
  姓名 varchar (10),
  性别 varchar(2),
  班级 varchar (10)
)
```

本地临时表仅对当前的用户连接是可见的，当用户从 SQL Server 实例断开连接时本地临时表被删除。全局临时表在创建后对任何用户和任何连接都是可见的，当引用该表的所有用户都与 SQL Server 实例断开连接后，将删除全局临时表。

3.3 管　理　表

数据表在创建后，可以查看其结构，也可以修改和删除表中的字段列。不再需要的表也可以删除。

3.3.1　查看表

在"对象资源管理器"中展开数据库，在所需查看的表对象上单击鼠标右键，如图 3-8 所示。

在弹出的快捷菜单中选择"设计"命令，此时将出现图 3-9 所示的数据表设计修改窗口。在该窗口可以查看表的结构等属性。

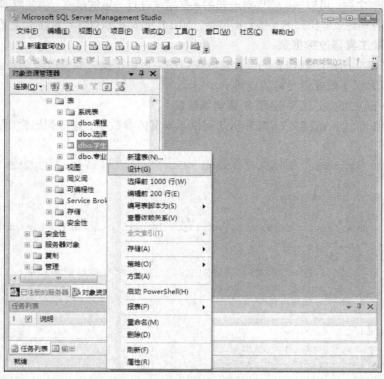

图 3-8　查看表的结构

图 3-9　"数据表的设计修改"窗口

3.3.2 修改表

在创建数据表之后，可以根据需要对原先的某些定义进行一定的修改，例如添加、修改、删除列以及添加、删除各种约束。但列的某些数据类型、NULL 值或 IDENTITY 属性不能直接进行修改。

1. 使用管理工具修改数据表

在打开的图 3-9 所示的数据表的设计修改窗口中，可以根据需要修改表结构。例如修改字段名、数据类型或元组字段是否允许为空等。

2. 使用 T-SQL 的 ALTER TABLE 语句修改表

SQL Server 2008 的 ALTER TABLE 语句提供了丰富的参数项，这里列出常用语法结构。其语法格式如下：

```
ALTER TABLE [ database_name . [ schema_name ] . | schema_name . ] table_name
{
  ALTER COLUMN column_name
  {
    [ type_schema_name.]type_name[ ({precision [,scale]|max| xml_schema_collection } ) ]
    [ COLLATE collation_name ]
    [ NULL | NOT NULL ]
    | {ADD | DROP }{ ROWGUIDCOL | PERSISTED | NOT FOR REPLICATION }
  }
  | [ WITH { CHECK | NOCHECK } ]
  | ADD
  {  <column_definition>
    | <computed_column_definition>
    | <table_constraint>
    | <column_set_definition>
  } [ ,...n ]
  | DROP
  {
    [ CONSTRAINT ] constraint_name
    [ WITH ( <drop_clustered_constraint_option> [ ,...n ] ) ]
    | COLUMN column_name
  } [ ,...n ]
  | [ WITH { CHECK | NOCHECK } ] { CHECK | NOCHECK } CONSTRAINT
    { ALL | constraint_name [ ,...n ] }
  | { ENABLE | DISABLE } TRIGGER
    { ALL | trigger_name [ ,...n ] }
}
```

各选项的含义如下。

（1）table_name：指定要修改的表名。

（2）schema_name：更改表所属架构的名称。

（3）ALTER COLUMN column_name：指定表中要更改的列名为 column_name。对列的更改不能与列或表的其他定义相冲突。如某列的默认值为字符串，则数据类型不能更改为非字符串类型，但可先删除默认约束再更改数据类型。以下类型的列不能直接更改。

① 数据类型为 text、image、ntext 或 timestamp 的列。

② 表的 ROWGUIDCOL 列。

③ 计算列或用于计算列中的列。

④ 用于索引中的列。除非该列数据类型是 varchar、nvarchar 或 varbinary，数据类型没有更改，而且新列大小大于等于旧列大小。

⑤ 用于主键、外键、检查、唯一约束中的列。

⑥ 有默认约束的列的数据类型不能更改，但可更改列的长度、精度或小数位数。

有些数据类型的更改可能导致数据的更改。例如，将数据类型为 nchar 或 nvarchar 的列更改为 char 或 varchar 类型，将导致扩展字符的转换。降低列的精度或小数位数可能导致数据截断。

（4）[type_schema_name.] type_name 项：更改后的列的新数据类型或添加的列的数据类型。原来的数据类型必须可以隐式转换为新数据类型。如果要更改的列是标识列，新数据类型必须是支持标识属性的数据类型（整型）。新数据类型不能为 timestamp。

（5）precision 项：指定的数据类型的精度。

（6）scale 项：指定的数据类型的小数位数。

（7）xml_schema_collection：仅应用于 xml 数据类型，以便将 xml 架构与类型相关联。

（8）NULL|NOT NULL：指定该列是否可接受空值。

（9）COLLATE collation_name：指定更改后的列的新排序规则。

（10）WITH　CHECK | NOCHECK：指定表中的数据是否用新添加的或重新启用的 FOREIGN KEY 或 CHECK 约束进行验证。

（11）ADD：指定添加一个或多个列定义、计算列定义或者表约束。

（12）DROP { [CONSTRAINT] constraint_name|COLUMN column_name }：指定从表中删除名为 constraint_name 的约束或者名为 column_name 的列。必须删除所有基于列的索引和约束后，才能删除列。

（13）{CHECK | NOCHECK } CONSTRAINT：指定启用或禁用 constraint_name。

（14）ALL：指定使用 NOCHECK 选项禁用所有约束，或者使用 CHECK 选项启用所有约束。

（15）{ ENABLE | DISABLE } TRIGGER：指定启用或禁用 trigger_name。

（16）trigger_name：指定要启用或禁用的触发器的名称。

【例 3-5】　更改表以添加新列，然后再删除该列。

```
ALTER TABLE 学生
ADD 联系电话 varchar(15) NULL
GO
sp_help 学生
ALTER TABLE 学生
DROP COLUMN 联系电话
GO
sp_help 学生
```

本例先为"学生"表添加了联系电话列，通过系统存储过程 sp_help 可以查看修改后的"学生"表的各列，再使用 DROP 子句删除了添加的列。

【例 3-6】　将"学生"表的"专业名称"字段改为 varchar（50）数据类型，并且不允许为空。

```
ALTER TABLE 学生
ALTER COLUMN 专业名称 varchar(50) NOT NULL
GO
```

数据表中所有元组的专业名称值应均不为空，否则该语句不能执行。

3.3.3　删除表

1. 在 SQL Server 管理平台中删除表

当某个表不再需要时，就可以将其删除以释放数据库空间。在 SQL Server 管理平台中可以很方便地删除数据库中已有的表，具体操作方法如下。

展开所选中的数据库，用右键单击要删除的表，从快捷菜单中选择"删除"命令，弹出图 3-10 所示的"删除对象"对话框，单击"确定"按钮即可删除该表。

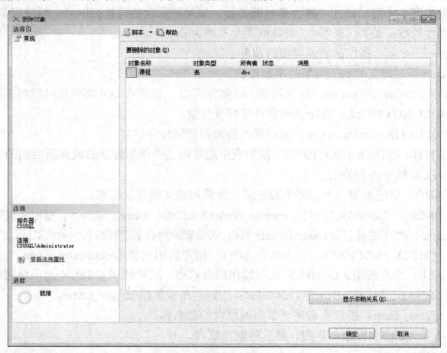

图 3-10　"删除对象"对话框

在确定删除之前，可以单击"显示依赖关系"按钮查看该表和其他对象的依赖关系，图 3-11 所示将要删除的表有对象依赖关系，应谨慎删除表。

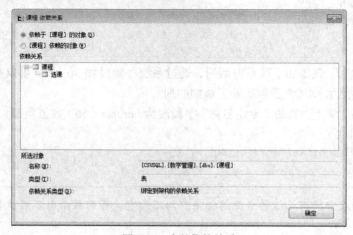

图 3-11　表的依赖关系

表被删除后，它的结构定义、数据、全文索引、约束和索引都永久地从数据库中彻底删除。表上的规则或默认值将解除绑定，任何与表关联的约束或触发器将自动删除。

2. 使用 T-SQL 语句删除表

表所有者可以使用 T-SQL 语句删除其所有的任何表。对于临时表，如果不想等待其自动被删除，也可使用 T-SQL 语句删除临时表。

删除表的 T-SQL 语句格式如下：

```
DROP TABLE [ database_name . [ schema_name ] . | schema_name . ]
       table_name [ ,...n ] [ ; ]
```

各选项的含义如下。

（1）database_name：要在其中创建表的数据库的名称。

（2）schema_name：表所属架构的名称。

（3）table_name：要删除的表的名称。

① 定义有外键约束的表必须先删除外键约束，才能删除该表。

② 系统表不能使用 DROP TABLE 语句删除。

【例 3-7】　删除当前数据库内的表。

```
USE 教学管理
DROP TABLE 专业
```

本例从当前数据库"教学管理"数据库中删除"专业"表。

【例 3-8】　删除其他数据库内的表。

```
DROP TABLE student.dbo.st_info
```

本例删除 student 数据库内的 st_info 表。

3.4　维护表中数据

在数据库中的表对象建立后，用户对表的访问，包括四类基本操作：添加或插入新元组数据、检索现有数据、更新现有数据和删除现有元组数据。

在 SQL Server 2008 中，对表中数据进行维护有两种方法，即使用 SQL Server 2008 管理平台，或者执行 T-SQL 语句。在管理平台中，用鼠标右键单击选定的表，在弹出的快捷菜单中选择"打开表"命令，再选择有关命令，即可完成查询、添加、修改和删除表中数据的操作。

下面主要介绍维护表中数据的 T-SQL 语句。

3.4.1　数据插入

INSERT 语句向表添加新行的基本语法格式如下：

```
[ WITH <common_table_expression> [ ,...n ] ]
INSERT
  [ TOP ( expression ) [ PERCENT ] ]
  [ INTO ]
  { [ server_name . database_name . schema_name .
    | database_name .[ schema_name ] .
    | schema_name .]
```

```
    table_or_view_name
{
    [ ( column_list ) ]
    [ <OUTPUT Clause> ]
    { VALUES ( ( { DEFAULT | NULL | expression } [ ,...n ] ) )
    | derived_table | execute_statement | DEFAULT VALUES
    }
}
```

各选项的含义如下：

（1）WITH <common_table_expression>：指定在 INSERT 语句作用域内定义的临时命名结果集（也称为公用表表达式）。结果集源自 SELECT 语句。

（2）TOP（expression）[PERCENT]：指定将插入的随机行的数目或百分比。expression 可以是行数或行的百分比。在和 INSERT、UPDATE 或 DELETE 语句结合使用的 TOP 表达式中引用的行不按任何顺序排列。

（3）INTO：一个可选的关键字，可以将它用在 INSERT 和目标表之间。

（4）server_name：表或视图所在服务器的名称。如果指定了 server_name，则需要 database_name 和 schema_name。

（5）database_name：数据库的名称。

（6）schema_name：表或视图所属架构的名称。

（7）table_or view_name：要接收数据的表或视图的名称。

（8）（column_list）：要在其中插入数据的一列或多列的列表。必须用括号将 column_list 括起来，并且用逗号进行分隔。

（9）OUTPUT 子句：将插入行作为插入操作的一部分返回。引用本地分区视图、分布式分区视图或远程表的 DML 语句，或包含 execute_statement 的 INSERT 语句，都不支持 OUTPUT 子句。在包含 <dml_table_source> 子句的 INSERT 语句中不支持 OUTPUT INTO 子句。

（10）VALUES：引入要插入的数据值的列表。

如果 VALUES 列表中的各值与表中各列的顺序不相同，或者未包含表中各列的值，则必须使用 column_list 显式指定存储每个传入值的列。

若要插入多行值，VALUES 列表的顺序必须与表中各列的顺序相同，且此列表必须包含与表中各列或 column_list 对应的值以便显式指定存储每个传入值的列。可以在单个 INSERT 语句中插入的最大行数为 1000。

（11）DEFAULT：强制数据库引擎加载为列定义的默认值。

（12）expression：一个常量、变量或表达式。表达式不能包含 EXECUTE 语句。

（13）derived_table：任何有效的 SELECT 语句，它返回将加载到表中的数据行。

（14）execute_statement：任何有效的 EXECUTE 语句，它使用 SELECT 或 READTEXT 语句返回数据。

① 使用 INSERT…VALUES 语句一次只能为表插入一行。

② 如果 INSERT 语句违反约束或规则，或者它有与列的数据类型不兼容的值，那么该语句就会失败，并且 SQL Server 将显示错误信息。如果 INSERT 正在使用 SELECT 或 EXECUTE 装载多行，正在装载的值中出现任何违反规则或约束的行为都会导致整个语句终止，从而不会装载任何行。

【例 3-9】　使用简单的 INSERT 语句。

```
USE 教学管理
GO
INSERT 课程
    VALUES ('C903','大学物理','必修',4)
```

在"教学管理"数据库的"课程"表中插入一行。由于省略了列的列表，默认按表中列顺序依次输入给定的值。

【例 3-10】　按指定列顺序添加行。

```
INSERT 课程 （课程名称，课程编号，课程类别，学分）
VALUES ('艺术欣赏','C606','选修',2)
```

在本例中表中各列被显式地列出来，给定的值按指定的列顺序一一对应赋予列。显式指定列列表可用来插入与列顺序不同的数据，如本例。显式指定列列表还可用来插入值少于列个数的数据。

【例 3-11】　显式指定列并添加行。

```
INSERT 课程 （课程名称，课程编号，课程类别）
    VALUES ('绘画技巧','C607','选修')
```

未给出值的列应允许为空，如本例学分字段。

【例 3-12】　将数据装载到带有标识符的表。

```
创建 st1 表，该表的 column_1 为标识列
CREATE TABLE st1 ( column_1 int IDENTITY, column_2 varchar(30))
GO
INSERT st1 VALUES ('Row #1 Column #2')
INSERT st1 (column_2) VALUES ('Row #2 Column #2')
GO
SET IDENTITY_INSERT st1 ON
GO
INSERT INTO st1 (column_1,column_2)
        VALUES (99, 'Explicit identity value')
GO
```

本例创建了表 st1，其 column_1 被定义为标识列。第 1、2 个 INSERT 语句允许系统为新行生成标识值。第 3 个 INSERT 语句前用 SET IDENTITY_INSERT ON 语句允许了标识列的手动插入，并且将一个显式的值（99）插入到标识列。

3.4.2　数据更新

数据库表的数据在录入后，还需要经常进行维护更新。利用 UPDATE 语句可以更改表或视图中单行、行组或所有行的数据值。其语法格式如下：

```
[ WITH <common_table_expression> [...n] ]
UPDATE
   [ TOP ( expression ) [ PERCENT ] ]
   [ server_name . database_name . schema_name .
   | database_name .[ schema_name ] .
   | schema_name .
   ]
```

```
      table_or_view_name
      SET
        { column_name = { expression | DEFAULT | NULL }
          | { udt_column_name.{ { property_name = expression
             | field_name = expression } | method_name ( argument [ ,...n ] )}}
          | column_name { .WRITE ( expression , @Offset , @Length ) }
          | @variable = expression
          | @variable = column = expression
      } [ ,...n ]
      [ <OUTPUT Clause> ]
      [ FROM{ <table_source> } [ ,...n ] ]
      [ WHERE { <search_condition> ]
```

各选项的含义如下。

（1）WITH <common_table_expression>：指定在 UPDATE 语句作用域内定义的临时命名结果集或视图，也称为公用表表达式（CTE）。CTE 结果集派生自简单查询并由 UPDATE 语句引用。

（2）TOP（expression）[PERCENT]：指定将要更新的行数或行百分比。expression 可以为行数或行百分比。

（3）server_name：表或视图所在服务器的名称（使用链接服务器名称或 OPENDATASOURCE 函数作为服务器名称）。如果指定了 server_name，则需要 database_name 和 schema_name。

（4）database_name：数据库的名称。

（5）schema_name：表或视图所属架构的名称。

（6）table_or view_name：要更新行的表或视图的名称。

（7）SET：指定要更新的列或变量名称的列表。

（8）column_name：包含要更改的数据的列。column_name 必须已存在于 table_or view_name 中。不能更新标识列。

（9）Expression：返回单个值的变量、文字值、表达式或嵌套 select 语句（加括号）。expression 返回的值替换 column_name 或@variable 中的现有值。

（10）DEFAULT：指定用为列定义的默认值替换列中的现有值。如果该列没有默认值并且定义为允许 Null 值，则该参数也可用于将列更改为 NULL。

（11）udt_column_name：用户定义类型列。

（12）property_name | field_name：用户定义类型的公共属性或公共数据成员。

（13）method_name（argument [, ... n]）：带一个或多个参数的 udt_column_name 的非静态公共赋值函数方法。

（14）.WRITE（expression，@Offset，@Length）：

指定修改 column_name 值的一部分。expression 替换 @Length 单位（从 column_name 的 @Offset 开始）。只有 varchar（max）、nvarchar（max） 或 varbinary（max）列才能使用此子句来指定。column_name 不能为 NULL，也不能由表名或表别名限定。

（15）@ variable：已声明的变量，该变量将设置为 expression 所返回的值。

（16）<OUTPUT_Clause>：在 UPDATE 操作中，返回更新后的数据或基于更新后的数据的表达式。针对远程表或视图的任何 DML 语句都不支持 OUTPUT 子句。

（17）FROM <table_source>：指定将表、视图或派生表源用于为更新操作提供条件。

（18）WHERE：指定条件来限定所更新的行。

（19）<search_condition>：为要更新的行指定需满足的条件。

注意　　对行数据的更新应保证符合列定义的数据类型，且不应违反已定义的约束或规则。

【例 3-13】　使用简单的 UPDATE 语句。

```
USE 教学管理
UPDATE 课程 SET 学分=学分+1
```

本例将所有课程的学分加 1。

【例 3-14】　在 UPDATE 语句中使用 WHERE 子句。

```
UPDATE 课程 SET 学分=学分+1  WHERE 课程类别='必修'
```

本例将"课程"表中的所有"必修"课程的学分加 1。

3.4.3　数据删除

当数据表中的记录不再需要时，就可以将其删除。T-SQL 提供了两种删除现有表中数据的语句，分别是 DELETE 和 TRUNCATE TABLE 语句。

1. DELETE 语句

DELETE 语句可删除表或视图中的一行或多行，每一行的删除都将被记入事务日志。DELETE 语句的语法格式如下：

```
[ WITH <common_table_expression> [ ,...n ] ]
DELETE
    [ TOP ( expression ) [ PERCENT ] ]
    [ FROM ]
    [ server_name.database_name.schema_name.
     | database_name. [ schema_name ] .
     | schema_name.
    ]
    table_or_view_name
    [ <OUTPUT Clause> ]
    [ FROM <table_source> [ ,...n ] ]
    [ WHERE { <search_condition>} ]
```

各选项的含义如下。

（1）WITH <common_table_expression>：指定在 DELETE 语句作用域内定义的临时命名结果集，也称为公用表表达式。结果集源自 SELECT 语句。

（2）TOP（expression）[PERCENT]：指定将要删除的任意行数或任意行的百分比。expression 可以为行数或行的百分比。与 INSERT、UPDATE 或 DELETE 一起使用的 TOP 表达式中被引用行将不按任何顺序排列。

（3）FROM：可选的关键字，可用在 DELETE 关键字与目标 table_or_view_name 或 rowset_function_limited 之间。

（4）server_name：表或视图所在服务器的名称（使用链接服务器名称或 OPENDATASOURCE 函数作为服务器名称）。如果指定了 server_name，则需要 database_name 和 schema_name。

（5）database_name：数据库的名称。

（6）schema_name：该表或视图所属架构的名称。

（7）table_or view_name：要删除行的表或视图的名称。

（8）<OUTPUT_Clause>：将已删除行或基于这些行的表达式作为 DELETE 操作的一部分返回。

（9）FROM <table_source>：指定附加的 FROM 子句。这个对 DELETE 的 Transact-SQL 扩展允许从 <table_source> 指定数据，并从第一个 FROM 子句内的表中删除相应的行。这个扩展指定连接，可在 WHERE 子句中取代子查询来标识要删除的行。

（10）WHERE：指定用于限制删除行数的条件。如果没有提供 WHERE 子句，则 DELETE 删除表中的所有行。

（11）<search_condition>：指定删除行的限定条件。

【例 3-15】　不带参数使用 DELETE 命令删除所有行。

```
USE 教学管理
DELETE st1
```

本例删除 st1 表中的所有行。

DELETE 语句与 DROP TABLE 语句的功能区别。

【例 3-16】　带 WHERE 条件子句的 DELETE 语句，删除特定行。

```
USE 教学管理
DELETE FROM 课程 WHERE 课程编号='C607'
```

本例删除"课程"表中课程编号为"C607"的行。

2. TRUNCATE TABLE 语句

TRUNCATE TABLE 语句可一次删除表中的所有行。TRUNCATE TABLE 与不含有 WHERE 子句的 DELETE 语句在功能上相同。但是，TRUNCATE TABLE 速度更快，并且使用更少的系统资源和事务日志资源。

其语法格式如下：

```
TRUNCATE TABLE table_name
```

其中 table_name 是要清空的表的名称。

---

① DELETE 语句每次删除一行，就在事务日志中进行一次记录，而 TRUNCATE TABLE 通过释放存储表数据所用的数据页来删除数据，并且在事务日志中只记录页的释放。所以 TRUNCATE TABLE 比 DELETE 速度快，但使用 TRUNCATE TABLE 删除的行不可恢复，而使用 DELETE 语句删除的数据可以利用事物日志回滚恢复。

② TRUNCATE TABLE 删除表中的所有行，但表结构及其列、约束、默认值、触发器和索引等保持不变。

③ TRUNCATE TABLE 使对新行标识符列（IDENTITY）所用的计数值重置为该列的种子。如果想保留标识计数值，可改用 DELETE。

④ 对于被外键约束所引用的表，不能使用 TRUNCATE TABLE，而应使用不带 WHERE 子句的 DELETE 语句。由于 TRUNCATE TABLE 不记录行删除日志，所以它不能激活触发器。

【例 3-17】　使用 TRUNCATE TABLE 语句清空表。

```
TRUNCATE TABLE 课程
```

本例清空"课程"表中的所有数据。

习 题

一、选择题

1. 按表的用途来分，表可以分为（ ）两大类。
  - A. 数据表和索引表
  - B. 系统表和数据表
  - C. 用户表和非用户表
  - D. 系统表和用户表

2. 创建表的命令是（ ）。
  - A. CREATE DATABASE 表名
  - B. CREATE VIEW 表名
  - C. CREATE TABLE 表名
  - D. ALTER TABLE 表名

3. 在创建表的过程中，用来定义默认值的关键字是（ ）。
  - A. DISTINCT
  - B. UNIQUE
  - C. CHECK
  - D. DEFAULT

4. 要修改表名为 Table1 的字段 Field1 长度，原为 char（10）要求用 SQL 语句增加长度为 char（20），以下正确的语句是（ ）。
  - A. ALTER table Table1 ALTER Field1 char（20）
  - B. ALTER Table1 ALTER column Field1 char（20）
  - C. ALTER table Table1 ALTER column Field1 char（20）
  - D. ALTER column Field1 char（20）

5. 欲往表中增加一条记录，应该使用的 SQL 语句是（ ）。
  - A. ALTER TABLE
  - B. INSERT INTO TABLE
  - C. CREATE TABLE
  - D. DROP TABLE

6. 在 SQL 语句中，用来插入和更新数据的语句分别是（ ）。
  - A. INSERT，UPDATE
  - B. UPDATE，INSERT
  - C. DELETE，UPDATE
  - D. CREATE，INSERT INTO

7. 设计表时，身份证号为固定 18 个字符长度，对该字段最好采用（ ）数据类型。
  - A. int
  - B. char
  - C. varchar
  - D. text

8. 在已经创建好的表上添加一个外键，可使用 SQL 语句（ ）
  - A. ALTER TABLE 表名 ADD FOREIGN KEY（键名）REFERENCES 关联表（关联键名）
  - B. ALTER TABLE 表名 ADD PRIMARY KEY（键名）REFERENCES 关联表（关联键名）
  - C. ALTER 表名 ADD FOREIGN KEY（键名）REFERENCES（关联键名）
  - D. ALTER 表名 ADD PRIMARY KEY（键名）REFERENCES 关联表（关联键名）

二、填空题

1. SQL Server 中用于存放临时表、临时存储过程以及为其他临时操作提供存储空间的系统数据库是_____。

2. 创建、修改和删除表的 SQL 语句分别是_____table、_____table 和_____table。

3. 若要删除 mytable1 表的全部数据，数据删除后不可撤销，应使用语句_____。

4. SQL Server 中数据操作语句包括_____、_____、_____和 SELECT 语句。

三、问答题

1. SQL Server 2008 中表的类型有哪些？

2. 简述 TRUNCATE TABLE 和 DELETE 的异同？

3. 使用 T-SQL 完成如下操作，写出相关语句。

（1）创建 readers 表，其结构如表 3-9 所示。

表 3-9   readers 表的结构

列名	数据类型	大小	是否为空	说明
Id	int	4	N	编号（主键），自动增长（从 1，开始，自增量为 1）
Name	varchar	50	N	姓名
Phone	varchar	13	Y	电话

（2）对 readers 表进行如下修改：

① 修改 Phone 列为非空。

② 添加 Address 列，数据类型为 varchar（50）。

③ 修改 Address 列，将该列的数据类型更改为 varchar（100）。

第4章
索引与数据完整性

本章学习目标:
- 理解索引的概念。
- 掌握创建和管理索引的方法。
- 掌握数据完整性的概念及实现机制。

通常,在数据库中存储了大量的数据。为了快速地定位并查找到所需的数据,可以创建索引。数据库的索引类似书本的目录。利用目录无须翻阅整本书就可以直接定位到查阅的相关内容。类似地,利用索引使得数据库管理系统无须扫描整个表,就可以在表中查找到所需数据。在检索数据时,SQL Server 根据索引,可以快速有效地查找与键值关联的行。合理地利用索引,可以大大加快数据库的检索速度,即提高了数据库的数据管理性能。同时,由于数据库中数据表的数据之间具有一定的关联性,所以应该保证数据库中存放数据的正确性和一致性,即数据完整性。

4.1 索引概述

索引是一种物理结构。索引包含由表或视图中一个或多个列生成的键,以及映射到指定数据的存储位置的指针。一个表的存储是由两部分组成的:一部分是用来存放表的数据页面,另一部分是用于存放索引的索引页面。当进行数据检索时,系统先搜索索引页面,从中找到所需数据的指针,再通过指针直接从数据页面中读取数据。另外,还可以设置唯一性索引,除了具备索引功能外,其对键值唯一性的要求可以保证表数据行唯一的完整性。

4.1.1 索引的概念

1. 索引的概念

索引是与表或视图关联的物理结构,可以加快从表或视图中检索行的速度。索引包含由表或视图中的一列或多列生成的键。这些键存储在一个结构(B 树)中,使 SQL Server 可以快速有效地查找与键值关联的行。如果表数据发生变化,系统会自动维护表或视图的索引。

2. 使用索引

设计良好的索引可以减少磁盘 I/O 操作,并且消耗的系统资源也较少,从而可以提高查询性能。对于包含 SELECT、UPDATE 或 DELETE 语句的各种查询,索引会很有用。

索引一般由系统自动引用。SQL Server 2008 查询优化器是索引的主要使用者。执行查询时，查询优化器评估可用于检索数据的每个方法，然后选择最有效的方法。可能采用的方法包括扫描表和扫描一个或多个索引。如果没有索引，则查询优化器必须扫描表。扫描表时，查询优化器读取表中的所有行，并提取满足查询条件的行。扫描表会有许多磁盘 I/O 操作，并占用大量资源。如果查询的结果集是占表中较高百分比的行，扫描表会是最为有效的方法。查询优化器使用索引时，搜索索引键列，查找到查询所需行的存储位置，然后从该位置提取匹配行。通常，搜索索引比搜索表要快得多，因为索引与表不同，一般每行包含的列非常少，且行遵循排序顺序。

4.1.2　索引的分类

根据是否按数据行的键值在表或视图中排序和存储这些数据行，SQL Server 2008 的表或视图有以下两类索引。

1. 聚集

聚集索引（聚簇索引）基于聚集索引键按顺序排序和存储表或视图中的数据行。索引定义中包含聚集索引列。每个表只能有一个聚集索引，因为数据行本身只能按一个顺序排序。聚集索引按 B 树索引结构实现，B 树索引结构支持基于聚集索引键值对行进行快速检索。

2. 非聚集

非聚集索引（非聚簇索引）具有独立于数据行的结构。非聚集索引包含非聚集索引键值，并且每个键值项都有指向包含该键值的数据行的指针。

当表具有聚集索引，该表称为聚集表。只有当表包含聚集索引时，表中的数据行才按排序顺序存储。如果表没有聚集索引，则其数据行存储在一个称为堆的无序结构中。非聚集索引中的每个索引行都包含非聚集键值和行定位器。行定位器的结构取决于数据页是存储在堆中还是聚集表中。对于堆，行定位器是指向行的指针；对于聚集表，行定位器是聚集索引键。

索引中的行按索引键值的顺序存储，但是不保证数据行按任何特定顺序存储，除非对表创建聚集索引。聚集索引和非聚集索引都可以是唯一的。这意味着数据表任何两行都不能有相同的索引键值。索引也可以不是唯一的，即数据表多行可以共享同一索引键值。

在 SQL Server 2008 中还包括以下几种可用索引。

① 唯一索引：确保索引键不包含重复的值，因此，表或视图中的每一行在某种程度上是唯一的。聚集索引和非聚集索引都可以是唯一索引。

② 包含性列索引：一种非聚集索引，它扩展后不仅包含键列，还包含非键列。

③ 索引视图：视图的索引将具体化（执行）视图，并将结果集永久存储在唯一的聚集索引中，而且其存储方法与带聚集索引的表的存储方法相同。创建聚集索引后，可以为视图添加非聚集索引。

④ 全文索引：一种特殊类型的基于标记的功能性索引，由 Microsoft SQL Server 全文引擎（MSFTESQL）服务创建和维护。用于帮助在字符串数据中搜索复杂的词。

⑤ 空间索引：SQL Server 2008 支持空间数据，如平面空间数据类型 geometry，该数据类型支持欧几里得坐标系统中的几何数据（点、线和多边形）。geography 数据类型表示地球表面某区域上的地理对象，如一片陆地。geography 列的空间索引会将地理数据映射到二维非欧几里得空间。空间索引是对包含空间数据的表列（"空间列"）定义的。每个空间索引指向一个有限空间。例如，geometry 列的索引指向平面上用户指定的矩形区域。

⑥ 筛选索引：一种经过优化的非聚集索引，尤其适用于涵盖从定义完善的数据子集中选择数据的查询。筛选索引使用筛选谓词对表中的部分行进行索引。与全表索引相比，设计良好的筛选索引可以提高查询性能、减少索引维护开销并可降低索引存储开销。

⑦ XML 索引：XML 数据类型列中 XML 二进制大型对象（BLOB）的已拆分持久表示形式。

4.2　索引的操作

索引的操作包括创建索引、修改索引和删除索引。

4.2.1　创建索引

在创建索引之前，应根据使用需要设计索引。设计索引应考虑以下准则。

① 根据需要为表设置索引，避免对经常更新的表进行过多的索引，列要尽可能少。因为在表中的数据更改时，所有索引都须进行适当的调整。

② 为经常用于查询中的谓词和连接条件的所有列创建非聚集索引。

③ 对于聚集索引，应设置较短索引键的长度。

④ 不能将 ntext、text、image、varchar（max）、nvarchar（max）和 varbinary（max）数据类型的列指定为索引键列。

⑤ 通常情况下，不要为包含很少唯一值的列创建索引，在这样的列上执行连接将导致查询长时间地运行。

⑥ 如果索引包含多个列，应考虑列的顺序。用于等于（＝）、大于（＞）、小于（＜）或 BETWEEN 搜索条件的 WHERE 子句或者参与连接的列应该放在最前面，其他列应该基于其非重复级别进行排序，即从最不重复的列到最重复的列。

⑦ xml 数据类型的列只能在 XML 索引中用作键列。

⑧ 考虑对计算列进行索引。

在确定某一索引适合某一查询之后，还需设置索引的属性是聚集还是非聚集、唯一还是非唯一、单列还是多列、索引中的列是升序排序还是降序排序。

创建索引的方法如下。

1. 对表列定义 PRIMARY KEY 约束或 UNIQUE 约束

对表列定义 PRIMARY KEY 约束或者设置 UNIQUE 约束，系统会自动创建索引。例如，在"学生"表中设置了学号为主键，查看索引可以看到系统自动在学号字段上设置了唯一性索引。

2. 使用 SQL Server 2008 Management Studio 管理平台创建索引

首先在"对象资源管理器"中选择好要创建索引的表，展开该表，在该表的索引对象上单击鼠标右键，显示图 4-1 所示的弹出菜单。

然后，选择"新建索引"命令，在出现的"新建索引"窗口中输入新建索引的名称、索引类型、唯一性等各项参数，并单击"添加"按钮添加表列到索引。在"学生"表上以专业名称作为键列创建一个非聚集索引 new_index，如图 4-2 所示。

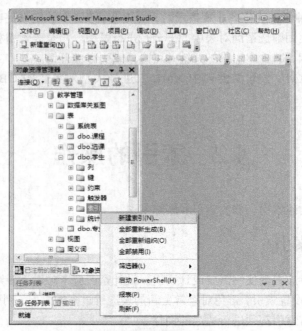

图 4-1　索引的快捷菜单

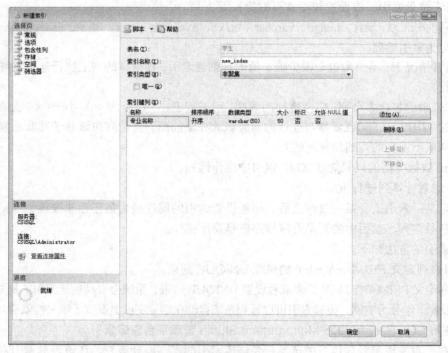

图 4-2　"新建索引"对话框

3. 使用 T-SQL 语句创建索引

创建索引的 T-SQL 语句语法格式如下：

```
CREATE [ UNIQUE ] [ CLUSTERED | NONCLUSTERED ] INDEX index_name
    ON [ database_name. [ schema_name ] . | schema_name. ] table_or_view_name
    ( column [ ASC | DESC ] [ ,...n ] )
```

各选项的含义如下：

（1）UNIQUE：为表或视图创建唯一索引。唯一索引不允许两行具有相同的索引键值。视图的聚集索引必须唯一。

（2）CLUSTERED：创建索引时，键值的逻辑顺序决定表中对应行的物理顺序。聚集索引的底层（或称叶级别）包含该表的实际数据行。一个表或视图只允许同时有一个聚集索引。如果没有指定 CLUSTERED，则创建非聚集索引。

（3）NONCLUSTERED：创建一个指定表的逻辑排序的索引。对于非聚集索引，数据行的物理排序独立于索引排序。

（4）index_name：索引的名称。索引名称在表或视图中必须唯一，但在数据库中不必唯一。索引名称必须符合标识符的规则。

（5）database_name：数据库的名称。

（6）schema_name：该表或视图所属架构的名称。

（7）column：索引所基于的一列或多列。指定两个或多个列名，可为指定列的组合值创建组合索引。在 table_or_view_name 后的括号中，按排序优先级列出组合索引中要包括的列。

（8）[ASC | DESC]：确定特定索引列的升序或降序排序方向。默认值为 ASC。

【例 4-1】　按"学生"表的"姓名"列建立非聚集索引。

```
CREATE NONCLUSTERED INDEX name_index ON 学生（姓名）
```

4.2.2　查看与修改索引

可以通过 SQL Server 2008 管理平台来查看表中的索引，也可通过 T-SQL 语句来查看索引。

1. 用 SQL Server 管理平台查看修改索引

在 SQL Server 管理平台中选择数据库，展开要查看索引的表，选择"索引"对象，在工作界面的右边将会列出该表的所有索引。如图 4-3 所示，"学生"表中包含主键索引和例 4-1 创建的 name_index 索引。

图 4-3　查看索引

如果需要查看索引的具体属性，可以在要查看的索引上单击鼠标右键，出现索引的快捷菜单，如图 4-4 所示。在快捷菜单中选择"属性"命令，将弹出图 4-5 所示的"索引属性"对话框。在该窗口中可以查看、修改索引的相关列和属性。要注意的是，在该对话框中不能修改索引的名称。要修改索引的名称，可以在图 4-4 所示的该索引的快捷菜单中选择"重命名"命令。

图 4-4　索引的快捷菜单

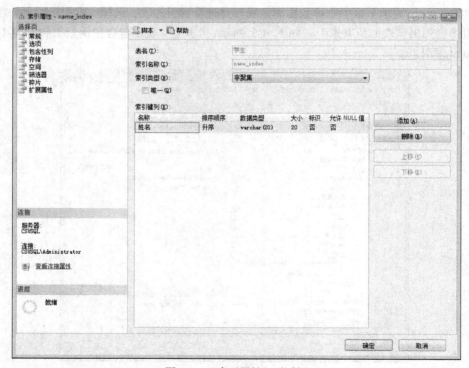

图 4-5　"索引属性"对话框

2. 使用 T-SQL 语句查看索引

sp_helpindex 系统存储过程可以返回表中的所有索引信息。其语法格式如下：

```
sp_helpindex [@objname]='name'
```

其中[@objname]='name'子句为指定当前数据库中的表的名称。

【例 4-2】 查看"学生"表上的索引。

```
USE 教学管理
GO
EXEC sp_helpindex 学生
GO
```

运行结果如图 4-6 所示。

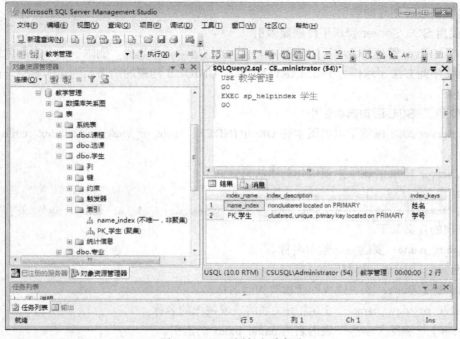

图 4-6　T-SQL 语句查看索引

3. 使用系统存储过程更改索引名称

其语法格式如下：

```
sp_rename [ @objname = ] 'object_name' , [ @newname = ] 'new_name'
  [ , [ @objtype = ] 'object_type' ]
```

各选项的含义如下。

（1）[@objname =] 'object_name'：用户对象或数据类型的当前限定或非限定名称。如果要重命名的对象是表中的列，则 object_name 的格式必须是 table.column。如果要重命名的对象是索引，则 object_name 的格式必须是 table.index。

（2）[@newname =] 'new_name'：指定对象的新名称。new_name 必须是名称的一部分，并且必须遵循标识符的规则。newname 的数据类型为 sysname，无默认值。

（3）[@objtype =] 'object_type'：要重命名的对象的类型。object_type 的数据类型为 varchar（13），默认值为 NULL，可取 COLUMN（要重命名的列）、DATABASE（用户定义数据库）、INDEX

（用户定义索引）。

【例 4-3】 更改"学生"表中索引 name_idx 名称为 student_name_index。

```
USE 教学管理
EXEC sp_rename '学生.name_index','student_name_index','index'
```

4.2.3 删除索引

索引会影响 INSERT、UPDATE 和 DELETE 语句的执行速度，如果索引阻碍系统整体性能或者不再需要该索引，则可将其删除。删除索引后，系统所获得的空间可用于数据库中任何对象。

对于由主键约束或 UNIQUE 约束创建的索引，只有先删除约束，才能删除对应的索引。在删除一个聚集索引时，该表上的所有非聚集索引自动重建。删除表或视图时，将自动删除为永久性和临时性视图或表创建的索引。

1. 使用 SQL Server 管理平台删除索引

在 SQL Server 管理平台中可以从图 4-4 所示的快捷菜单中选择"删除"命令来删除索引。注意，不能使用此方法删除作为 PRIMARY KEY 或 UNIQUE 约束的结果而创建的索引，而必须先删除该约束。

2. 使用 T-SQL 语句删除索引

SQL Server 2008 保留了以前版本的 DROP INDEX　table_or_view_name.index_name，以便向后兼容。

SQL Server 2008 的删除索引语句的语法格式如下：

```
DROP INDEX  index_name [, …n ]
ON [ database_name. [ schema_name ] . | schema_name. ] table_or_view_name
```

各选项的含义如下。

① index_name：要删除的索引名称。

② database_name：数据库的名称。

③ schema_name：该表或视图所属架构的名称。

④ table_or_view_name：与该索引关联的表或视图的名称。

【例 4-4】 删除"学生"表内名为 name_index 的索引。

```
USE 教学管理
IF Exists (SELECT name FROM sys.indexes
WHERE name = 'student_name_index')
DROP INDEX student_name_index ON 学生
GO
```

① DROP INDEX 语句不能用于系统表。

② 用 CREATE INDEX 创建的索引可以用 DROP INDEX 删除。创建 PRIMARY KEY 或 UNIQUE 约束时创建的索引不能使用 DROP INDEX 来删除。应使用 ALTER TABLE DROP CONSTRAINT 语句删除。

【例 4-5】 删除"选课"表的主键约束（pk_选课）索引。

```
ALTER TABLE 选课
    DROP CONSTRAINT  pk_选课
GO
```

4.3　实施数据完整性

在数据库系统中应存储正确合理的数据，同时应尽量减少数据的冗余，又要保证数据的共享性。保证数据的正确性、有效性和一致性就是实施数据的完整性的要求。具体来讲，完整性约束就是通过逻辑表达式来定义列的有效值，通过建立表间关系确保一个表中的数据改动不会使另一个表中的数据失效。数据库数据的完整性包括 4 种类型：实体完整性、域完整性、参照完整性和用户自定义完整性。

实体完整性是指一个表中的每一条记录必须唯一，且不能为空。为保证实体完整性，每个表需指定一列或多列作为它的主键。主键能够确保该数据表中没有重复记录。一个表只能设置一个主键。可以通过索引、UNIQUE 约束、PRIMARY 约束和 IDENTITY 属性等实现实体完整性。

域完整性是指限制字段的值域，用于保证表列的任何值都在该值域的取值范围。字段的值域在用户设置了以后，由 SQL Server 2008 自动保证实施。一般通过 FOREIGN KEY 约束、CHECK 约束、DEFAULT 定义、NOT NULL 定义和规则保证域完整性。

参照完整性属于表间规则，定义了某个数据库中一个表（主表）中主键与另一个表（从表）外键之间的关系。若主键和外键属于同一表内，则称为自参照完整性。参照完整性要求外键的取值必须参照或引用主键的取值范围。只要依赖于某主键的外键值存在（参照完整性关系存在），主表中该主键的值就不能任意删除和修改，除非主键和外键之间建立了级联删除和级联修改。SQL Server 2008 以 FOREIGN KEY、CHECK 约束和触发器等实施参照完整性。

用户自定义完整性是指用户可以针对具体业务逻辑的数据规则，设置完整性约束以防止用户输入不符合要求的数据。用户自定义完整性一般通过 CREATE TABLE 中的所有列级和表级约束、存储过程和触发器等实现。

在 SQL Server 2008 中提供了完善的数据完整性机制，这里主要介绍通过使用规则、默认值和约束来保证数据库数据的完整性。

4.3.1　使用规则实施数据完整性

规则（Rule）是数据库中用来限制数据字段或用户定义数据类型中的值的范围，实现强制数据的域完整性。

规则应先定义后使用，是独立于表之外的数据库对象。规则只需要创建一次，以后可以多次使用，可以应用于多个表。规则与其作用的表或用户定义数据类型是相互独立的，即表或用户定义对象的删除、修改不会对与之相连的规则产生影响。

规则的管理主要包括创建、查看、绑定、解绑和删除等操作。

1. 创建规则

创建规则只能通过 T-SQL 的 CREATE RULE 语句，不能使用 SQL Server 管理平台工具创建，CREATE RULE 语法格式如下：

```
CREATE RULE rule_name AS condition_expression
```

其中 condition_expression 子句是规则的定义。condition_expression 子句可以是能用于 WHERE 条件子句的任何表达式，它可以包含算术运算符、关系运算符和谓词（如 IN、LIKE、BETWEEN 等）。

condition_expression 子句中的表达式的变量必须以字符 "@" 开头，通常情况下，该变量的名称应与规则所关联的列或用户定义的数据类型具有相同的名字。

【例 4-6 】 创建课程类别规则 course_rule。

```
CREATE RULE course_rule
AS @sort='选修' OR @sort='必修'
```

本例限定绑定该规则的列的取值只能为 "选修" 或 "必修"。

【例 4-7 】 创建学分规则 credit_rule。

```
CREATE RULE credit_rule
AS @value>0
```

本例限定绑定该规则的列只能取大于 0 的值。

【例 4-8 】 创建字符规则 my_character_rule。

```
CREATE RULE my_character_rule
AS @value like '[a-f]%[0-9]'
```

本例创建的规则 my_character_rule 为模式规则，它限定绑定的列所接受的字符串必须以 a～f 的字母开头，以 0～9 的数字结尾。

2. 查看规则

使用系统存储过程 sp_helptext 可以查看规则，或在 SQL Server 管理平台中，在 "可编程性" 节点下的 "规则" 选项中选中要查看的规则名称，单击鼠标右键，在弹出的菜单中选择 "编写规则脚本为" → "CREATE 到" → "新查询编辑器窗口" 命令来查看规则。

sp_helptext 语法如下：

```
sp_helptext [@objname=]'name'
```

其中[@objname=]'name'子句指明对象的名称，用 sp_helptext 存储过程查看的对象可以是当前数据库中的规则、默认值、触发器、视图或未加密的存储过程。

【例 4-9 】 查看规则 course_rule 的文本信息。

```
EXEC sp_helptext course_rule
```

运行结果如图 4-7 所示。

3. 绑定规则

要使创建好的规则作用到指定的表或列，还需将规则绑定到列或用户定义的数据类型上。

图 4-7 course_rule 的文本信息

利用系统存储过程 sp_bindrule 绑定一个规则到表的一个列或一个用户定义数据类型上。其语法格式如下：

```
sp_bindrule [@rulename =] 'rule',
[@objname =] 'object_name'
[, [ @futureonly=] 'futureonly' ]
```

各选项的含义如下。

① [@rulename =] 'rule'：指定规则名称。

② [@objname =] 'object_name'：指定规则绑定的对象，可以是表的列或用户定义数据类型。如果是表的某列，则 object_name 采用格式 table.column 书写，否则认为它是用户定义数据类型。

③ [@futureonly=] 'futureonly'：此选项仅在绑定规则到用户定义数据类型上时才可以使用。当指定此选项时，仅以后使用此用户定义数据类型的列会应用新规则，而当前已经使用此数据类型的列则不受影响。

【例 4-10】　将例 4-6 创建的规则 course_rule 绑定到"课程"表的课程类别列上。

```
EXEC sp_bindrule course_rule, '课程.课程类别'
```

运行结果如下：

已将规则绑定到表的列上。

【例 4-11】　将例 4-7 创建的规则 credit_rule 绑定到"课程"表的学分列上。

```
EXEC sp_bindrule credit_rule, '课程.学分'
```

运行结果如下：

已将规则绑定到表的列上。

① 规则对已经输入表中的数据不起作用。

② 规则所指定的数据类型必须与所绑定的对象的数据类型一致，且规则不能绑定一个数据类型为 text、image 或 timestamp 的列。

③ 与表的列绑定的规则优先于与用户定义数据类型绑定的列，因此，如果表的列的数据类型与规则 A 绑定，同时列又与规则 B 绑定，则以规则 B 为列的规则。

④ 可以直接用一个新的规则来绑定列或用户定义数据类型，而不需要先将其原来绑定的规则解除，系统会将原规则覆盖。

4. 解绑规则

如果输入的数据不再需要受规则的限定时，应当将已绑定的规则去掉，即解绑规则。

系统存储过程 sp_unbindrule 可用于解除规则与列或用户定义数据类型的绑定，其语法格式如下：

```
sp_unbindrule [@objname =] 'object_name'
[, [ @futureonly = ] 'futureonly' ]
```

参数的含义与 sp_bindrule 相同。其中，'futureonly'选项指定现有的由此用户定义数据类型定义的列仍然保持与此规则的绑定。如果不指定此项，所有由此用户定义数据类型定义的列也将随之解除与此规则的绑定。

【例 4-12】　解除例 4-10 和例 4-11 绑定在"课程"表的课程类别列和学分列上的规则。

```
EXEC sp_unbindrule '课程.课程类别'
```

运行结果如下：

已解除了表列与规则之间的绑定。

```
EXEC sp_unbindrule '课程.学分'
```

运行结果如下：

已解除了数据类型与规则之间的绑定。

5. 删除规则

当规则不再作用于数据库的任何表和字段时，可以将其删除。

若在 SQL Server 管理平台中操作，在"可编程性"节点下的"规则"选项中可以选择规则对象，单击鼠标右键，从快捷菜单中选择"删除"命令删除规则。也可以使用 DROP RULE 语句删除当前数据库中的一个或多个规则。其语法格式如下：

```
DROP RULE {rule_name} [,…n]
```

在删除一个规则前，必须先将与其绑定的对象解除绑定。

【例 4-13】 删除例 4-6 和例 4-7 中创建的规则。

```
DROP RULE course_rule,credit_rule
```

4.3.2 使用默认值实施数据完整性

默认值是一种数据库对象。默认值在数据库中定义一次，就可以被多次应用在数据库表的一列或多列上，还可以应用于用户自定义的数据类型上。

对默认值对象的操作主要包括创建、查看、绑定、解绑和删除等。

1. 创建默认值

和规则一样，默认值对象的创建只能使用 T-SQL 语句 CREATE DEFAULT 来创建，其语法格式如下：

```
CREATE DEFAULT default_name AS constant_expression
```

其中，constant_expression 是默认值的定义，为一常量表达式，可以使用数学表达式或函数等，但不能包含表的列名或其他数据库对象。

【例 4-14】 创建默认值 nationality_default。

```
CREATE DEFAULT nationality_default AS '汉族'
```

2. 查看默认值

使用 sp_helptext 系统存储过程可以查看默认值的细节。

【例 4-15】 查看默认值 nationality_default。

```
EXEC sp_helptext nationality_default
```

运行结果如图 4-8 所示。

图 4-8　sp_helptext 查看默认值细节

3. 绑定默认值

默认值在创建后还只是一个存在于数据库中的对象。使用默认值类似于使用规则，需要将默认值与数据库表的列或用户定义对象绑定。

系统存储过程 sp_bindefault 可以绑定一个默认值到表的一个列或一个用户定义数据类型上。其语法格式如下：

```
sp_bindefault [@defname =] 'default',
  [@objname =] 'object_name'
  [, [ @futureonly=] 'futureonly' ]
```

其中，"futureonly"选项仅在绑定默认值到用户定义数据类型上时才可以使用。当指定此选项时，仅以后使用此用户定义数据类型的列会应用新默认值，而当前已经使用此数据类型的列则不受影响。

【例 4-16】　绑定默认值 nationality_defalt 到"学生"表的"民族"列上。

```
EXEC sp_bindefault nationality_defalt,'学生.民族'
```

运行结果如下：

已将默认值绑定到列。

4. 解绑默认值

当表的列或用户定义数据类型不再需要绑定默认值时，应解除它们之间的绑定。

系统存储过程 sp_unbindefault 可以解除默认值与表的列或用户定义数据类型的绑定，其语法格式如下：

```
sp_unbindefault [@objname =] 'object_name'
  [, [ @futureonly=] 'futureonly' ]
```

其中，"futureonly"选项同绑定时一样，仅用于用户定义数据类型，它指定现有的用此用户定义数据类型定义的列仍然保持与此默认值的绑定。如果不指定此项，所有由此用户定义数据类型定义的列也将随之解除与此默认值的绑定。

【例 4-17】　解除默认值 nationality_defalt 与"学生"表的"民族"列的绑定。

```
EXEC sp_unbindefault '学生.民族'
```

运行结果如下：

已解除了表列与其默认值之间的绑定。

① 如果列同时绑定了一个规则和一个默认值，那么默认值应该符合规则的规定。
② 不能绑定默认值到一个用 CREATE TABLE 或 ALTER TABLE 语句创建或修改表时用 DEFAULT 选项指定了默认值的列上。

5. 删除默认值

数据库中不再需要使用的默认值，应该将其删除，以释放空间用于其他数据库对象。

可以在 SQL Server 管理平台中进行相应操作或利用 T-SQL 语句删除默认值。在 SQL Server 管理平台中，在"可编程性"节点下的"默认值"选项中以鼠标右键单击默认值对象，从出现的快捷菜单中选择"删除"命令删除默认值；也可以使用 DROP DEFAULT 语句删除当前数据库中的一个或多个默认值。

删除默认值的 T-SQL 语句的语法格式如下：

```
DROP DEFAULT {default_name} [,…n]
```

在删除一个默认值前必须先对绑定了该默认值的对象解除绑定。

【例 4-18】 删除默认值 nationality_defalt。

```
DROP DEFAULT nationality_defalt
```

4.3.3 使用约束实施数据完整性

在创建数据表时，定义列的数据类型以限定录入的数据。约束是在数据类型限制的基础上对输入的数据进一步限制。约束定义关于列中允许值的规则，SQL Server 通过限制列中数据、行中数据和表之间数据来保证数据的完整性。使用约束优先于使用触发器、规则和默认值。SQL Server 2008 为了保证数据完整性共提供了 6 种约束：主键（PRIMARY KEY）约束、外键（FOREIGN KEY）约束、非空值（NOT NULL）约束、唯一性（UNIQUE）约束、检查（CHECK）约束、默认（DEFAULT）约束。

1. 主键（PRIMARY KEY）约束

通常，在表中有一列或多列的组合能唯一标识表中每一行，可以将这样的一列或多列的组合设置为表的主键（PRIMARY KEY）。表中能唯一标识行的列或列的组合可能不止一种，但只能选择一种作为表的主键。在一个表中，不能有两行包含相同的主键值，主键的值不能为 NULL。例如，"学生"表的"学号"列可以选作主键。

当创建或更改表时可通过定义主键约束来创建主键。如果一个表的主键由单列组成，则该主键约束可以定义为该列的列级约束或者表级约束。如果主键由两个以上的列组成，则该主键约束必须定义为表级约束。

定义列级主键约束的语法格式如下：

```
[CONSTRAINT constraint_name]
PRIMARY KEY [CLUSTERED|NONCLUSTERED]
```

定义表级主键约束的语法格式如下：

```
[CONSTRAINT constraint_name]
PRIMARY KEY [CLUSTERED|NONCLUSTERED]
{ (column_name [, …n ] )}
```

各选项的含义如下。

① constraint_name：指定约束的名称。如果不指定，则系统会自动生成一个约束名。

② [CLUSTERED|NONCLUSTERED]：指定索引类别，即聚集索引或非聚集索引，CLUSTERED 为默认值表示聚集索引。聚集索引只能通过删除 PRIMARY KEY 约束或其相关表的方法进行删除，而不能通过 DROP INDEX 语句删除。

③ column_name：指定组成主键的列名。n 最大值为 16。

【例 4-19】 为"选课"表增加主键约束，设置"学号"和"课程编号"的组合为主键。

```
ALTER TABLE 选课
ADD
CONSTRAINT PK_st_id_course_id  PRIMARY KEY (学号,课程编号)
```

① 一个表只能包含一个 PRIMARY KEY 约束。

② 在 PRIMARY KEY 约束中定义的所有列都必须定义为 NOT NULL。如果没有指定为空性，则系统自动将其将设置为 NOT NULL。

③ 如果没有为 PRIMARY KEY 约束指定 CLUSTERED 或 NONCLUSTERED，并且没有为 UNIQUE 约束指定聚集索引，则将对该 PRIMARY KEY 约束自动为 CLUSTERED。

2．外键（FOREIGN KEY）约束

外键约束也称为外部关键字约束。外键约束定义了表与表之间的关系。外键用于建立和加强两个表的数据之间的连接，通过它可以强制参照完整性。

当一个表中的主键所包括的一列或多列的组合出现在其他表中，且定义相同，就可以将这些列或列的组合定义为外键。FOREIGN KEY 约束也可引用同一表中的其他列，称为自引用。

例如，"教学管理"数据库中的"学生"表、"课程"表、"选课"表这 3 个表之间存在以下逻辑联系："选修"表中"学号"必须是"学生"表的"学号"列中的某一个值，因为选修了课程的学生应该是已注册登记在"学生"表中的学生；"选课"表中的"课程编号"列的值必须是"课程"表的"课程编号"列中的某一个值，因为被选修的课程应该是"课程"表中包含的课程。因此，在"选课"表上应建立两个外键约束 FK_学生和 FK_课程来限制"选课"表的"学号"列和"课程编号"列的值必须分别来自"学生"表的"学号"列及"课程"表的"课程编号"列。图 4-9 所示的关系图说明了这 3 个表之间的联系。

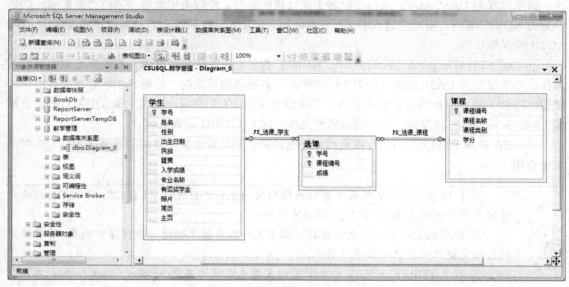

图 4-9　学生、选课和课程 3 个表之间的联系

如果要求当主键表中数据的变化时，外键表中相应数据也能做相同的更新操作，则应设置级联操作。SQL Server 提供了两种级联操作以保证数据完整性，即级联删除和级联修改。当主键表中某行被删除时，外键表中所有有相关行（外键值与被删除行的主键值相同的行）将相应被删除，此为级联删除。当主键表中某行的键值被修改时，外键表中出现了该键值的相关行的外键值也将被自动修改为新值，此为级联修改。例如，若在"课程"表中删除某门课程或更改了该课程的课程编号，那么应同步变更该课程在"选课"表中被选修的记录。

在 SQL Server 创建和修改表时，可通过定义 FOREIGN KEY 约束来创建外键。外键约束与主键约束相同，也分为表约束与列约束。

定义表级外键约束的语法格式如下：

```
[CONSTRAINT constraint_name]
 FOREIGN KEY (column_name [, …n ])
 REFERENCES ref_table [(ref_column [, …n] )]
[ ON DELETE { CASCADE|NO ACTION } ]
```

```
[ ON UPDATE { CASCADE|NO ACTION } ] ]
[ NOT FOR REPLICATION ]
```

定义列级外键约束的语法格式如下：

```
[CONSTRAINT constraint_name]
[FOREIGN KEY]
 REFERENCES ref_table
[ NOT FOR REPLICATION ]
```

各选项的含义如下：

① REFERENCES：指定要建立关联的表的信息。

② ref_table：指定要建立关联的表的名称。

③ ref_column：指定要建立关联的表中的相关列的名称。

④ n：指定组成外键的列数，最多由 16 列组成。

⑤ ON DELETE {CASCADE|NO ACTION}：指定在删除表中数据时，对关联表做级联删除操作。如果设置为 CASCADE，则当主键表中某行被删除时，外键表中所有相关行将被删除；如果设置为 NO ACTION，则当主键表中某行被删除时，SQL Server 将报错，并回滚该删除操作。NO ACTION 是默认值。

⑥ ON UPDATE {CASCADE|NO ACTION}：指定在更新表中数据时，对关联表做级联修改操作。如果设置为 CASCADE，则当主键表中某行的键值被修改时，外键表中所有相关行的该外键值也将被 SQL Server 自动修改为新值；如果设置为 NO ACTION，则当主键表中某行的键值被修改时，SQL Server 将报错，并回滚该修改操作。NO ACTION 是默认值。

⑦ NOT FOR REPLICATION：指定列的外键约束在把从其他表中复制的数据插入到表中时不发生作用。

① FOREIGN KEY 约束只能引用所引用的表的 PRIMARY KEY 或 UNIQUE 约束中的列或所引用的表上 UNIQUE INDEX 中的列。

② FOREIGN KEY 约束仅能引用位于同一服务器上的同一数据库中的表。跨数据库的引用完整性必须通过触发器实现。

③ 仅当 FOREIGN KEY 约束引用的主键也定义为类型 varchar（max） 时，才能在此约束中使用类型为 varchar（max） 的列。

④ 对于临时表不强制 FOREIGN KEY 约束。

【例 4-20】 为"选课"表增加两个外键约束，"学号"字段参照引用"学生"表的"学号"字段，"课程编号"参照引用"课程"表的"课程编号"字段。

```
ALTER TABLE 选课
ADD
CONSTRAINT FK_st_id FOREIGN KEY (学号)
        REFERENCES 学生(学号),
CONSTRAINT FK_course_id FOREIGN KEY (课程编号)
        REFERENCES 课程(课程编号)
```

3. 非空值（NOT NULL）约束

由非空值约束限制的数据列不能为空。当表数据发生变化时，比如添加新的记录、更新记录的字段，对于有非空值约束的字段必须给出确定的值。例如，如果"课程"表的"课程名称"列定义为非空值约束，则当录入或修改课程记录时必须包含课程的课程名称字段内容。

使用 T-SQL 语句设置 NOT NULL 约束的语句格式如下：

```
ALTER COLUMN 列名 数据类型 NOT NULL
```

【例 4-21】　为"课程"表的"课程名称"字段设置非空值约束。

```
ALTER TABLE 课程 ALTER COLUMN 课程名称 varchar（30） NOT NULL
```

 ① NULL 不是零或空白。NULL 表示没有生成任何项或没有提供显式 NULL，通常暗指该值未知或不可用。

② 如果该列是计算列，则其为空时由数据库引擎自动确定。

4. 唯一性（UNIQUE）约束

唯一性约束限制约束的列在表的范围内不允许有两行包含相同的非空值。唯一性约束指定的列可以有 NULL 属性，但不允许有一行以上的值同时为空。

（1）在对象资源管理器中创建唯一性约束

在"对象资源管理器"中，鼠标右键单击要向其添加唯一约束的表，选择"设计"命令，在表设计器中打开该表。在"表设计器"菜单中，单击"索引/键"按钮。在"索引/键"对话框中，单击"添加"按钮。在网格中单击"常规"→"类型"项，再从属性右侧的下拉列表框中选择"是唯一的"为"是"，如图 4-10 所示。保存表时，即会在数据库中创建该唯一约束。

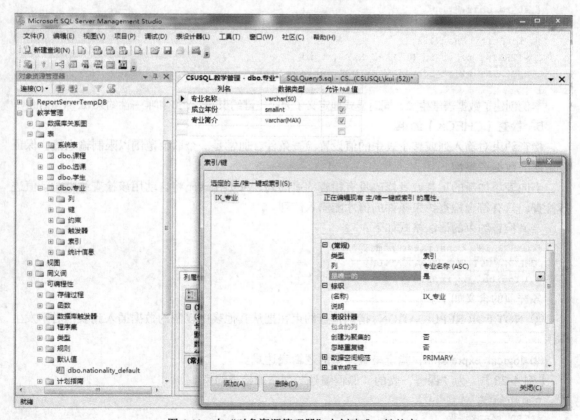

图 4-10　在"对象资源管理器"中创建唯一性约束

（2）使用 T-SQL 语句创建唯一性约束

定义列级唯一性约束的语法格式如下：

```
[CONSTRAINT constraint_name]
 UNIQUE [CLUSTERED|NONCLUSTERED]
```

唯一性约束应用于多列时的定义格式如下：

```
[CONSTRAINT constraint_name]
UNIQUE [CLUSTERED|NONCLUSTERED]
(column_name [, …n ])
```

参数的含义与主键约束的参数含义相同。

① 唯一性约束用于限定非主键的一列或列组合的取值不重复。

② 一个表可以定义多个唯一性约束，但只能定义一个主键约束。

③ 主键约束不能用于定义允许空值的列，在允许空值的列中可以强制唯一性。但向允许空值的列附加唯一性约束时，须确保在所约束的列中最多只有一行包含空值。

④ 每个 UNIQUE 约束都生成一个索引。

⑤ 如果没有为 UNIQUE 约束指定 CLUSTERED 或 NONCLUSTERED，则默认使用 NONCLUSTERED。

【例 4-22】 创建数据表学生_2，要求学生身份证号 st_identity 具有唯一性。

```
CREATE TABLE 学生_2
( st_id Char(8),
st_name Char(10),
st_identity Char(18),
CONSTRAINT pk_st_id PRIMARY KEY (st_id),
CONSTRAINT uk_st_identity UNIQUE (st_identity)
)
```

本例创建了数据表学生_2，同时显式地定义了表级主键约束 pk_st_id 和唯一性约束 uk_st_identity。

5. 检查（CHECK）约束

检查约束对输入列或整个表中的值设置检查条件，通常是一个取值范围以限制输入值，保证数据库的数据完整性。

当向表添加新的记录或者修改具有检查约束的列，SQL Server 将自动用该检查约束对新值进行检查，只有符合检查约束条件的值才能输入该列。

定义检查约束的语法格式如下：

```
[CONSTRAINT constraint_name]
 CHECK [NOT FOR REPLICATION]
   (logical_expression)
```

各选项的含义如下。

① NOT FOR REPLICATION：指定检查约束在把从其他表中复制的数据插入到表中时不发生作用。

② logical_expression：指定检查约束的逻辑表达式。

【例 4-23】 为"课程"表的"课程编号"列添加检查约束。

```
USE 教学管理
ALTER TABLE 课程
WITH NOCHECK
ADD CONSTRAINT course_number
CHECK(课程编号 LIKE 'C[0-9][0-9][0-9]')
```

本例中，LIKE 后面的字符串是两个用来进行模糊匹配的模板，其中要求课程编号的首字符为 "C"，[]用来指定一个范围内的单个字符，[0-9]表示只接受 0～9 这 10 个数字字符中的一个。本例中定义的检查约束使用一个模板字符串以确保课程编号字段只接受形如 "C902" 的字符串数据。利用 WITH NOCHECK 来防止对现有行验证约束，从而允许在存在违反约束的值的情况下添加该约束。

---

① 对每列可以指定多个 CHECK 约束，约束条件中可以包含用 AND 和 OR 组合起来的多个逻辑表达式。如果列上有多个 CHECK 约束，则按创建顺序进行验证。

② 列级 CHECK 约束只能引用被约束的列，表级 CHECK 约束只能引用同一表中的列。

③ 对计算列不能作为检查约束外的任何约束。

④ 不能在 text、ntext 或 image 列上定义 CHECK 约束。

⑤ 搜索条件必须取值为布尔表达式，并且不能引用其他表。

---

6. 默认（DEFAULT）约束

默认约束通过定义列的默认值或使用数据库的默认值对象绑定表的列，以确保在没有为某列指定数据时，来指定列的值。默认值可以是常量，也可以是表达式，还可以为 NULL 值。

定义默认约束的语法格式如下：

```
[CONSTRAINT constraint_name]
  DEFAULT constant_expression [FOR column_name]
```

---

① 每列中只能有一个默认约束。

② 默认约束只能用于 INSERT 语句。

③ 约束表达式不能应用于数据类型为 timestamp 的列和 IDENTITY 属性的列上。

④ 对于用户定义数据类型的列，如果已经将默认值对象与该数据类型绑定时，对此列不能使用默认值约束。

⑤ DEFAULT 定义中的 constant_expression 不能引用表中的其他列，也不能引用其他表、视图或存储过程。

⑥ 默认约束允许指定一些系统提供的值，如 CURRENT_TIMESTAMP（当前系统日期和时间）、CURRENT_USER、USER（执行插入的用户的名称）。

【例 4-24】 修改 "学生" 表，设置 "有否奖学金" 列的默认约束为 "0"。

```
USE 教学管理
ALTER TABLE 学生
ADD CONSTRAINT scholarship_default DEFAULT '0' FOR 有否奖学金
```

本例修改 "学生" 表，定义了 "有否奖学金" 列的默认约束 scholarship_default，参数项 "FOR 有否奖学金" 指定该约束为列级约束。当插入数据时，没有指定该列的值，将使用默认值 "0"。

7. 删除约束

删除约束使用的 T-SQL 语句格式：

```
DROP CONSTRAINT my_constraint
```

【例 4-25】 从 "学生" 表删除 scholarship_default 默认约束。

```
ALTER TABLE 学生 DROP CONSTRAINT scholarship_default
```

习 题

一、选择题

1. 为了加快对表的查询速度，应对此表建立（　　）。

    A. 约束　　　　　　　B. 存储过程　　　C. 规则　　　　　　　D. 索引

2. 每个表中只能有（　　）聚集索引。

    A. 1 个　　　　　B. 2 个　　　　　C. 3 个　　　　　　　D. 多个

3. 在 SQL Server 2008 中，数据完整性是要求（　　）。

    A. 数据库中不存在数据冗余　　　　B. 数据库中数据的正确性

    C. 数据库中所有数据格式一致　　　D. 所有的数据都存入了数据库中

4. 下列（　　）完整性中，将每一条记录定义为表中的唯一实体，即不能重复。

    A. 域　　　　　　　B. 引用　　　　　C. 实体　　　　　　　D. 其他

5. UNIQUE 约束和主键约束也是（　　）完整性的体现。

    A. 域　　　　　　　B. 引用　　　　　C. 实体　　　　　　　D. 其他

6. 检查约束用来实施（　　）。

    A. 域完整性　　　　　　　　　　　B. 引用完整性约束

    C. 实体完整性　　　　　　　　　　D. 都不是

7. 唯一约束与主键约束的区别是（　　）。

    A. 唯一约束的值不允许为空，主键约束的值允许为空

    B. 唯一约束的值允许为空，主键约束的值不允许为空

    C. 唯一约束就是主键约束

    D. 唯一约束和主键约束的值都不允许为空

8. 下列（　　）约束不能保证实体完整性。

    A. 主键　　　　　B. 数据类型　　　C. 检查　　　　　　　D. 默认值

9. 要建立一个约束，保证用户表（user）中年龄（age）必须在 18 岁以上，下面语句正确的是（　　）。

    A. ALTER TABLE user ADD CONSTRAINT ck_age CHECK（age>18）

    B. ALTER TABLE user ADD CONSTRAINT df_age DEFAULT（18）　FOR age

    C. ALTER TABLE user ADD CONSTRAINT uq_age UNIQUE（age>18）

    D. ALTER TABLE user ADD CONSTRAINT df_age DEFAULT（18）

10. 已知 stu 表中具有默认约束 df_email，删除该约束的语句为（　　）。

    A. ALTER TABLE stu DROP CONSTRAINT df_email

    B. ALTER TABLE stu REMOVE CONSTRAINT df_email

    C. ALTER TABLE stu DELETE CONSTRAINT df_email

    D. REMOVE CONSTRAINT df_email FROM talbe stu

二、填空题

1. 数据完整性的类型有＿＿＿＿完整性、＿＿＿＿完整性、＿＿＿＿完整性和＿＿＿＿完整性。

2. 表的关联就是＿＿＿＿约束。

3. 当指定基本表中某一列或若干列为主键时，则系统将在这些列上自动建立一个_____、_____的索引。

4. SQL Server 语句基本表定义有_____、_____、_____和_____4 个表级约束。

5. SQL Server 数据表的列级约束有_____、_____、_____、_____、_____和_____。

三、问答题

1. 简述聚集索引和非聚集索引的区别。

2. 简述数据完整性的类型及其使用。

3. 分别使用 T-SQL 语句完成下列操作。

某商品销售管理数据库包含产品表、供应商表和销售表：

产品（产品号 char（10），产品名称 varchar（30），供应商号 varchar（20），价格 money，库存量）

供应商（供应商号 varchar（20），供应商名称 varchar（50），城市 varchar（50），联系电话 varchar（15））

销售（售货单号 char（8），产品号 char（10），数量 int，销售日期 datetime）

（1）为"产品"表添加主键约束，该主键约束由"产品号"单列组成。

（2）为"供应商"表添加主键约束，该主键约束由"供应商号"单列组成。

（3）为"销售"表添加主键约束，该主键约束由"售货单号"和"产品号"组成。

（4）创建默认值并并绑定到"销售日期"列上，使日期的默认值为当天日期。

（5）为"供应商"表的"供应商名称"添加唯一性约束。

第5章
查询与视图

本章学习目标：

- 掌握 T-SQL 查询语句的基本结构和基本用法。
- 掌握实现数据表嵌套查询的方法。
- 掌握实现数据表之间连接查询的方法。
- 掌握视图的概念及操作方法。

数据查询是数据库管理系统的重要功能。T-SQL 语言定义了 SELECT 语句来实现查询。SELECT 语句按照用户的要求从数据库中查询相关数据，并将查询结果以表的形式返回。视图是一个虚拟表，其内容由查询定义。从用户角度来看，一个视图是从一个特定的角度来查看数据库中的数据。从数据库系统内部来看，一个视图是由 SELECT 语句组成的查询定义的虚拟表。视图是由一个或多个表中的数据组成的，对表能够进行的操作都可以应用于视图，例如查询、插入、修改、删除等操作。

5.1 基 本 查 询

SQL Server 利用 SELECT 语句实现数据查询。该结构对所有的查询语句都是必备的。SELECT 语法提供了强大的查询功能，可以对一个或多个表或视图进行查询；可以对查询列进行筛选和计算；还可以对查询行进行分组、分组筛选和排序。

SELECT 语句的完整语法比较复杂，其主要子句有：

- SELECT select_list 子句
- [FROM table_source]子句
- [WHERE search_condition]子句
- [ORDER BY order_expression [ASC|DESC]]子句
- [INTO new_table]子句
- [GROUP BY group_by_expression]子句
- [HAVING search_condition]子句

用户还可以在查询中使用 UNION、EXCEPT 和 INTERSECT 运算符，以便将各个查询的结果合并或比较后放到一个结果集中。

5.1.1 SELECT 子句

SELECT 子句的语法结构如下：

```
SELECT [ ALL | DISTINCT ] [ TOP expression [ PERCENT ] [ WITH TIES ] ] <select_list>
```

各选项的含义如下。

（1）ALL 指定在结果集中可以包含重复行，ALL 是默认值；DISTINCT 指定在结果集中只能包含唯一行。对于 DISTINCT 关键字来说，NULL 值是相等的。

（2）TOP expression [PERCENT] [WITH TIES]指示只能从查询结果集返回指定的第一组行或指定的百分比数目的行。

（3）<select_list>是要为结果集选择的列。选择列表是以逗号分隔的一系列表达式，可在选择列表中指定的表达式的最大数目是 4096。选择列表的语法格式如下：

```
<select_list> ::=
    { * | { table_name | view_name | table_alias }.*
      | { [ { table_name | view_name | table_alias }. ]
        { column_name | $IDENTITY | $ROWGUID }
      | udt_column_name [ { . | :: } { { property_name | field_name }
      | method_name ( argument [ ,...n ] ) } ]
      | expression [ [ AS ] column_alias ] }
      | column_alias = expression
    } [ ,...n ]
```

其中各选项的含义如下。

① *：指定返回 FROM 子句中的所有表和视图中的所有列。

② table_ name | view_ name | table_ alias.*：是将 "*" 的作用域限制为指定的表或视图。

③ column_ name：要返回的列名；$IDENTITY：返回标识列；$ROWGUID：返回行 GUID 列。

④ udt_column_name：要返回的公共语言运行时 （CLR） 用户定义类型列的名称。property_name：udt_column_name 的公共属性；field_name：udt_column_name 的公共数据成员；method_name：采用一个或多个参数的 udt_column_name 的公共方法。

⑤ expression：常量、函数以及由一个或多个运算符连接的列名、常量和函数的任意组合，或者是子查询；column_ alias 是查询结果集内替换列名的可选名。

【例 5-1】 查询当前 SQL Server 软件的语言。

```
SELECT @@LANGUAGE AS 软件语言
```

@@LANGUAGE 返回当前 SQL Server 软件的语言。执行结果如图 5-1 所示。

图 5-1　查询当前 SQL Server 软件的语言

5.1.2　FROM 子句

在 SELECT 语句中，FROM 子句是必需的，除非选择列表只包含常量、变量和算数表达式。

FROM 子句的语法结构比较复杂，这里主要介绍最常使用的部分。

FROM 子句的语法：

```
[ FROM { <table_source> } [ ,...n ] ]
```

指定在 SELECT 语句中使用的表、视图、派生表和联接表。<table_source>的语法格式如下：

```
<table_source> ::=
{ table_or_view_name [ [ AS ] table_alias ] [ <tablesample_clause> ]
  | rowset_function [ [ AS ] table_alias ] [ ( bulk_column_alias [ ,...n ] ) ]
  | user_defined_function [ [ AS ] table_alias ] [ (column_alias [ ,...n ] ) ]
  | OPENXML <openxml_clause>
  | derived_table [ AS ] table_alias [ ( column_alias [ ,...n ] ) ]
  | <joined_table> }
```

各选项的含义如下。

（1）<table_source>：指定要在 Transact-SQL 语句中使用的表、视图或派生表源。

（2）table_or_view_name：表或视图的名称。

（3）[AS] table_alias：table_source 的别名，别名可带来使用上的方便，也可用于区分自连接或子查询中的表或视图。

（4）<tablesample_clause>：指定返回来自表的数据样本。

（5）rowset_function：指定其中一个行集函数（如 OPENROWSET），该函数返回可用于替代表引用的对象。

（6）bulk_column_alias：代替结果集内列名的可选别名。

（7）user_defined_function：指定表值函数。

（8）OPENXML <openxml_clause>：通过 XML 文档提供行集视图。

（9）derived_table：从数据库中检索行的子查询。

（10）column_alias：代替派生表的结果集内列名的可选别名。

（11）<joined_table>：由两个或更多表的积构成的结果集。

【例 5-2】 显示"教学管理"数据库中的"学生"表中的所有记录。

```
SELECT * FROM 学生
```

在 SQL SERVER 2008 对象资源管理器中，选择新建查询。在打开的查询窗口输入并执行上述语句，得到的执行结果如图 5-2 所示。

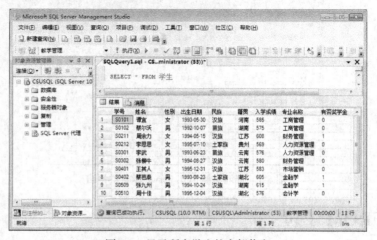

图 5-2　显示所有学生的全部信息

在该 SQL 语句中，"*"代表输出"学生"表的所有列字段，且没有其他查询条件，所以该语句执行的结果是输出"学生"表的所有行的所有字段信息，即"学生"表的所有数据信息。

类似地，以下语句分别显示"课程"表、"专业"表和"选课"表的所有内容：

```
SELECT * FROM 课程
SELECT * FROM 专业
SELECT * FROM 选课
```

上述 3 条语句的执行结果分别如图 5-3、图 5-4、图 5-5 所示。

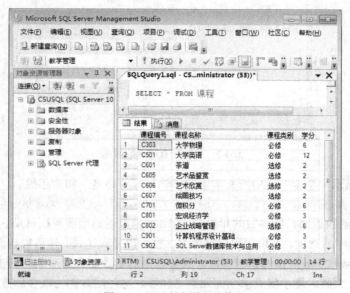

图 5-3 显示所有课程的信息

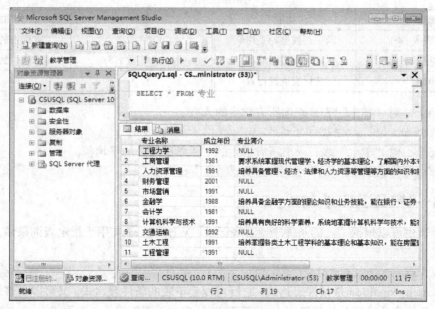

图 5-4 显示所有专业的信息

图 5-5　显示所有选课的信息

【例 5-3】　显示"学生"表中所有学生的"学号"、"姓名"和"年龄"。

```
SELECT 学号, 姓名, Year(Getdate()) - Year(出生日期) AS 年龄 FROM 学生
```

本例中 year()函数返回日期参数的年份，getdate()函数返回当前系统日期。

SELECT 语句中的选项，不仅可以是字段名，也可以是表达式，还可以包含一些函数。例 5-3 即使用了 SQL Server 2008 提供的系统函数。经常使用的函数还有针对数据列进行汇总的。例如，求一个结果集的最大值、最小值或求全部元素之和等。这些函数称为集合函数。表 5-1 中列出了常用集合函数。

表 5-1　　　　　　　　　　　　　常用集合函数

函数	功能	函数	功能
Avg(<字段名>)	求一列数据的平均值	Min(<字段名>)	求列中的最小值
Sum(<字段名>)	求一列数据的和	Max(<字段名>)	求列中的最大值
Count(*)	统计查询的行数		

【例 5-4】　对"学生"表，查询所有学生的人数。

```
SELECT Count(*) AS 总数 FROM 学生
```

【例 5-5】　对"学生"表，求出所有学生的"入学成绩"的平均值。

```
SELECT Avg(入学成绩) AS 平均入学成绩 FROM 学生
```

5.1.3　WHERE 子句

对数据表也可以根据一定的条件来检索表记录。WHERE 子句用于指定查询条件，其语法格式如下：

```
[WHERE <search_condition>]
```

其中 search_condition 是条件表达式，它既可以是单表的条件表达式，又可以是多表之间的条件表达式。条件表达式用的比较符有：=（等于）、!=或<>（不等于）、>（大于）、>=（大于等于）、

< (小于)、<= (小于等于) 等。

【例 5-6】 对"学生"表，列出"入学成绩"为 600 分及以上的学生记录。

SELECT * FROM 学生 WHERE 入学成绩>=600

语句执行结果如图 5-6 所示。

图 5-6 入学成绩为 600 分及以上的学生记录

【例 5-7】 对"课程"表，列出所有选修课程的记录。

SELECT 课程编号,课程名称,课程类别,学分 FROM 课程 WHERE 课程类别='选修'

语句执行结果如图 5-7 所示。

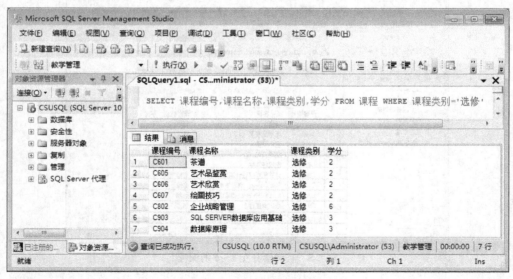

图 5-7 查询所有选修课

条件表达式中还可以应用几个特殊的运算符，如表 5-2 所示。

表 5-2	WHERE 子句中的条件运算符
运算符	说明
ALL	满足子查询中所有值的记录，例如，子查询的结果为{1，2，3，4}，记录 5 中字段 1 的值等于 5，则字段 1 大于集合中的所有值。若字段 1 的值等于{2，3}，则不满足大于条件。 用法：<字段> <比较符> ALL(<子查询>)
ANY	满足子查询中任意一个值的记录。 用法：<字段> <比较符> ANY(<子查询>)
BETWEEN	字段的内容在指定范围内。 用法：<字段> BETWEEN <范围始值> AND <范围终值>
EXISTS	测试子查询中查询结果是否为空。若为空，则返回假（FALSE）。 用法：EXISTS(<子查询>)
IN	字段内容是结果集合或者子查询中的内容。 用法：<字段> IN <结果集合>或者<字段> IN (<子查询>)
LIKE	对字符型数据进行字符串比较，提供两种通配符，即下划线"_"和百分号"%"，下划线表示 1 个字符，百分号表示 0 个或多个字符。 用法：<字段> LIKE <字符表达式>
SOME	满足集合中的某一个值，功能与用法等同于 ANY。 用法：<字段> <比较符> SOME(<子查询>)

【例 5-8】 对"课程"表，列出学分在 2～5 的课程的所有信息。

```
SELECT * FROM 课程 WHERE 学分 BETWEEN 2 AND 5
```

语句中的 WHERE 子句还有等价的形式：

```
WHERE 学分>=2 AND 学分<=5
```

语句执行结果如图 5-8 所示。

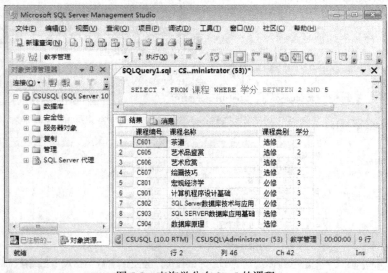

图 5-8 查询学分在 2～5 的课程

【例 5-9】 对"课程"表，列出在课程名称中包含"数据库"的所有课程的信息。

```
SELECT * FROM 课程 WHERE 课程名称 LIKE '%数据库%'
```

语句执行结果如图 5-9 所示。

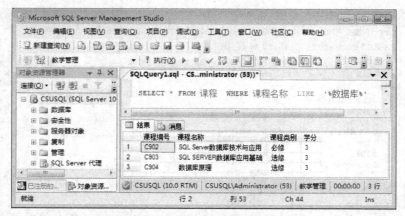

图 5-9　查询课程名称包含"数据库"的所有课程的信息

【例 5-10】　对"选课"表，查询选修了"C606"或"C607"课程的同学的"学号""课程编号"和"成绩"。

SELECT 学号,课程编号,成绩 FROM 选课 WHERE 课程编号 IN('C606','C607')

语句执行结果如图 5-10 所示。

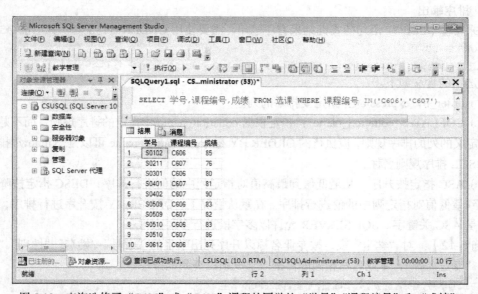

图 5-10　查询选修了"C606"或"C607"课程的同学的"学号""课程编号"和"成绩"

【例 5-11】　对"专业"表，列出所有专业简介为空值的专业信息。

SELECT 专业名称,成立年份 FROM 专业 WHERE 专业简介 IS NULL

语句执行结果如图 5-11 所示。

语句中使用了运算符"IS NULL"，该运算符用于测试字段值是否为空值。在查询时用"字段名 IS [NOT] NULL"的形式，而不能写成"字段名=NULL"或"字段名!=NULL"。

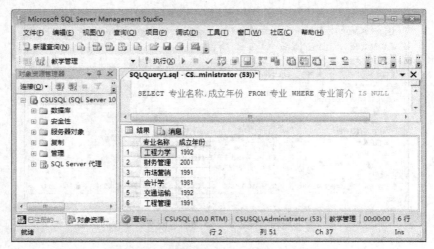

图 5-11　查询专业简介为空值的专业信息

5.1.4　查询结果处理

除了查看查询结果，如果还需要对查询结果进行处理，可以使用 SELECT 的其他子句实现。

1. 排序输出

如果希望 SELECT 语句的查询结果有序输出，需要使用 ORDER BY 子句。其语法格式如下：

```
[ ORDER BY
    { order_by_expression [ COLLATE collation_name ] [ ASC | DESC ] } [ ,...n ] ]
```

各选项的含义如下。

（1）order_by_expression：指定要排序的列。

（2）COLLATE　{collation_name}：指定根据 collation_name 中指定的排序规则，而不是表或视图中所定义的列的排序规则，应执行的 ORDER BY 操作。collation_name 可以是 Windows 排序规则名称或 SQL 排序规则名称。

（3）ASC 指定按升序，从最低值到最高值对指定列中的值进行排序；DESC 指定按降序，从最高值到最低值对指定列中的值进行排序。在默认情况下，ORDER BY 按升序进行排序，即默认使用的是 ASC 关键字。SQL SERVER 允许以多字段进行多层次排序。

【例 5-12】　对"学生"表，按专业名称以升序列出学生的"学号""姓名""性别""入学成绩"及"专业名称"，专业名称相同的再按入学成绩由高到低排序。

```
SELECT 学号,姓名,性别,入学成绩,专业名称 FROM 学生
    ORDER BY 专业名称 ASC,入学成绩 DESC
```

语句执行结果如图 5-12 所示。

2. 子句（INTO）

INTO 子句用于把查询结果存放到一个新建的表中，其语法格式如下：

```
INTO new_table
```

其中，参数 new_table 指定了新建的表的名称，新表的列由 SELECT 子句中指定的列构成且具有相同的名称、数据类型和值，新表中的数据行是由 WHERE 子句指定的。当 SELECT 子句中包括计算列时，新表中的相应列不是计算列而是一个实际存储在表中的列。其中的数据由执行 SELECT…INTO 语句时计算得出。

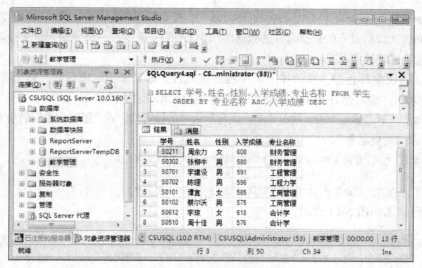

图 5-12 查询结果的排序输出

【例 5-13】 对"学生"表查询获得奖学金的学生信息，并将结果存入 st_new 表中。

```
SELECT 学生.* INTO st_new  FROM 学生 WHERE 有否奖学金= 'True'
```

"学生"表的"有否奖学金"字段为 bit 类型，取值为 True 或 False，也可以用 1 或 0 表示。

语句执行结果显示 4 行受影响。打开新创建的表 st_new，其中保存了 4 行满足条件的记录，如图 5-13 所示。

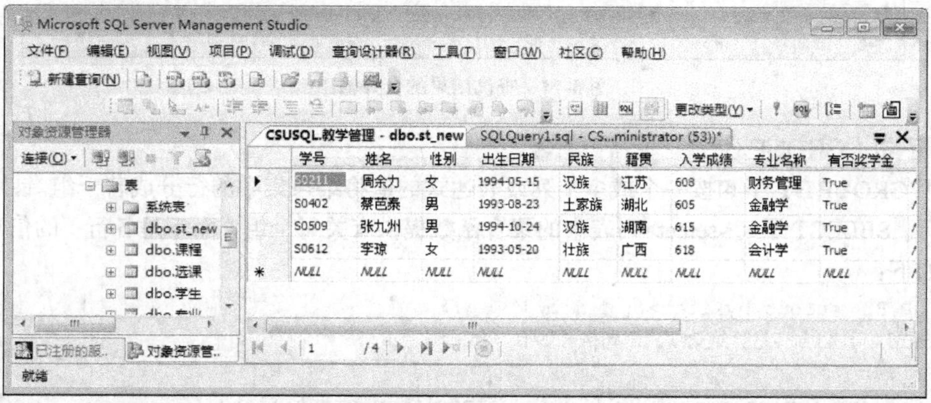

图 5-13 查询获得奖学金同学的信息并保存在新表 st_new 中

3. 子句（UNION）

UNION 操作符将来自不同查询的数据组合起来，形成一个具有综合信息的查询结果，UNION 操作会自动将重复的数据行剔除。必须注意的是，参加联合查询的各子查询使用的表结构应该相同，即各子查询中的数据数目和对应的数据类型都必须相同。

其语法格式如下：

```
{ <query_specification> | ( <query_expression> ) }
UNION [ ALL ] <query_specification | ( <query_expression> )
 [ UNION [ ALL ] <query_specification> | ( <query_expression> ) [ ...n ] ]
```

各选项的含义如下。

（1）<query_specification>|（<query_expression>）：查询规范或查询表达式，用以返回与另一个查询规范或查询表达式所返回的数据合并的数据。作为 UNION 运算，一部分的列定义可以不相同，但它们必须通过隐式转换实现兼容。

（2）ALL：将全部行并入结果中，其中包括重复行。如果未指定该参数，则删除重复行。

（3）UNION：指定合并多个结果集并将其作为单个结果集返回。

【例 5-14】 对"学生"表，列出"专业名称"为"工程管理"或"工程力学"的所有学生的"学号""姓名"和"专业名称"。

```
SELECT 学号,姓名,专业名称 FROM 学生 WHERE 专业名称='工程管理'
UNION
SELECT 学号,姓名,专业名称 FROM 学生 WHERE 专业名称='工程力学'
```

语句执行结果如图 5-14 所示。

图 5-14　查询结果的合并输出

4．子句（GROUP BY）

使用 GROUP BY 子句按一个或多个列或表达式的值将结果集中的行分成若干组。针对每一组返回一行。SELECT 子句<select>列表中的聚合函数提供有关每个组（而不是各行）的信息。其语法格式如下：

```
GROUP BY  <group by item> [ ,...n ]
<group by item>是分组选项，语句格式如下。
    <group by item> ::=
    <column_expression> | ROLLUP ( <composite element list> )
    | CUBE ( <composite element list> ) | GROUPING SETS ( <grouping set list> )
```

各选项的含义如下。

（1）<column_expression>：针对其执行分组操作的表达式。

（2）ROLLUP()：生成简单的 GROUP BY 聚合行以及小计行或超聚合行，还生成一个总计行。返回的分组数等于<composite element list>中的表达式数加 1。

（3）CUBE()：生成简单的 GROUP BY 聚合行、ROLLUP 超聚合行和交叉表格行。CUBE 针对 <composite element list> 中表达式的所有排列输出一个分组。生成的分组数等于 2^n，其中 n=<composite element list>中的表达式数。

（4）<composite element list>：分组元素的集合。

（5）GROUPING SETS()：在一个查询中指定数据的多个分组。

（6）<grouping set list>：分组集列表。

GROUP BY 子句中的表达式可以包含 FROM 子句中表、派生表或视图的列。这些列不必显示在 SELECT 子句<select>列表中。<select>列表中任何非聚合表达式中的每个表列或视图列都必须包括在 GROUP BY 列表中。

【例 5-15】　对"课程"表，按"课程类别"分别统计课程的门数。

SELECT 课程类别，Count（课程类别）AS 课程门数 FROM 课程 GROUP BY 课程类别

语句执行结果如图 5-15 所示。

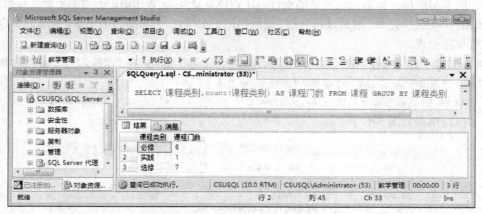

图 5-15　按课程类别查询统计各类别课程门数

【例 5-16】　对"选课"表，查询每门课程的最高分。

SELECT 课程编号，Max（成绩）AS 最高分 FROM 选课 GROUP BY 课程编号

语句执行结果如图 5-16 所示。

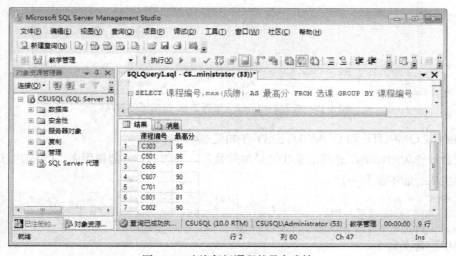

图 5-16　查询每门课程的最高成绩

5. 条件筛选子句（HAVING）

指定组或聚合的搜索条件。

分组后的查询结果如果还要按照一定的条件进行筛选，则需使用 HAVING 子句。HAVING 只

能与 SELECT 语句一起使用。HAVING 通常在 GROUP BY 子句中使用。在 HAVING 子句中不能使用 text、image 和 ntext 数据类型。

其语法格式如下：

```
[ HAVING <search condition> ]
```

其中<search_condition>指定组或聚合应满足的搜索条件。

HAVING 子句与 WHERE 子句一样，也可以起到按条件选择记录的功能，但两个子句作用对象不同，WHERE 子句作用于基本表或视图，而 HAVING 子句作用于组，必须与 GROUP BY 子句连用，用来指定每一分组内应满足的条件。HAVING 子句与 WHERE 子句不矛盾，在查询中先用 WHERE 子句选择记录，然后进行分组，最后再用 HAVING 子句筛选出记录。当然，GROUP BY 子句也可单独出现。

【例 5-17】 对"选课"表，列出课程平均成绩大于等于 80 分的"课程编号"和"平均成绩"。

```
SELECT 课程编号,avg(成绩)AS 课程平均成绩 FROM 选课
    GROUP BY 课程编号 HAVING avg(成绩)>=80
```

语句执行结果如图 5-17 所示。

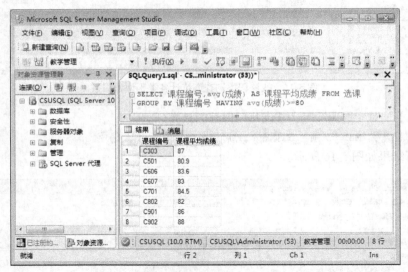

图 5-17 查询平均成绩大于等于 80 分的课程信息

6. 使用 COMPUTE 和 COMPUTE BY 子句汇总

生成合计作为附加的汇总列出现在结果集的最后。当与 BY 一起使用时，COMPUTE 子句在结果集内生成控制中断和小计。

```
[ COMPUTE
    { { AVG | COUNT | MAX | MIN | STDEV | STDEVP | VAR | VARP | SUM }
    (expression) } [ ,...n ] [ BY expression [ ,...n ] ] ]
```

各选项的含义如下。

（1）指定要执行的聚合，其功能如下。

- AVG：数值表达式中所有值的平均值。
- COUNT：选定的行数。
- MAX：表达式中的最高值。
- MIN：表达式中的最低值。

- STDEV：表达式中所有值的标准偏差。
- STDEVP：表达式中所有值的总体标准偏差。
- SUM：数值表达式中所有值的和。
- VAR：表达式中所有值的方差。
- VARP：表达式中所有值的总体方差。

（2）expression：表达式（Transact-SQL），如对其执行计算的列名。expression 必须出现在选择列表中，并且必须被指定为与选择列表中的某个表达式相同。不能在 expression 中使用选择列表中所指定的列别名。

（3）BY expression：在结果集中生成控制中断和小计。

COMPUTE 子句在查询的结果集中生成明细行，并且生成合计作为附加的汇总列出现在结果集的最后。

COMPUTE 当与 BY 一起使用时，COMPUTE 子句在结果集内对指定列进行分组统计，即计算分组的汇总值。可在同一查询内指定 COMPUTE BY 和 COMPUTE 子句。

【例 5-18】 对"选课"表中课程编号为"C501"的课程，生成学生选修成绩的明细和该门课程平均成绩汇总。

```
SELECT 学号,成绩 FROM 选课
WHERE 课程编号='C501'  COMPUTE avg(成绩)
```

语句的执行结果如图 5-18 所示。

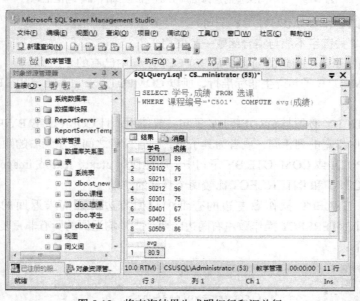

图 5-18　将查询结果生成明细行和汇总行

【例 5-19】 对"选课"表中课程编号为 C501 和 C901 的课程，分别生成学生选修成绩明细和每门课程的平均成绩汇总。

```
SELECT 学号,成绩 FROM 选课
WHERE 课程编号= 'C501' OR 课程编号= 'C901' ORDER BY 课程编号
COMPUTE Avg(成绩) BY  课程编号
```

语句的执行结果如图 5-19 所示。

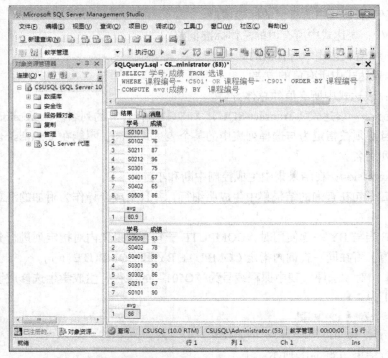

图 5-19　对不同课程的选修成绩分别生成明细行和平均值汇总行

使用 COMPUTE 和 COMPUTE BY 子句时，需要注意以下几点。

① DISTINCT 关键字不能与集合函数一起使用。

② COMPUTE 子句中指定的列必须是 SELECT 子句中已有的。

③ 因为 COMPUTE 子句产生非标准行，所以 COMPUTE 子句不能与 SELECT INTO 子句一起使用。

④ COMPUTE BY 必须与 ORDER BY 子句一起使用，且 COMPUTE BY 中指定的列必须与 ORDER BY 子句中指定的列相同，或者为其子集，而且两者之间从左到右的顺序也必须相同。

⑤ 在 COMPUTE 或 COMPUTE BY 子句中，不能使用 ntext、text 或 image 数据类型。

7. 使用 EXCEPT 和 INTERSECT 比较两个查询的结果

EXCEPT 从 EXCEPT 操作数左边的查询中返回右边的查询未返回的所有非重复值。INTERSECT 返回 INTERSECT 操作数左右两边的两个查询均返回的所有非重复值。

语句格式如下：

```
{ <query_specification> | ( <query_expression> ) }
{ EXCEPT | INTERSECT }
{ <query_specification> | ( <query_expression> ) }
```

其中，query_specification 或 query_expression 返回与来自另一个 query_specification 或 query_expression 的数据相比较的数据。

使用 EXCEPT 或 INTERSECT 的两个查询的结果集组合起来的基本规则：

（1）所有查询中的列数和列的顺序必须相同。

（2）数据类型必须兼容。

在 EXCEPT 或 INTERSECT 运算中，列的定义可以不同，但它们必须在隐式转换后进行比较。如果数据类型不同，则用于执行比较并返回结果的类型是基于数据类型优先级的规则确定的。如果类型相同，但精度、小数位数或长度不同，则根据用于合并表达式的相同规则来确定结果。

（3）不能返回 xml、text、ntext、image 或非二进制 CLR 用户定义类型列，因为这些数据类型不可比较。

【例 5-20】　对"学生"表和"选课"表使用 EXCEPT 进行运算。

```
SELECT 学号 FROM 学生
EXCEPT
SELECT 学号 FROM 选课
```

语句的执行结果如图 5-20 所示。

图 5-20　使用 EXCEPT 进行运算

【例 5-21】　对"学生"表和"选课"表使用 INTERSECT 进行运算。

```
SELECT 学号 FROM 学生
INTERSECT
SELECT 学号 FROM 选课
```

语句的执行结果如图 5-21 所示。

图 5-21　使用 INTERSECT 进行运算

5.2 嵌 套 查 询

有时,在要实现某个查询任务时,必须以另外一个 SELECT 的查询结果作为查询的条件才能完成。即需要在一个 SELECT 语句的 WHERE 条件子句中嵌入另一个 SELECT 查询语句,这种查询就称为嵌套查询。在 SELECT 语句嵌入一层子查询,称为单层嵌套查询;在 SELECT 语句嵌入多于一层的查询称为多层嵌套查询。嵌套查询可以用多个简单查询构成复杂的查询,从而增强其查询功能。

嵌套查询的处理是由里向外进行的。外层的查询以内层的查询结果作为查询条件,所以嵌套查询首先处理的是最内层的子查询,再依次逐层向外,直到执行最外层查询。需要注意的是,子查询的 SELECT 语句中不能使用 ORDER BY 子句,ORDER BY 子句只能对最终查询结果排序。

5.2.1 单值嵌套查询

子查询的返回结果是一个值的嵌套查询称为单值嵌套查询。由于单值嵌套查询仅返回一个值,所以在外层的查询条件中可以直接使用 "=""<>"">""<"">=""<=" 等关系运算符。

【例 5-22】 对 "学生" 表,列出和 "李思思" 相同专业的所有同学的 "学号" 和 "姓名"。

```
SELECT 学号, 姓名 FROM 学生
WHERE 专业名称=（SELECT 专业名称 FROM 学生 WHERE 姓名='李思思'）
```

语句的执行分两个过程,首先在 "学生" 表中找出 "李思思" 所在专业名称,然后再在 "学生" 表中找出该专业所有学生记录的学号和姓名。

语句执行结果如图 5-22 所示。

图 5-22 列出和李思思相同专业的同学的信息

5.2.2 多值嵌套查询

子查询的返回结果是多个值的嵌套查询称为多值嵌套查询。由于多值嵌套查询可能返回多个值,所以不能在其外层 SELECT 语句的查询条件中直接使用 "="">""<""<>"">=""<=" 等关系运算符。对于嵌套查询所返回的结果集,通常结合使用条件运算符 ANY（或 SOME）、ALL 和 IN。

1. ANY 运算符的用法

【例 5-23】 对 "选课" 表,列出选修 "C901" 课程的学生的 "成绩" 比选修 "C902" 课程的学生的最低成绩高的学生的 "学号" 和 "成绩"。

SELECT 学号,成绩 FROM 选课
WHERE 课程编号='C901' AND
成绩>ANY(SELECT 成绩 FROM 选课 WHERE 课程编号='C902')

语句的执行结果如图 5-23 所示。

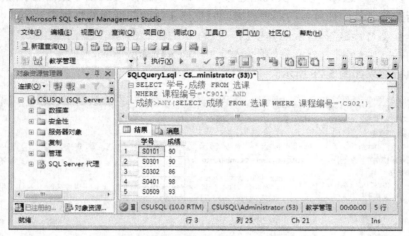

图 5-23　多值嵌套查询中 ANY 运算符的用法

该查询必须做两件事，首先找出选修课程"C902"的所有学生的该门课程成绩，然后在"选课"表中查询选修了 C901 课程且其成绩高于选修课程"C902"的任意一个学生的该门课程成绩（即比最低成绩高）的学生的学号和其 C901 课程的成绩。

2．ALL 运算符的用法

【例 5-24】　对"选课"表，列出选修"C901"的学生的"成绩"比选修"C902"课程的学生的最高成绩高的学生的"学号"和"成绩"。

SELECT 学号,成绩 FROM 选课
WHERE 课程编号='C901' AND
成绩>ALL(SELECT 成绩 FROM 选课 WHERE 课程编号='C902')

语句的执行结果如图 5-24 所示。

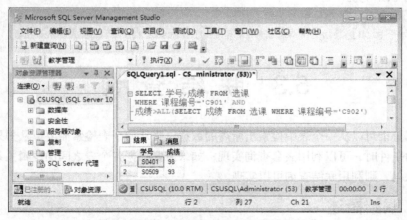

图 5-24　多值嵌套查询中 ALL 运算符的用法

该查询必须做两件事，首先找出选修课程"C902"的所有学生的该门课程成绩，然后在"选

课"表中查询选修了"C901"课程且其成绩比选修课程"C902"的所有成绩高（即比最高成绩还要高）的学生的学号和其"C901"课程成绩。

3. IN 运算符的用法

【例 5-25 】 对"选课"表，查询出选修"C901"或选修"C902"课程的学生的"学号"和"姓名"（包括选修了其中任意一门课程或者同时选修了这两门课程的学生）。

```
SELECT 学号,姓名 FROM 学生 WHERE 学号 IN
(SELECT 学号 FROM 选课  WHERE 课程编号='C901' OR  课程编号='C902')
```

语句的执行结果如图 5-25 所示。

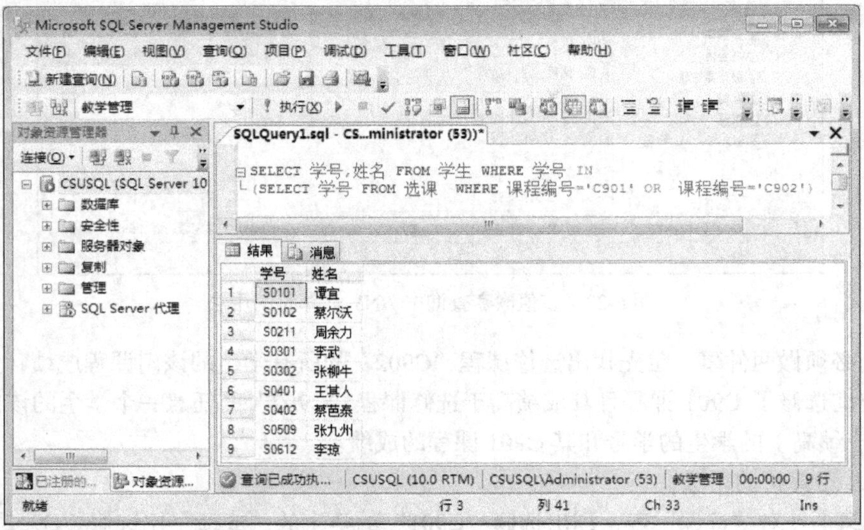

图 5-25　多值嵌套查询中 IN 运算符的用法

该查询首先在"选课"表中找出选修了"C901"或选修"C902"课程的学生的学号，然后在"学生"表中查找这些学号的同学的姓名。IN 是属于的意思，等价于"=ANY"，即只要等于子查询中任何一个值，即是查询结果。

此语句也可以写为：

```
SELECT 学号,姓名 FROM 学生 WHERE 学号 IN
(SELECT 学号 FROM 选课 WHERE 课程编号 IN ('C901','C902'))
```

5.3　联　结　查　询

简单数据查询可以从一个表中检索出所需的数据。当从一个表检索需要以从另外的数据表检索的结果作为条件时，可以利用嵌套查询实现；如果需要根据各个表之间的逻辑关系从两个或多个表中检索数据，则利用联结查询可以实现。

5.3.1　联结概述

关系数据库的关系表包含了实体或实体间联系的完整信息。在关系表之间可能存在一定的逻辑关系，例如"教学管理"数据库中，"选课"表的所有学号信息都来自于"学生"表。联结查询用于根据表之间的关系来从多个表中检索数据，通过联结操作可以查询出存放在多个表中的不同实体或者实体间联系的信息。可见，联结操作能给用户的查询带来很大的灵活性，可以实现一些较复杂的查询。联结是关系数据库模型的主要特点，也是它区别于其他类型数据库管理系统的一个标志。

联结实现多个表之间的关联查询，连接可以在 SELECT 语句的 WHERE 子句中建立，也可以在 FROM 子句中建立。

联结建立在 SELECT 语句的 WHERE 子句中的方式，需要在 WHERE 子句中给出联结条件，并在 FROM 子句中指定要联结的表。

【例 5-26】　对"教学管理"数据库输出所有学生的成绩单，要求给出"学号""姓名""课程编号""课程名称"和"成绩"。

```
SELECT 学生.学号,学生.姓名,课程.课程编号,课程.课程名称,选课.成绩
FROM  学生,课程,选课
WHERE 学生.学号=选课.学号 AND 课程.课程编号=选课.课程编号
```

语句执行结果如图 5-26 所示。

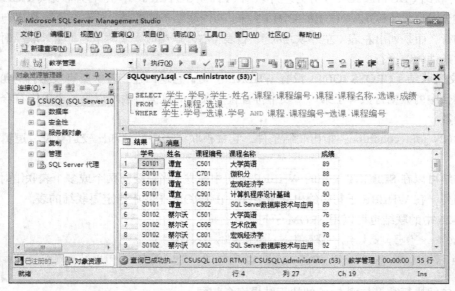

图 5-26　"学生"表、"选课"表和"课程"表的连接查询

以上语句，根据"学生"表的学号和"选课"表的学号含义相同且要求相等的条件将"学生"表和"选课"表联结起来，根据"课程"表的"课程编号"和"选课"表的"课程编号"含义相同且要求相等的条件将"课程"表和"选课"表联结起来。这样，3 个表就根据它们本质上存在的关系联结起来了。3 个表连接起来后，可以根据需要编写查询语句，从 3 个表选择一些属性列和一些行作为查询的结果。在该语句中，由于学生"学号"、"课程编号"字段名在两个表中出现，为防止二义性，在使用时应在其字段名前加上表名以示区别（如果字段名是唯一的，可以不加表名）。

在 FROM 子句中也可以给相关表定义表别名，查询语句的其他部分中可以直接使用。如例5-26 的查询语句可以改写为以下形式：

```
SELECT st.学号,st.姓名,c.课程编号,c.课程名称, sc.成绩
FROM  学生 st, 课程 c, 选课 sc
WHERE st.学号=sc.学号 AND c.课程编号=sc.课程编号
```

"学生"表的别名定义为 st，"课程"表的别名为 c，"选课"表的别名为 sc。使用时，对于表中的字段以"别名.字段"的形式书写，如"st.学号"表示"学生"表的"学号"字段。

联结也可以在 FROM 子句中建立，而且在 FROM 子句中指出联结时有助于将联结操作与 WHERE 子句中的搜索条件区分开来。所以，在 T-SQL 中推荐使用这种方法。

FROM 子句建立联结的语法格式是：

```
FROM first_table join_type second_table [ON (join_condition)]
```

各选项的含义如下。

（1）first_table、second_table：指出参与联结操作的表名，联结可以对同一个表操作，也可以对多表操作，对同一个表操作的联结又称作自联结。

（2）join_type：指出联结类型，可分为 3 种，即内联结、外联结和交叉联结。

① 内联结（INNER JOIN）使用比较运算符进行表间某（些）列数据的比较操作，并列出这些表中与联结条件相匹配的数据行。其中 INNER 可以省略。根据所使用的比较方式不同，内联结又分为等值联结、不等值联结和自然联结 3 种。

② 外联结（OUTER JOIN）分为左外联结（LEFT OUTER JOIN）、右外联结（RIGHT OUTER JOIN）和全外联结（FULL OUTER JOIN）3 种。与内联结不同的是，外联结不只列出与联结条件相匹配的行，而是列出左表（左外联结时）、右表（右外联结时）或两个表（全外联结时）中所有符合搜索条件的数据行。

③ 交叉联结（CROSS JOIN）没有 WHERE 子句，它返回连接表中所有数据行的笛卡儿积，其结果集合中的数据行数等于第一个表中符合查询条件的数据行数乘以第二个表中符合查询条件的数据行数。

（3）ON join_condition：指出联结条件，它由被联结表中的列和比较运算符、逻辑运算符等构成。

内联结可以在 SELECT 语句的 WHERE 子句中建立。当需要对两个或多个表联结时，可以指定联结的列，在 WHERE 子句中给出联结条件，在 FROM 子句中指定要联结的表。

例 5-26 中的联结也可以用 FROM 子句建立，即：

```
SELECT st.学号,st.姓名,c.课程编号,c.课程名称, sc.成绩
FROM  学生 st  INNER JOIN  选课 sc ON st.学号=sc.学号  INNER JOIN    课程 c ON  sc.课程编号=c.课程编号
```

该语句的执行结果与例 5-26 的执行结果完全相同。

5.3.2　内联结

内联结是在表之间按照条件进行联结。内联结查询将列出符合联结条件的数据行。联结条件通常使用比较运算符比较被联结列的列值。内联结分为 3 种：等值联结、不等值联结和自然联结。

1. 等值联结

在联结条件中使用等于（=）运算符比较被联结列的列值，按对应列的共同值将一个表中的记录与另一个表中的记录相联结，包括其中的重复列。例 5-23 是内联结的等值连接。

【例 5-27】　在"教学管理"数据库中将"课程"表和"选课"表按"课程编号"相等值进行等联结，并统计每门课程的选课人数。

```
SELECT 课程名称,Count(*) 选课人数 FROM 课程 INNER JOIN 选课
ON 课程.课程编号=选课.课程编号 GROUP BY 课程名称
```

语句执行结果如图 5-27 所示。

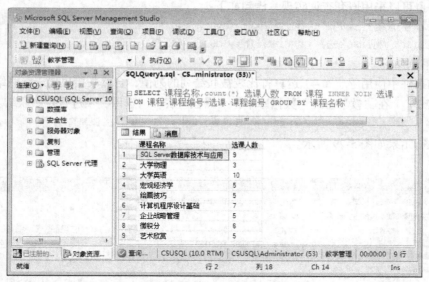

图 5-27 等值联结

2. 不等值联结

在联结条件中使用除等于（＝）运算符以外的其他比较运算符比较被联结的列的列值。这些运算符包括>、>=、<=、<、!>、!<和<>。

【例 5-28】 对"教学管理"数据库，在选修 C901 课程的学生中，查询"成绩"高于学号为 S0101 的学生选修该门课程成绩的同学的"学号"和"成绩"。

```
SELECT a.学号,a.成绩 FROM 选课 a INNER JOIN
选课 b ON  a.课程编号= b.课程编号 AND a.成绩> b.成绩
WHERE (b.课程编号= 'C901') AND (b.学号= 'S0101')
```

语句执行结果如图 5-28 所示。

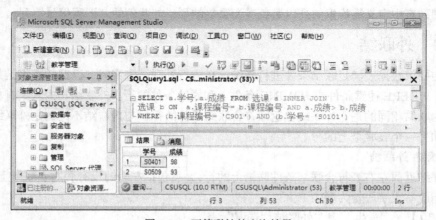

图 5-28 不等联结的查询结果

语句中，a 和 b 是两个独立又完全相同的表，其实都是"选课"表。连接条件是"a.课程编号= b.课程编号"且"a.成绩>b.成绩"，"a.成绩>b.成绩"反映的是不等值联接。两个表按此联结条件连接上之后，并依据条件子句"b.课程编号='C901' AND b.学号='S0101'"筛选出相应记录行。

此查询也可以采用嵌套查询实现，语句如下：

```
SELECT 学号,成绩 FROM 选课 WHERE 课程编号='C901' AND
成绩>(SELECT 成绩 FROM 选课 WHERE 课程编号='C901' AND 学号= 'S0101')
```

3. 自然联结

在联结条件中使用等于（=）运算符比较被联结列的列值，自然联接也属于等联结。

【例 5-29】 在"教学管理"数据库中将"课程"表和"选课"表进行自然联结。

```
SELECT a.*, b.* FROM 选课 a INNER JOIN 课程 b ON a.课程编号=b.课程编号
```

语句执行结果如图 5-29 所示。

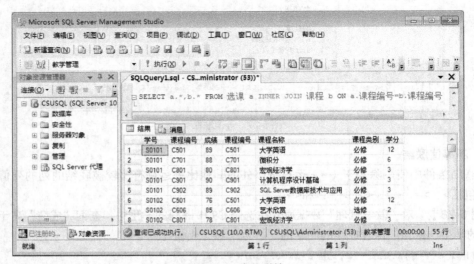

图 5-29 自然联结

查询语句的查询列表是 a.*，b.*，所以结果集中包括了"选课"表和"课程"表中的所有列。可以在查询列表中定义需检索的列以避免查询重复的列，如此例的"课程编号"列。

5.3.3　外联结

外联结要求数据表满足联结条件进行联结。在进行外联结查询时，返回的查询结果只有符合查询条件（WHERE 搜索条件或 HAVING 条件）和联结条件的行。外联结与内联结有相同和不同之处。与内联结相同的是，外联结也返回符合联结条件的行，与内联结不同的是外联结还包括数据表没有和另一个表联结上的行。

1. 使用左外联结

左外联结返回左右表符合联结条件联结上的行，并且包括左表的没有和右表联结上的记录行，这些行的相应右表字段置为 NULL。

【例 5-30】 "学生"表左外联结"选课"表。

```
SELECT a.学号,a.姓名,b.课程编号,b.成绩
FROM 学生 a  LEFT OUTER JOIN 选课 b  ON a.学号= b.学号
```

语句执行结果如图 5-30 所示。

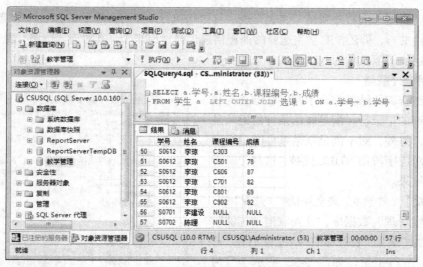

图 5-30　"学生"表与"选课"表的左外联结

此例中"学生"表左外联结"选课"表。从查询结果可以看到,"学生"表中所有的行都显示出来了,虽然有学生还没有选修课程。在返回结果中,将没有选修课程的同学在"选课"表的"课程编号"和"成绩"字段的值显示为 NULL,例如图 5-30 所示的学号为 S0701、S0702 学生的课程编号和成绩。

2.　使用右外联结

右外联结返回左右表符合联结条件联结上的行,并且包括右表的没有和左表联结上的记录行,这些行的相应左表字段置为 NULL。

【例 5-31】　"选课"表右外联结"课程"表。

```
SELECT a.学号,a.成绩,b.课程编号,b.课程名称,b.课程类别,b.学分
FROM 选课 a RIGHT OUTER JOIN 课程 b ON a.课程编号= b.课程编号
```

语句执行结果如图 5-31 所示。

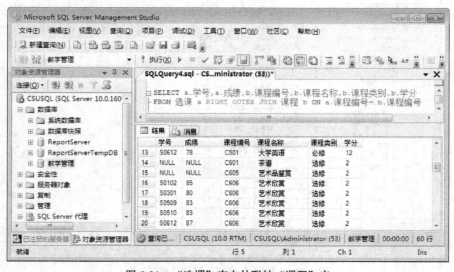

图 5-31　"选课"表右外联结"课程"表

此例中"选课"表右外联结"课程"表。从语句执行结果可以看到，在右外联结中，"课程"表不满足条件的行，即还没有学生选修的课程信息也显示出来了，其对应"选课"表中的"学号"和"成绩"字段的值显示为 NULL。

3. 使用全外联结

全外联结查询的结果综合了左外联结查询和右外联结查询的记录行。满足联结条件的记录是查询的结果，另外，对不满足联结条件的记录，另一个表相对应字段用 NULL 代替，这些记录行也是查询的结果。

【例 5-32】 "学生"表全外联结"选课"表。

在"教学管理"数据库，首先取消"选课"表的学号作为"学生"表外键的约束，然后在"选课"表添加 3 行记录，如图 5-32 所示学号为"JX001"、"JX002"和"JX003"的记录。此时，这 3 个学号学生的学号、姓名等相关信息还未登记在"学生"表中。

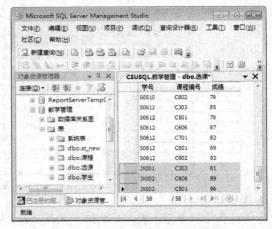

图 5-32 在"选课"表添加 3 行记录

"学生"表全外联结"选课"表的 SQL 语句：

```
SELECT a.学号,a.姓名,b.课程编号,b.成绩 FROM 学生 a
FULL OUTER JOIN 选课 b ON a.学号= b.学号 ORDER BY 课程编号
```

语句执行结果如图 5-33 所示，包括两个表所有符合和不符合联结条件的行。

图 5-33 "学生"表全外联结"选课"表

5.3.4 交叉联结

交叉联结不带 WHERE 子句。数据表的每一行记录都和另一个表的所有记录联结作为结果，返回到结果集合中的数据行数等于第一个表中的数据行数乘以第二个表的数据行数。例如，"学生"表中有 13 个学生，而"选课"表中有 55 条选课记录，则"学生"表和"选课"表交叉联结检索到的记录数等于 13×55=715 行。

【例 5-33】 "学生"表交叉联结"选课"表。

```
SELECT a.学号,a.姓名,b.学号,b.课程编号,b.成绩
FROM  学生 a CROSS JOIN 选课 b
```

语句执行结果如图 5-34 所示。

图 5-34 "学生"表与"选课"表的交叉联结

从执行结果可以看到，"学生"表的每一行记录都和"选课"表的所有记录进行了联结。

5.4 创 建 视 图

视图是关系数据库中提供给用户以多种角度观察数据库中数据的重要机制。用户通过视图浏览数据表中的部分或全部数据，数据的物理存放位置仍然是视图所引用的基表。

5.4.1 视图的概念

数据库的三级模式结构体系包括模式、内模式和外模式。其中的外模式即对应用户视图。对于不同的用户可以定义不同的视图来查看数据库的数据，用户利用视图来浏览数据表中感兴趣的数据。

可以基于一个或多个基本表来创建视图，也可以基于其他视图来创建视图。用户通过视图访

问所需的数据。另外，由于没有授予用户直接访问视图基础表的权限，一定程度上视图也可用作安全机制；还可以在向 SQL Server 2008 复制数据和从其中复制数据时使用视图。

视图的定义包含一系列带有名称的列和数据行，但不存储任何物理数据。数据库中只存放视图的定义，视图行列的数据来自于定义视图的查询所引用的基本表，且在每次查看视图时动态生成。所以也可以说视图是一个虚拟表。

对视图的操作与对表的操作一样，可以对其进行查询、修改和删除，但对数据的操作要满足一定的条件。当对通过视图看到的数据进行修改时，相应的基础表的数据也会发生变化，同样，若基础表的数据发生变化，这种变化也会自动地反映到视图中。

5.4.2　创建视图的方法

创建视图通常有两种方法：一种是通过管理平台创建视图，另一种是使用 T-SQL 的 CREATE VIEW 语句来创建。

1．使用 SQL Server 管理平台创建视图

在 SQL Server 中使用管理平台创建视图的步骤如下。

① 启动 SQL Server 管理平台，登录到指定的服务器，在"对象资源管理器"中选择要创建视图的数据库，在"视图"选项上单击鼠标右键，在弹出的快捷菜单中选择"新建视图"命令，将弹出图 5-35 所示的"添加表"对话框。在对话框中选择好要创建视图的表。

单击"添加"按钮添加选中的表，显示图 5-36 所示的创建视图工作界面。在该界面中从上至下共有 4 个区：表区、列条件区、SQL Script 区和数据结果区。

图 5-35　"添加表"对话框

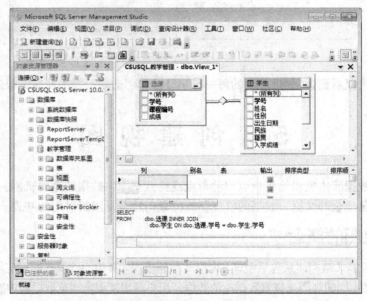

图 5-36　创建视图工作界面

② 在创建视图过程时，如果还需要添加表，可以单击工具栏中的■按钮或在显示表区单击鼠标右键添加表，打开图 5-35 所示的"添加表"对话框。

③ 在列区中选择需要包括在视图的数据列，此时在 SQL Script 区可以看到相应的 SQL Server 脚本。

④ 单击 ▮ 按钮，在数据结果区将显示包含在视图中的数据行。单击■按钮，在弹出的对话框中输入视图名，单击"保存"按钮保存视图，完成视图的创建。

2. 使用 T-SQL 语句创建视图

使用 Transcat-SQL 创建视图的语句为 CREATE VIEW，其语法格式如下：

```
CREATE VIEW [ schema_name . ] view_name [ (column [ ,...n ] ) ]
    [WITH {ENCRYPTION|SCHEMABINDING }]
    AS select_statement [WITH CHECK OPTION]
```

各选项的含义如下。

（1）schema_name：视图所属架构的名称。

（2）view_name：视图的名称。视图名称必须符合有关标识符的规则。可以选择是否指定视图所有者名称。

（3）ENCRYPTION：加密 syscomments 表中包含 ALTER VIEW 语句文本的条目。使用 WITH ENCRYPTION 可防止将视图作为 SQL Server 复制的一部分发布。

（4）SCHEMABINDING：将视图绑定到基础表的架构。如果指定了 SCHEMABINDING，则不能以可影响视图定义的方式来修改基表。

（5）AS：视图要执行的操作。

（6）select_statement：定义视图的 SELECT 语句。该语句可以使用多个表和其他视图，利用 SELECT 命令从表中或视图中选择列构成新视图的列。

（7）WITH CHECK OPTION：要求对该视图执行的所有数据修改语句都必须符合 select_statement 中所设置的条件。

【例 5-34】 在"教学管理"数据库中创建 score_view 视图，该视图选择 2 个基表（学生，成绩）中的数据来显示学生选修课程的成绩情况。

```
CREATE VIEW score_view
AS
SELECT 学生.学号, 学生.姓名, 选课.课程编号, 选课.成绩
FROM 学生 INNER JOIN
    选课 ON 学生.学号= 选课.学号
```

5.5 视图的管理

视图在创建之后，可能会因为查询信息的需求变化而要进行修改和删除。这里来了解视图的修改、删除和应用。

5.5.1 查看和修改视图

可以通过 SQL Server 管理平台和 T-SQL 语句来查看和修改视图。

1. 使用 SQL Server 管理平台修改视图

① 启动 SQL Server 管理平台，登录到指定的服务器。

② 在"对象资源管理器"中展开数据库的视图，此时在右边窗口中显示当前数据库的所有视图。用鼠标右键单击要修改的视图，在弹出的快捷菜单中选择"修改"命令，打开设计视图窗口。

③ 设计视图窗口的使用方法和图 5-36 所示的创建视图工作界面类似。

2. 使用 T-SQL 修改视图

可以使用 ALTER VIEW 语句来修改视图，其语法格式如下：

```
ALTER VIEW [ schema_name . ] view_name [ ( column [ ,...n ] ) ]
    [ WITH {ENCRYPTION|SCHEMABINDING }] AS select_statement
    [ WITH CHECK OPTION ]
```

各选项的含义如下。

（1）schema_name：视图所属架构的名称。

（2）view_name：要更改的视图。

（3）column：一列或多列的名称，用逗号分开，将成为给定视图的一部分。

（4）ENCRYPTION：加密 syscomments 表中包含 ALTER VIEW 语句文本的条目。使用 WITH ENCRYPTION 可防止将视图作为 SQL Server 复制的一部分发布。

（5）SCHEMABINDING：将视图绑定到基础表的架构。如果指定了 SCHEMABINDING，则不能以可影响视图定义的方式来修改基表。

（6）AS：视图要执行的操作。

（7）select_statement：定义视图的 SELECT 语句。

（8）WITH CHECK OPTION：要求对该视图执行的所有数据修改语句都必须符合 select_statement 中所设置的条件。

【例 5-35】 修改教学管理数据库中的 score_view 视图，显示学生"学号""姓名""课程编号""课程名称""学分"和"成绩"。

```
ALTER VIEW score_view
AS
SELECT 学生.学号, 学生.姓名,
课程.课程编号, 课程.课程名称, 课程.学分, 选课.成绩
FROM 学生 INNER JOIN 选课 ON 学生.学号= 选课.学号
INNER JOIN 课程
ON 课程.课程编号= 选课.课程编号
```

5.5.2 删除视图

不再需要的视图可以通过 SQL Server 管理平台和 T-SQL 语句来删除。

1. 使用 SQL Server 管理平台删除视图

在 SQL Server 2008 中，通过 SQL Server 管理平台删除视图的步骤如下。

① 从 SQL Server 2008 程序组中启动 SQL Server 管理平台，登录到指定的服务器。

② 展开要操作的数据库的视图文件夹，单击"视图"选项，在右边的窗格中显示了当前数据库的所有视图，用鼠标右键单击要删除的视图，在弹出的菜单中选择"删除"命令，弹出图 5-37 所示的"删除对象"对话框。

③ 在图 5-37 中单击"确定"按钮，就可完成视图的删除工作。

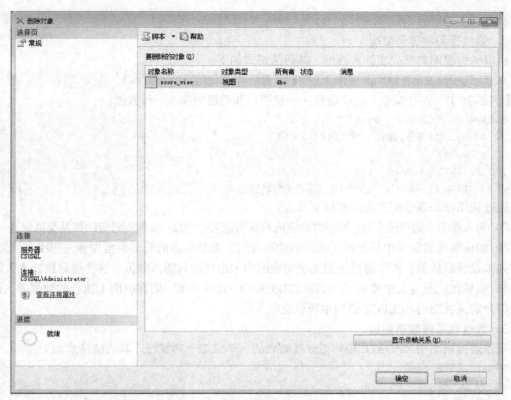

图 5-37　"删除对象"对话框

2. 使用 T-SQL 语句删除视图

可以使用 DROP VIEW 语句来删除视图，其语法格式如下：

```
DROP VIEW [ schema_name . ] view_name [ ...,n ]
```

各选项的含义如下。

（1）schema_name：视图所属架构的名称。

（2）view_name：要删除的视图的名称，可以删除多个视图。

【例 5-36】　使用 T-SQL 语句删除 score_view 视图。

```
USE 教学管理
DROP VIEW score_view
GO
```

5.5.3　视图的应用

视图使用户能够着重于操作特定数据和执行特定任务。不必要的数据或者敏感数据可以不被定义出现在视图中。类似对表的直接操作，也可以通过定义的视图对基本表中的数据进行检索、添加、修改和删除。

1. 通过视图检索表数据

视图建立后，可以用任一种查询方式通过视图检索数据，对视图可使用联结、GROUP BY 子句、子查询等以及它们的任意组合（参考第 5 章数据表查询部分）。

【例 5-37】　查询例 5-35 所修改的视图 score_view 中的姓名为"李思思"的同学所选修的课程名称和成绩。

```
SELECT 姓名,课程名称, 成绩 FROM score_view WHERE 姓名='李思思'
```

2. 通过视图添加表数据

可以通过视图向基础表插入数据，其语法格式如下：

```
INSERT INTO 视图名 VALUES(列值1, 列值2, 列值3, …, 列值n)
```

【例5-38】 在"学生"表中建立一个视图，利用视图插入一行数据。

```
CREATE VIEW student_view
    AS SELECT 学号,姓名,入学成绩,专业名称
    FROM 学生
INSERT INTO student_view
    VALUES ('S0609','何雅静', 576,'会计学')
```

通过视图添加表数据时应注意以下几点。

① 插入视图中的列值个数、数据类型应该和视图定义的列数、基础表对应的数据类型保持一致。

② 如果视图的定义中只选择了基础表的部分列，而基础表的其余列至少有一列不允许为空，且该列未设置默认值。由于通过视图无法对视图中未出现的列插入数值，这样将导致插入失败。

③ 如果在视图定义中使用了 WITH CHECK OPTION 子句，则在视图上执行的数据插入语句必须符合定义视图的 SELECT 语句中所设定的条件。

3. 通过视图修改表数据

可以通过视图用 UPDATE 语句更改基础表的一个或多个列或行。其语法格式如下：

```
UPDATE 视图名
SET 列1=列值1
    列2=列值2
    ……
    列n=列值n
    WHERE 逻辑表达式
```

【例5-39】 利用视图 student_view 修改学号为"S0609"同学的入学成绩为589。

```
UPDATE student_view
    SET 入学成绩=589 WHERE 学号='S0609'
```

通过视图更改基础表的数据时应注意以下几点。

① 若视图包含了多个基础表，通过视图修改基础表中的数据时，不能同时修改两个或者多个基表的数据。即每次被更新的的列必须属于一个表，每次修改只能影响一个基表。

② 如果在创建视图时指定了 WITH CHECKOPTION 选项，在使用视图修改数据库信息时，必须保证修改后的数据满足视图定义的范围。

4. 通过视图删除表数据

通过视图删除基础表的数据行的语法格式如下：

```
DELETE FROM 视图名
WHERE 逻辑表达式
```

【例5-40】 利用视图 student_view 删除学号为"S0609"的同学的记录。

```
DELETE FROM student_view
WHERE 学号='S0609'
```

通过视图删除基础表数据时应注意以下几点。

① 如果视图引用多个表，则无法用 DELETE 命令删除多个表的数据。

② 通过视图删除基础表数据行，在删除语句的条件中指定的列必须是视图定义包含的列。

总之，使用视图须注意以下几点。

① 只能在当前数据库中创建视图。

② 可以基于数据表创建视图，也可以基于其他视图建立视图。

③ 定义视图的查询不能包含 COMPUTE 子句、COMPUTE BY 子句或 INTO 关键字。

④ 定义视图的查询不能包含 ORDER BY 子句，除非在 SELECT 语句的选择列表中包含 TOP 子句或 FOR XML。

⑤ 不能建立临时视图，也不能对临时表创建视图。

⑥ 视图的建立和删除不影响基本表。

⑦ 利用视图更新（添加、修改、删除）数据直接影响基本表。

⑧ 若视图引用多个表，当只影响视图所引用的其中一个基表时，才可以对其执行 UPDATE、DELETE 或 INSERT 语句更新视图。

习　题

一、选择题

1. SELECT 查询中，要把结果中的行按照某一列的值进行排序，所用到的子句是（　　）。

    A. ORDER BY　　　B. WHERE　　　C. GROUP BY　　　D. HAVING

2. 关于 ORDER BY 子句，下列说法正确的是（　　）。

    A. 升序和降序的关键字是 DESC 和 ASC

    B. 只能按一个列进行排序

    C. 排序列不可以用它们在 SELECT 子句中的次序号代替

    D. 允许对多个列进行排序

3. 下面聚集函数中，只能用于计算数值类型数据的是（　　）。

    A. count（　）　　　B. min（　）　　　C. max（　）　　　D. sum（　）

4. 有两个表的记录数分别为 7 和 9，对两个表执行交叉联结查询，查询结果中最多得到（　　）条记录。

    A. 16　　　　　　B. 63　　　　　　C. 2　　　　　　D. 32

5. 若要把查询结果存放到一个新建的表中，可使用（　　）子句。

    A. ORDER BY　　　B. UNION　　　C. INTO　　　D. HAVING

6. 在 SELECT 语句中，下列（　　）子句用于对分组统计进一步设置条件。

    A. ORDER BY　　　B. GROUP BY　　C. WHERE　　　D. HAVING

7. SQL 语言中，条件年龄 BETWEEN 15 AND 35 表示年龄在 15 至 35 之间，且（　　）。

    A. 包括 15 岁和 35 岁　　　　　　　B. 不包括 15 岁和 35 岁

    C. 包括 15 岁但不包括 35 岁　　　　D. 包括 35 岁但不包括 15 岁

8. 用于测试跟随的子查询中的行是否存在的关键字是（　　）。

    A. MOVE　　　　B. EXISTS　　　C. UNION　　　D. HAVING

9. SQL Server 中，下列涉及空值的操作，不正确的是（　　）。

    A. age IS NULL　　　　　　　　　B. age IS NOT NULL

    C. age = NULL　　　　　　　　　D. NOT （age IS NULL）

10. 假设有 scores 表的设计如下：

abusiveID（编号，主键）
StudentID（学生编号）
CourseID（课程编号）
Score（分数）

要查询参加过至少两门课程考试的学生各门课程的平均成绩，以下正确的 T-SQL 语句是（　　）。

    A. SELECT StudentID，Avg（score）　FROM scores GROUP BY StudentID HAVING Count（studentID）>1

    B. SELECT StudentID，Avg（score）　FROM scores GROUP BY StudentID WHERE Count（studentID）>1

    C. SELECT StudentID，Avg（score）　FROM scores WHERE Count（studentID）>1

    D. SELECT StudentID，Avg（score）　FROM scores HAVING Count（studentID）>1

11. 关于视图，以下（　　）说法是错误的。

    A. 使用视图，可以简化数据的使用。

    B. 使用视图，可以保护敏感数据。

    C. 视图中只存储了查询语句，并不包含任何数据。

    D. 视图是一种虚拟表，视图中的数据只能来源于物理数据表，不能来源于其他视图。

12. 要删除视图 myview，可以使用（　　）语句。

    A. DROP myview
             B. DROP TABLE myview

    C. DROP INDEX myview
        D. DROP VIEW myview

13. 已知有 scores 表，scoreid 为主键，现在表中共有 10 条记录，其中一条 scoreid=21。创建视图：

```
CREATE VIEW view_scores
AS
SELECT * FROM scores
```

执行如下命令：

```
DELETE FROM view_scores WHERE (scoreid = 21)
```

再执行如下命令：

```
SELECT * FROM scores
SELECT * FROM view_scores
```

假定上述命令全部执行成功，scores 表和 view_scores 视图将各自返回（　　）行记录。

    A. 10，10
        B. 10，9
        C. 9，10
        D. 9，9

14. 在视图上不能完成的操作是（　　）。

    A. 更新视图数据
             B. 查询

    C. 在视图上定义新的基本表
     D. 在视图上定义新视图

二、填空题

1. SELECT 查询语句中两个必不可少的子句是_____和_____。

2. 左外联结返回联结中左表的_____数据行，返回右表中的_____数据行。

3. 当完成数据结果的查询和统计后，可以使用 HAVING 关键字来对查询和计算的结果进行_____。

4. _____是一个非常特殊但又非常有用的函数，它可以计算出满足约束条件的一组条件的行数。

5. 在 SELECT 查询中，若要消除重复行，应使用关键字_____。

6. 为视图提供数据的表称为_____。

三、问答题

1. COMPUTE 与 COMPUTE BY 子句在使用的时候有什么不同？

2. 内联结和外联结有何区别？

3. 设有图书管理数据库：

图书(图书编号 char (8)，分类编号 char (8)，书名 varchar (30)，作者 varchar (10)，出版单位 varchar (30)，单价 numeric (6,2))

读者(借书证号 char (6)，单位 varchar (20)，姓名 varchar (10)，性别 char (2)，职称 varchar (6)，地址 varchar (30))

借阅(借书证号 char (6)，图书编号 char (8)，借书日期 datetime(8))

写出以下要求的 SQL 语句。

（1）查询由"人民邮电出版社"或"清华大学出版社"出版，并且单价不超出 20 元的书名。

（2）查询共借出多少种图书。

（3）查询"CIT"单位借阅图书的读者的人数。

（4）查询书价在 15 元至 25 元（含 15 元和 25 元）之间的图书的书名、作者、书价和分类号，结果按分类号升序排序。

4. 已知学生数据库中存在 3 个表：

Student(Sno, Sname,Sage, Sdept)
Course(Cno, Cname, Ccredit)
SC(Sno, Cno, Grade)

其中，Sno 代表学号，Sname 代表姓名，Sage 代表年龄，Sdept 代表院系，Cno 代表课程编号，Cname 代表课程名称，Ccredit 代表学分，Grade 代表成绩。

按要求写出 T-SQL 语句。

（1）查询选修了 3 号课程的学生的学号及其成绩，查询结果按分数的降序排列。

（2）查询选修了课程名为"信号系统"的学生学号和姓名（用嵌套查询完成）。

（3）查询每个学生的学号、姓名、选修的课程名及成绩（涉及 3 个表的联结，用 2 种语法格式完成）。

（4）在查询的基础上创建一个新表 student1，把跟"李辰"在同一个系学习的学生的基本信息放到表 student1 中。

（5）求各个课程号及相应的选课人数。

（6）查询"数据库技术与应用"课程的平均成绩。

（7）查询每门课程的最高分和最低分。

（8）查询每门课程考试成绩在前 5%的选课记录。

（9）查询选修了 3 门及以上课程的学生的学号。

（10）查询被所有同学选修了的课程的编号及课程名称。

5. 简述视图的概念和优点。

本章学习目标:

- 掌握 T-SQL 的数据与表达式的表示方法。
- 理解函数的概念并掌握自定义函数的设计和使用方法。
- 掌握程序控制流语句的使用方法。
- 掌握游标的使用方法。

SQL Server 数据库管理系统的编程语言为 T-SQL 语言。T-SQL 与标准 SQL 语言兼容,同时对标准 SQL 语言的功能进行了扩充和增强。为了方便编写程序,T-SQL 提供了丰富的语法要素,理解和掌握这些语法是 T-SQL 程序设计的基础。

6.1　数据与表达式

SQL Server 提供了各种基本数据类型的数据、常量和变量,可以和运算符组成表达式。表达式通常是 SQL 语句的重要组成部分。了解 T-SQL 的数据和表达式是编写 SQL 程序的前提。

6.1.1　用户定义数据类型

SQL Server 定义的基本数据类型包括:字符数据类型、二进制数据类型、日期时间数据类型、逻辑数据类型、数值数据类型,用于各类数据值的存储、检索和解释。此外,还有其他一些数据类型,如 timestamp(时间戳数据类型)、sql_variant(可变数据类型)、table(表类型)、uniqueidentifier(全局唯一标识符类型)、XML、cursor 等。相关内容可以参考本书 3.1.2 节。另外,SQL Server 还允许用户基于系统的基本数据类型定义自定义数据类型。

创建用户定义数据类型时,必须说明数据类型的名称、作为新数据类型基础的系统数据类型和 NULL 值属性(数据类型是否允许 NULL 值)。

在 SQL Server 中,提供了两种方式来创建用户定义数据类型:使用系统存储过程 sp_addtype 和 SQL Server 对象资源管理器。使用系统存储过程 sp_addtype 创建用户定义数据类型可以参考本书 3.1.2 节。这里主要介绍使用 SQL Server 对象资源管理器创建用户定义数据类型。

在 SQL Server 对象资源管理器中,为"教学管理"数据库创建一个不允许 NULL 值的用户定义数据类型 type_st_id,操作步骤如下。

① 选择"教学管理"数据库并展开,然后选择"可编程性"节点并展开,选择"类型"并展

开，在"用户定义数据类型"节点上单击鼠标右键，在出现的快捷菜单中选择"新建用户定义数据类型"命令，将弹出 "新建用户定义数据类型"对话框。

② 在新建"用户定义数据类型"窗口中的"名称"文本框内输入 type_st_id，在"数据类型"下拉列表框中选择 char，在"长度"文本框中输入 10。由于 type_st_id 不允许为空值，所以此处不要勾选"允许空值"，如图 6-1 所示。

图 6-1　"新建用户定义数据类型"对话框

③ 单击"确定"按钮完成创建用户自定义数据类型。

用户自定义数据类型定义后，可以类似于系统基本数据类型一样使用，如在 CREATE DATABASE 和 ALTER DATABASE 语句中定义数据表的列。例如，创建"学生"表和"选课"表的"学号"列时，可以直接选择使用用户定义类型 type_st_id 来定义。还可以将默认和规则关联于用户定义数据类型，为用户定义数据类型的列提供默认值和完整性约束。

对于不再需要的用户定义数据类型，可以在 SQL Server 对象资源管理器中删除。在 SQL Server 对象资源管理器该用户定义数据类型上单击鼠标右键，选择"删除"命令，在打开的"删除对象"的对话框中，单击"确定"按钮即可将其删除。

6.1.2　常量与变量

常量是在程序运行过程中其值不发生变化的量。相应地，在程序运行过程中其值可以改变的量，称为变量。

1. 常量

常量根据其数据的类型，有字符串和二进制常量、日期/时间常量、数值常量、逻辑数据常量等。

（1）字符串和二进制常量

字符串常量表示在一对单引号内，可以包含字母、数字字符（a~z、A~Z 和 0~9）、汉字及其他特殊字符，如感叹号（！）、at 符（@）和数字号（#）等。若要表示单引号字符，须用两个单引号来表示。例如：

'World'、'SQL Server 2008'为字符串常量。

SQL Server 中，字符串常量还可以采用 Unicode 字符串的格式，即在字符串前面用 N 标识（N表示 SQL—92 标准中的国际语言，National Language），如 N'DATABASE MANAGEMENT SYSTEM'，表示字符串'DATABASE MANAGEMENT SYSTEM'为 Unicode 字符串。

二进制常量具有前辍 0x 并且是十六进制数字字符串，它们不使用引号。

例如，0xBF、0xAB、0x329019AEFDD010E、0x（空串）为二进制常量。

（2）日期/时间常量

SQL Server 中可用日期时间格式，如表 6-1 所示。

表 6-1   SQL Server 日期时间格式

输入格式	datetime 值	Smalldatetime 值
Sep 1，2014 1：34：34.122	2014-09-01 01：34：34.123	2014-09-01 01：35：00
9/1/2014 1PM	2014-09-01 13：00：00.000	2014-09-01 13：00：00
9.1.2014 13：00	2014-09-01 13：00：00.000	2014-09-01 13：00：00
13：25：19	1900-01-01 13：25：19.000	1900-01-01 13：25：00
9/1/2014	2014-09-01 00：00：00.000	2014-09-01 00：00：00

输入时，可以使用"/"".""-"作日期常量的分隔符。默认情况下，服务器按照 mm/dd/yy 的格式（即月/日/年的顺序）来处理日期类型数据。SQL Server 支持的日期格式有 mdy、dmy、ymd、myd、dym，用 SET DATEFORMAT 命令来设定格式。表示日期/时间常量类似于字符串常量应用一对单引号括起来。

对于没有日期的时间值，服务器将其日期指定为 1900 年 1 月 1 日。

（3）数值常量

数值常量包括整型常量、浮点常量、货币常量、uniqueidentifier 常量。

① 整型常量由没有用引号括起来且不含小数点的一串数字表示。例如，2006、2 为整型常量。

② 浮点常量主要采用科学记数法表示，例如，2.5E5、0.6E-2 为浮点常量。

③ 精确数值常量由没有用引号括起来且包含小数点的一串数字表示。例如，2006.12、2.0 为精确数值常量。

④ 货币常量是以"$"为前缀的一个整型或实型常量数据，不使用引号。例如，$16.5、$152029.25 为货币常量。

⑤ uniqueidentifier 常量是表示全局唯一标识符 GUID 值的字符串。可以使用字符或二进制字符串格式指定。

（4）逻辑数据常量

逻辑数据常量使用数字 0、1 分别表示假值和真值，非 0 的数值当作真值以 1 处理。

（5）空值

在数据表列定义之后，还需确定该列是否允许空值（NULL）。允许空值意味着用户在向表中添加记录时可以暂时不输入该列值。空值可以代表整型、实型、字符型数据。

2. 变量

变量用于保存数据，变量中存放的数据可以在程序的运行过程中发生变化。定义变量应说明变量的名字和数据类型两个属性。

变量的命名使用常规标识符，即以字母、汉字、下画线（_）、at 符号（@）、数字符号（#）开头，后续字母、汉字、数字、at 符号、美元符号（$）、下画线的字符序列。变量名称不允许包含空格或其他特殊字符。

SQL Server 的变量包括全局变量和局部变量两类，其中全局变量由系统定义并维护。全局变量的名称前面加 "@@" 符号以区别于变量名称前为单个 "@" 的局部变量。

（1）局部变量

变量是在批处理、存储过程或触发器等过程的主体中用 DECLARE 语句声明，并用 SET 或 SELECT 语句赋值。游标变量可使用此语句声明，并可用于其他与游标相关的语句。除非在声明中提供值，否则变量声明之后将初始化为 NULL。局部变量的作用范围仅限制在程序内部，且当它所在的过程处理结束，存储在局部变量中的信息将丢失。

DECLARE 语句的语法格式如下：

```
DECLARE {@local_variable data_type }[,…n]
```

其中，@local_variable 是变量的名称。局部变量名必须以 "@" 符号开头，且必须符合标识符规则，最大长度为 30 个字符。data_type 是任何由系统提供或用户自定义的数据类型。用 DECLARE 定义的变量不能是 text、ntext 或 image 数据类型。

一条 DECLARE 语句可以定义多个变量，各变量之间使用逗号隔开。例如：

DECLARE @st_id　char（10），　@st_name　int

局部变量没有被赋值前，其值是 NULL，若要在程序中引用它，必须先赋值。局部变量的赋值可以通过 SELECT、UPDATE 和 SET 语句进行。SELECT 或者 PRINT 语句可用于显示局部变量的值。

① 用 SELECT 为局部变量赋值。

在 T-SQL 中，通常用 SELECT 语句为变量赋值，格式如下：

```
SELECT @variable_name=expression[, …n]
FROM
WHERE
```

例如，

```
DECLARE @number INT    /*声明变量@number*/
SELECT @number =16    /*给@number 赋值*/
SELECT @number       /*将@number 的值输出显示在屏幕上*/
```

在一条语句中可以同时对几个变量进行赋值。

SELECT 可以从一个表中检索出数据并赋值给局部变量。

【例 6-1】　使用 SELECT 语句从 "选课" 表中检索出课程编号为 "C501" 的选课人数，再将人数赋给变量@sum。

```
DECLARE @sum int    /*@sum 为局部变量*/
SELECT @sum=Count(*)   FROM 选课
WHERE 课程编号='C501'
```

通常情况下，一条 SELECT 赋值语句只能返回一行。若一条 SELECT 赋值语句在检索数据后返回了多行，则只将返回的最后一行的值赋给局部变量。如果检索结果为空，则此局部变量的值保持不变。

例如以下语句只将返回的多行记录的最后一行的成绩值赋给局部变量@score。

```
DECLARE @score int
SELECT @score=成绩 FROM 选课
WHERE 课程编号='C501'  /*@score 为局部变量, 成绩为"选课"表中的列名称*/
SELECT @score
```

② 利用 UPDATE 为局部变量赋值。

在 SQL Server 中，还可以使用 UPDATE 语句来为变量赋值。

【例 6-2】 将"课程"表中课程编号为"C501"的学分赋给局部变量@credit。

```
DECLARE @credit float
UPDATE 课程 SET @credit=学分   WHERE 课程编号='C501'/*@credit 为局部变量, 学分为"课程"表中的列名称*/
```

③ 用 SET 给局部变量赋值。

在为变量赋值时，建议使用 SET 语句，其语法格式如下：

```
SET {@local_variable=expression}
```

其中，expression 是任何有效的 SQL Server 表达式。

使用 SET 初始化变量的方法与 SELECT 语句相同，但一个 SET 语句只能为一个变量赋值。SET 也可以使用查询给变量赋值。

【例 6-3】 计算"学生"表的记录数并赋值给局部变量@st_sum。

```
DECLARE @st_sum int
SET @st_sum=(SELECT Count(*) FROM学生)
```

（2）全局变量

全局变量是 SQL Server 系统内部使用的变量，通常被服务器用来跟踪服务器范围和特定会话期间的信息。全局变量不能由用户定义，不能显式地被赋值或声明，也不能被应用程序用来在处理器之间交叉传递信息。

全局变量的作用范围并不仅仅局限于某一程序，任何程序均可以引用。全局变量通常存储一些 SQL Server 的配置设定值和统计数据，且由服务器来维护这些数据。用户可以在程序中用全局变量来查看系统的设定值或者是 T-SQL 命令执行后的状态值数据。在使用中，注意局部变量的名称不能与全局变量的名称相同，否则会在应用程序中出现不可预测的结果。

表 6-2 所示为 SQL Server 中常用的全局变量。

表 6-2　　　　　　　　　　　　　SQL Server 中常用的全局变量

变量	说明
@@rowcount	前一条命令处理的行数
@@error	前一条 SQL 语句报告的错误号
@@trancount	事务嵌套的级别
@@transtate	事务的当前状态
@@tranchained	当前事务的模式（链接的非链接的）
@@servername	本地 SQL Server 的名称
@@version	SQL Server 和 O/S 版本级别
@@spid	当前进程 id
@@identity	上次 INSERT 操作中使用的 identity 值
@@nestlevel	存储过程/触发器中的嵌套层
@@fetch_status	游标中上条 FETCH 语句的状态

【例6-4】 查看前一条命令影响到的记录行数。

```
DECLARE @rows int
SELECT @rows=@@rowcount
@@rowcount 存储前一条命令影响到的记录总数。
```

6.1.3 运算符与表达式

运算符用于对操作对象执行一定的运算。T-SQL 运算符共有 5 类，即算术运算符、位运算符、逻辑运算符、比较运算符、连接运算符。运算符与操作对象组合成为表达式。简单的表达式可以是一个常量、变量、列或函数，复杂表达式是由运算符连接一个或多个简单表达式组成。

1. 算术运算符与表达式

算术运算符用于数值型运算对象间的算术运算。算术运算符包括加（+）、减（-）、乘（*）、除（/）和取模（%）运算等。表 6-3 所示为所有的算术运算符及其可操作的数据类型。

表6-3 算术运算符及其可操作的数据类型

算术运算符	数据类型
+、-、*、/	int、smallint、tinyint、numeric、decimal、float、real、money、smallmoney
%（取模）	int、smallint、timyint

算数运算符的优先级从高到低为 *、/、% →+、- 。*、/、% 同级，+、- 同级。在一个表达式中有多个算术运算符，按照运算优先级别由高到低计算。同一个表达式中出现相同级别的算术运算符，按从左到右顺序依次执行。表达式中括号内的部分优先于表达式其他部分运算。算术运算的结果为优先级较高的参数的数据类型。

【例6-5】 使用 "+" 将 "课程" 表中低于 2 的课程学分增加 1。

```
UPDATE 课程 SET 学分=学分+1
WHERE 学分<2
```

2. 位运算符与表达式

位运算符用于对二进制数据按位与（&）、或（|）、异或（^）、求反（~）等运算。其中位与、位或、位异或运算符需要两个操作数，求反运算符仅需要一个操作数。表 6-4 所示为位运算符及其可操作的数据类型。

表6-4 位运算符及其可操作的数据类型

位运算符	左操作数	右操作数
&	int、smallint、tinyint	int、smallint、tinyint、bigint
|	int、smallint、tinyint	int、smallint、tinyint、binary
^	binary、varbinary、int	int、smallint、tinyint、bit
~	无左操作数	int、smallint、tinyint、bit

& 运算只有当两个表达式中的两个位值都为 1 时，结果中的位才被设置为 1，否则结果中的位被设置为 0。

| 运算时，如果在两个表达式的任一位为 1 或者两个位均为 1，那么结果的对应位被设置为 1；如果表达式中的对应两位均为 0，则运算结果为 0。

^运算时，如果在两个表达式中对应位不同，分别为 1 和 0，则结果中位的值被设置为 1；如果对应两位的值都为 0 或者都为 1，则结果中该位的值为 0。

～ 运算时，如果表达式某位为 1，则结果中的该位为 0，否则相反。

在 T-SQL 语句中，整型数据也可以先转换为二进制数，然后再进行计算。

【例 6-6】 位运算。

```
171&73=（0000 0000 1010 1011）₂ &（0000 0000 0100 1001）₂=（0000 0000 0000 1001）₂=9
15 | 12=15
15 ^12=3
～1=-2
```

3. 比较运算符与表达式

比较运算符用来比较两个表达式的值之间的大小关系，也可用于字符、数字或日期数据。SQL Server 中的比较运算符有大于（>）、小于（<）、大于等于（>=）、小于等于（<=）和不等于（!= 或<>）等，比较运算返回布尔值 TRUE、FALSE 及 UNKNOWN。

一般情况下，带有一个或两个 NULL 表达式的运算符返回 UNKNOWN。当 SET ANSI_NULLS 为 OFF 且两个表达式都为 NULL 时，"="运算符返回 TRUE。

4. 逻辑运算符与表达式

逻辑运算符有与（AND）、或（OR）、非（NOT）等。逻辑运算符和比较运算符一样，返回 TRUE、FALSE 及 UNKNOWN 的布尔数据值。逻辑运算符经常和比较运算一起构成更为复杂的表达式。表 6-5、表 6-6、表 6-7 所示为逻辑运算符 AND、OR、NOT 及其运算情况。

其中，TRUE AND FALSE 为假；TRUE OR FALSE 为真；NOT TRUE 为假。

表 6-5   逻辑 AND 运算符

AND（与运算）	TRUE	UNKNOWN	FALSE
TRUE	TRUE	UNKNOWN	FALSE
UNKNOWN	UNKNOWN	UNKNOWN	FALSE
FALSE	FALSE	FALSE	FALSE

表 6-6   逻辑 OR 运算符

OR（或运算）	TRUE	UNKNOWN	FALSE
TRUE	TRUE	TRUE	TRUE
UNKNOWN	TRUE	UNKNOWN	UNKNOWN
FALSE	TRUE	UNKNOWN	FALSE

表 6-7   逻辑 NOT 运算符

NOT（非运算）	运算结果
TRUE	FALSE
UNKNOWN	UNKNOWN
FALSE	TRUE

除了 AND、OR 和 NOT 运算符以外，在 SQL Server 中还有一些运算结果为布尔值的运算符，如表 6-8 所示。

表 6-8   逻辑运算符

运算符	含义
LIKE	如果操作数与一种模式相匹配，那么值为 TRUE
IN	如果操作数等于表达式列表中的一个，那么值为 TRUE
ALL	如果一系列的比较都为 TRUE，那么值为 TRUE
ANY	如果一系列的比较中任何一个为 TRUE，那么值为 TRUE
BETWEEN	如果操作数在某个范围之内，那么值为 TRUE
EXISTS	如果子查询包含一些行，那么值为 TRUE

LIKE 运算符确定给定的字符串是否与指定的模式匹配，通常只限于字符数据类型。模式可以使用通配符字符，如表 6-9 所示，它们使 LIKE 更加灵活。

表 6-9   LIKE 的通配符

运算符	描述
%	包含零个或多个字符的任意字符串
_	下画线，对应任何单个字符
[ ]	指定范围（a~f）或集合（[abcdef]）中的任何单个字符
[^]	不属于指定范围（a~f）或集合（[abcdef]）的任何单个字符

【例 6-7】   LIKE 使用示例。

```
SELECT  *  FROM 课程 WHERE 课程名称 LIKE '%数据库%'
```

本例查找所有课程名称中包含"数据库"的课程信息。

语句执行结果如图 6-2 所示。

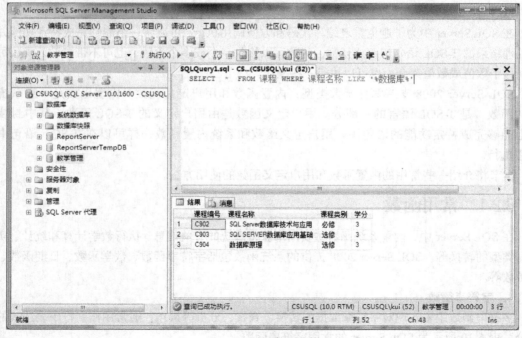

图 6-2 LIKE 使用示例

5. 联结运算符与表达式

联结运算符（＋）用于两个字符串数据的连接。字符串联结运算符的操作数类型有 char、varchar 和 text 等。例如，'SQL Server'+'数据库管理系统'中的"+"运算符将两个字符串连接成一个字符串' SQL Server 数据库管理系统'。

6. 运算符的优先级别

不同运算符具有不同的运算优先级，在一个表达式中，运算符的优先级决定了运算的顺序。SQL Server 中各种运算符的优先顺序如下。

① 括号：()。

② 正、负、取反运算符：+、-、~。

③ 乘、除、求模运算符：*、/、%。

④ 加、减、字符连接运算符：+、-、+。

⑤ 比较运算符：=、>、<、>=、<=、<>、!=、!>、!<。

⑥ 位运算符：^、&、|。

⑦ 逻辑非运算符：NOT。

⑧ 逻辑与运算符：AND。

⑨ ALL、ANY、BETWEEN、IN、LIKE、OR 和 SOME 等运算符。

⑩ 赋值运算符：=。

上面列表中，从上往下运算符的优先级别由高到低。在一个表达式中，先计算优先级较高的运算，后计算优先级低的运算，相同优先级的运算按自左向右的顺序依次进行。

6.2 函　　数

在 SQL Server 中为了避免重复编写代码和方便调用执行，可以将一组能够完成特定功能并返回处理结果的 T-SQL 语句组织成函数。函数可以接收一个或多个参数，也可不带参数。函数可以返回一个数值或数值集合，也可以执行一些操作。

SQL Server 2008 支持两种函数类型：内置函数和用户定义函数。内置函数是一组系统定义的函数，是 T-SQL 语言的一部分。用户定义函数是由用户定义的 T-SQL 函数，其中封装了一组能够完成特定功能的语句块。用户定义函数和系统内置函数一样可以在 T-SQL 语句中被调用执行。

本节将介绍一些常用的内置函数和用户定义函数的使用方法。

6.2.1　常用函数

在 SQL Server 中，内置系统函数主要用来获得系统的有关信息、执行数学计算和统计、实现数据类型的转换等。SQL Server 2008 提供的系统函数包括字符串函数、数学函数、日期函数、系统函数等。

1. 字符串函数

字符串函数用来实现对字符型数据的转换、查找、分析等操作，通常用作字符串表达式的一部分。表 6-10 所示为 SQL Server 的常用字符串函数。

表 6-10　　　　　　　　　　　SQL Server 字符串函数

类别	函数	定义
长度与分析函数	Datalength(char_expr)	返回表达式所占用的字节数，不包括尾部空格
	Len(string_expression)	返回表达式的字符个数，不包含尾随空格
	Substring(expression，start，length)	返回字符串的指定部分
	Left(char_expression,int_expression)	返回从字符串左边开始 int_expression 个字符
	Right(char_expr，int_expr)	返回字符串右部的 int_expr 个字符
基本字符串操作函数	Upper(char_expr)	把字符串转换为大写字符
	Lower(char_expr)	把字符串转换为小写字符
	Space(int_expr)	生成包含 int_expr 个空格的字符串
	Replicate(char_expr，int_expr)	重复字符串 int_expr 次
	Stuff(char_expr1，start，length，char_expr2)	从 start 位置开始删除 char_expr1 中的 length 个字符，在删除处插入 char_expr2
	Reverse(char_expr)	反转字符串
	Ltrim(char_expr)	删除字符串开头的空格
	Rtrim(char_expr)	删除字符串尾部的空格
转换函数	Ascii(char_expr)	返回字符串首字符的 ASCII 码值
	Char(int_expr)	把 ASCII 代码转换为字符
	Str(float_expr[，length[，decimal]])	数字型转换为字符型
	Soundex(char_expr)	返回字符串的 soundex 值
	Difference(char_expr1，char_expr2)	返回字符串表达式的 soundex 代码值之差
字符串查找函数	Charindex(expr1，expr2[，start_location])	返回 expr1 在 expr2 中的起始位置
	Patindex('%pattern%'，expression)	返回指定表达式中子串第一次出现的起始位置

【例 6-8】　字符串函数的使用。

① 使用 Substring（expression，start，length）函数。

```
SELECT Substring('SQL Server 2008',1,10)
```

执行结果获得子串'SQL Server'。

② 使用 Replicate（char_expr，int_expr）函数。

```
SELECT Replicate('OK',3)
```

执行结果为'OKOKOK'。

③ 使用 Char（int_expr）函数。

```
SELECT Char(65)
```

执行结果为'A'。

④ 使用 Charindex 函数实现串内搜索。

charindex 函数主要用于在串内找出与指定串匹配的串，如果找到的话，Charindex 函数返回第一个匹配的位置。Charindex 函数格式中，expr1 是待查找的字符串，expr2 是用来搜索 expr1 的字符表达式，start_location 是在 expr2 中查找 expr1 的开始位置，如果此值省略、为负或为 0，均从起始位置开始查找。

```
SELECT Charindex('SQL Server','SQL Server 2008')
```

执行结果为 1，即从串'SQL Server 2008'的第一个字符位置开始可以匹配字符串'SQL Server'。

2. 数学函数

数学函数用于实现各种数学运算并返回运算结果。数学函数的操作数为数值型数据，如 decimal、integer、float、real、money、smallmoney、smallint、tinyint 等。SQL Server 的数学函数如表 6-11 所示。

表 6-11　　　　　　　　　　　　　　　　　SQL Server 的数学函数

函数名称及格式	描述
Abs(numeric_expr)	求绝对值
Acos(float_expr)	求反余弦值
Asin(float_expr)	求反正弦值
Atan(float_expr)	求反正切值
Atan2(float_expr1,float_expr2)	求 float_expr1/float_expr2 的反正切值
Ceiling(numeric_expr)	求大于或等于指定值的最小整数
Cos(float_expr)	求余弦值
Sin(float_expr)	求正弦值
Cot(float_expr)	求余切值
Tan(float_expr)	求正切值
Degrees(numeric_expr)	求角度值
Radians(numeric_expr)	求弧度值
Exp(float_expr)	求指定值的指数值
Floor(numeric_expr)	求小于或等于指定值的最大整数
Exp(float_expr)	求以 e 为底的幂值
Log(float_expr)	求自然对数值
Log10(float_expr)	求以 10 为底的对数值
Pi( )	返回常量 3.1415926……
Power(numeric_expr, power)	返回 numeric_expr 的 power 次幂
Rand([int_expr])	返回 0 和 1 之间的一个随机浮点数，也可选择使用 int_expr 作为起始值
Round(numeric_expr, int_expr)	把表达式四舍五入到 int_expr 指定的精度
Sign(int_expr)	根据指定值的正负返回 1，0 或−1
Sqrt(int_expr)	返回 float_expr 的平方根

【例 6-9】　Round 函数的使用。

```
SELECT Round(62.45613,3),Round(62.45663,3),Round(65.45663,-1),Round(65.45663,-2)
```

运行结果如下：

```
62.45600    62.45700    70.00000    100.00000
```

int_expr 为负数时，将表达式四舍五入到小数点左边第 int_expr 位。

【例 6-10】　Sqrt 函数的使用。

```
SELECT Sqrt(121)
```

运行结果为 11。

3. 日期函数

日期函数用来操作 datetime 和 smalldatetime 类型的数据。与其他函数一样，可以在 SELECT

语句的 SELECT 和 WHERE 子句以及表达式中使用日期函数。表 6-12 所示为 SQL Server 提供的
日期函数。

表 6-12　　　　　　　　　　　　SQL Server 的日期函数

函数名称及格式	描述
Getdate()	返回当前系统的日期和时间
Datename(datepart，date_expr)	以字符串形式返回 date_expr 中的指定部分，如果合适的话还将其转换为名称（如 June）
Datepart(datepart，date_expr)	以整数形式返回 date_expr 中的 datepart 指定部分
Datediff(datepart,date_expr1,date_expr2)	以 datepart 指定的方式，返回 date_expr2 与 date_expr1 之差
Dateadd(datepart，number，date_expr)	返回以 datepart 指定方式表示的 date_expr 加上 number 以后的日期
Day(date_expr)	返回 date_expr 中的日期值
Month(date_expr)	返回 date_expr 中的月份值
Year(date_expr)	返回 date_expr 中的年份值

日期部分与日期函数一起使用来指定日期值的某一部分，以便于分析和进行日期运算。表 6-13
所示为 SQL Server 支持的日期部分。

表 6-13　　　　　　　　　　　　SQL Server 的日期部分

日 期 部 分	写 法	取 值 范 围
Year	Yy	1753～9999
Quarter	Qq	1～4
Month	Mm	1～12
Dayofyear	Dy	1～366
Day	Dd	1～31
Week	Wk	1～54
Weekday	Dw	1～7(Mon～Sun)
Hour	Hh	0～23
Minute	Mi	0～59
Second	Ss	0～59
Millisecond	Ms	0～999

【例 6-11】　使用 Getdate 函数可返回 SQL Server 的当前日期和时间，例如，

```
SELECT Getdate()
```

运行结果如下：

```
2014-07-05 13:07:53.560
```

【例 6-12】　使用 Datename 函数返回学生的出生日期的年份（yy）。

```
SELECT 姓名,Datename(yy,出生日期) as 出生年份 FROM 学生
```

运行结果如图 6-3 所示。

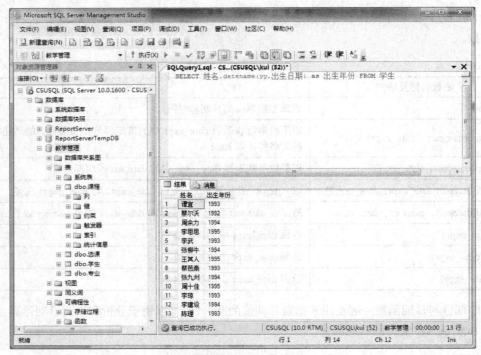

图 6-3　使用 datename 函数

【例 6-13】　dateadd 函数的使用。

```
DECLARE @borrow_date datetime,@return_date datetime
SET @borrow_date=Getdate()
SET @return_date=dateadd(Dd,90,@borrow_date)
PRINT @return_date
```

语句执行结果显示@return_date 为当前日期加 90 天的日期。

4. 系统函数

系统函数用于获取有关计算机系统、用户、数据库和数据库对象的信息。与其他函数一样，可以在 SELECT 和 WHERE 子句以及表达式中使用系统函数。用户可以根据系统函数的返回值进行相应操作。表 6-14 所示为 SQL Server 的系统函数。

表 6-14　　　　　　　　　　　　　　SQL Server 的系统函数

函数名称及格式	描述
Host_id()	客户进程的当前主进程的 id 号
Host_name()	返回服务器端计算机的名称
Suser_sid(['login_name'])	根据用户的登录名返回 SID(Security Identification Number，安全账户名)号
Suser_sname([server_user_sid])	根据用户的 SID 返回用户的登录名
User_id(['name_in_db'])	根据用户数据库的用户名返回用户的数据库 ID 号
User_name([user_id])	根据用户的数据库 ID 号返回用户的数据库用户名
Show_rule()	当前对用户起作用的规则
Db_id(['db_name'])	数据库 ID 号
Db_name([db_id])	数据库名

续表

函数名称及格式	描述
Object_id('objname')	返回数据库对象 id 号
Object_name(obj_id)	返回数据库对象名
Col_name(obj_id,col_id)	返回表中指定字段的名称
Col_length('objname',colname')	返回表中指定字段的长度值
Index_col('objname',index_id,key_id)	返回表内索引识别码为 index_id 的索引名称，并找出组成该索引的列组合中第 key_id 个列名
Datalength(expression)	返回数据表达式的数据的实际长度

【例 6-14】　使用 Host_name 函数返回服务器端计算机的名称。

```
SELECT Host_name()
```

运行结果为 CSUSQL，如图 6-4 所示。

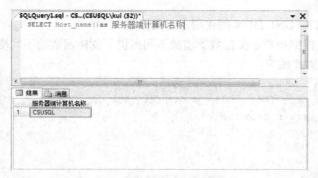

图 6-4　使用 Host_name 函数示例

【例 6-15】　使用 Db_id 函数返回数据库"教学管理"的 ID 号。

```
SELECT Db_id('教学管理')
```

运行结果为：7

【例 6-16】　利用 Db_name 函数返回数据库名。

```
SELECT Db_name(7)
```

运行结果为：教学管理

6.2.2　用户定义函数

SQL Server 2008 提供了许多内置函数，同时还允许用户自定义函数。用户定义函数是用户定义的 T-SQL 函数，它由一组能完成特定功能的 SQL 语句组成。用户定义函数作为数据库对象存储，可以用于定义另一个用户定义函数、在表中定义列、为列定义 CHECK 约束、替换存储过程等，实现代码重用。

根据需要可以在用户定义函数中定义零个或多个参数，函数最多可以有 1024 个输入参数。函数的返回值可以是单个数值，也可以是一个表。

在 SQL Server 2008 中，根据函数返回值形式的不同将用户定义函数分为 3 种类型。

（1）标量函数

标量函数返回一个确定类型的单个值，其函数值类型为 SQL Server 2008 的系统数据类型（除

text、ntext、image、cursor、timestamp、table 类型外）。函数体语句定义在 BEGIN…END 语句内。

（2）内联表值函数

内联表值函数返回的函数值为一个表。内联表值函数的函数体只有一个 SELECT 语句，不使用 BEGIN…END 语句，其返回的表是 RETURN 子句中的 SELECT 命令查询的结果集。用户定义内联表值函数支持在 WHERE 子句中的搜索条件作为参数，而视图不支持在 WHERE 子句中的搜索条件作为参数。所以，内联表值函数具有参数化视图的功能。

（3）多语句表值函数

多语句表值函数的函数值也是一个表，但函数体用 BEGIN…END 语句定义，返回值的表中的数据由函数体中的 INSERT 向返回表变量插入记录行。多语句表值函数可以包含多个 SQL 语句，可以进行多次查询，弥补了内联表值函数的不足。

1. 创建用户定义函数

创建用户定义函数可以使用 SQL Server 对象资源管理器，也可以使用 T-SQL 语句 CREATE FUNCTION 实现。

（1）使用 CREATE FUNCTION 创建用户定义函数

SQL Server 2008 根据用户定义函数类型的不同提供了创建函数的不同格式。

标量函数的语法格式如下：

```
CREATE FUNCTION [owner_name.] function_name
( [{ @parameter_name [AS] scalar_parameter_data_type[=default ] } [, …n ] ] )
RETURNS scalar_return_data_type
[ WITH <function_option> [ [,]…n ] ]
[ AS ]
BEGIN
    function_body
    RETURN scalar_expression
END
```

内联表值函数的语法格式如下：

```
CREATE FUNCTION [owner_name.] function_name
( [{@parameter_name [AS] scalar_parameter_data_type [=default ] } [, …n ] ] )
RETURNS TABLE
[ WITH <function_option> [ [,]…n ] ]
[ AS ]
RETURN [ ( select_stat ) ]
```

多语句表值函数的语法格式如下：

```
CREATE FUNCTION [owner_name.] function_name
( [ { @parameter_name [AS] scalar_parameter_data_type [ = default ] } [, …n ] ] )
RETURNS @return_variable TABLE <table_type_definition>
[ WITH <function_option> [ [,]…n ] ]
[ AS ]
BEGIN
  function_body
  RETURN
END
```

各选项的含义如下。

① owner_name：拥有该用户定义函数的用户 ID 的名称。function_name 为用户定义函数的名称。函数名称必须符合标识符的规则。

② @parameter_name：用户定义函数的参数。参数可以声明一个或多个，最多可以有 1024 个参数。函数执行时每个参数值必须由用户指定，除非定义了默认值。函数参数的默认值在调用时必须由 default 关键字指定。

参数名称的第一个字符应为@符号，参数名称必须符合标识符的规则。每个函数的参数仅用于该函数本身，相同的参数名称可以用在不同的函数中。参数值只能为常量，而不能为表名、列名或其他数据库对象的名称。

③ scalar_parameter_data_type：指定参数的数据类型。所有标量数据类型（包括 bigint 和 sql_variant）都可为函数的参数。不支持 timestamp 数据类型、用户定义数据类型、cursor、table。

④ scalar_return_data_type：标量函数的返回值，它可以是 SQL Server 支持的任何标量数据类型（text、ntext、image 和 timestamp 除外）。

⑤ scalar_expression：指定标量函数返回的标量值。

⑥ TABLE：指定表值函数的返回值为表。内联表值函数通过单个 SELECT 语句定义 TABLE 返回值，它没有相关联的返回变量。在多语句表值函数中，@return_variable 是 TABLE 变量，用于存储作为函数值返回的行。

⑦ function_body：函数体，由 T-SQL 语句组成，只用于标量函数和多语句表值函数。在标量函数中，function_body 可求得标量值。在多语句表值函数中，function_body 返回表变量。

⑧ select_stat：定义内联表值函数返回值的单个 SELECT 语句。

⑨ function_option 的语法格式为：

```
<function_option>::= ENCRYPTION|SCHEMABINDING }
```

其中，ENCRYPTION 指出 SQL Server 加密包含 CREATE FUNCTION 语句文本的系统表列。SCHEMABINDING 指明用该选项创建的函数不能更改（使用 ALTER 语句）或删除（使用 DROP 语句）该函数引用的数据库对象。

⑩ table_type_definition 的语法格式如下：

```
<table_type_definition>::= ( { column_definition|table_constraint } [, …n ] )
```

其中，column_definition 为表的列声明，table_constraint 为表约束。

【例 6-17】　创建一个用户定义函数 course_avg，根据输入的课程代号返回该门课程的平均成绩。

```
CREATE FUNCTION course_avg(@course_id varchar(10))
RETURNS float
AS
BEGIN
RETURN (SELECT Avg(成绩) FROM 选课 WHERE 课程编号=@course_id  GROUP BY 课程编号)
END
```

本例创建了用户定义标量函数 course_avg()，其参数为字符型变量@course_id。在 course_avg() 函数体中由 RETURN 计算并返回其括号中的表达式的值作为函数值，在该表达式调用了聚合函数 Avg()计算平均成绩。

【例 6-18】　创建用户定义函数 st_point，返回输入学号的学生的所有课程成绩。

```
CREATE FUNCTION st_point(@st_id char(10))
RETURNS TABLE
AS
RETURN(SELECT 学生.学号,姓名,课程名称,成绩
        FROM 学生 JOIN 选课 on 学生.学号=选课.学号 JOIN 课程 ON 选课.课程编号=课程.课程编号
    WHERE 学生.学号=@st_id)
```

本例创建了一个内联表值函数 st_point，其输入参数为@st_id，用于输入学生学号。st_point 函数的返回值类型为表，该表中数据通过 SELECT 子句从学生、课程、成绩三个数据表中查询获取。

【例 6-19】　创建函数 course_stat，根据输入的课程编号，返回所有选修该门课程的学生学号、姓名和该门课程成绩。

```
CREATE FUNCTION [dbo].[course_stat](@course_id varchar(10))
RETURNS @course_query TABLE
( st_id char(10),
      st_name varchar(20),
      course varchar(30),
      score float)
AS
BEGIN
INSERT @course_query
SELECT 学生.学号, 学生.姓名, 课程名称, 成绩 FROM 选课 JOIN 学生 ON 学生.学号=选课.学号 JOIN 课程 ON
课程.课程编号=选课.课程编号 WHERE 课程.课程编号=@course_id
return
END
```

本例创建了一个多语句表值函数 course_stat，其输入参数为@course_id，用于输入课程编号。course_stat 函数的返回值类型为表，并定义返回表@course_query 的列属性。该表通过 SELECT 语句从"学生"表、"课程"表、"选课"表中查询输入的课程编号的课程被学生选修的成绩等信息，保存到表@course_query 中。

（2）使用 SQL Server 管理平台创建用户定义函数

在 SQL Server 管理平台中选择要创建用户定义函数的数据库（如"教学管理"数据库），在数据库对象"函数"项上单击鼠标右键，从弹出的快捷菜单中选择"新建"→"内联表值函数"命令，出现图 6-5 所示的"用户定义函数属性"编辑框。

图 6-5　"用户定义函数属性" 编辑框

在"用户定义函数属性"编辑框的文本框中编辑函数名称和代码。执行代码后，用户定义函数对象就添加到数据库中了。

2．执行用户定义函数

用户定义函数在创建了以后，就可以像 SQL Server 2008 内置函数一样使用了。要注意的是，执行用户定义函数需要指出函数所有者。其语法格式如下：

```
[database_name.]owner_name.function_name ([argument_expr] [, …] )
```

【例 6-20】 调用例 6-17 创建的用户定义函数 course_avg，使用以下语句：

```
SELECT dbo.course_avg ('c501') AS 平均成绩
```

运行结果如图 6-6 所示。

图 6-6　调用函数 course_avg()

【例 6-21】 调用例 6-18 创建的用户定义函数 st_point，使用以下语句：

```
SELECT * FROM dbo.st_point('S0101')
```

运行结果为表数据，如图 6-7 所示。

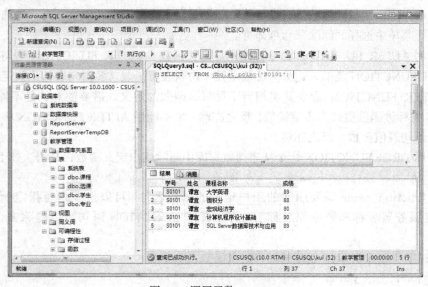

图 6-7　调用函数 st_point()

191

【例 6-22】　调用例 6-19 创建的用户定义函数 course_stat，使用以下语句：

```
SELECT * FROM dbo.course_stat('C501')
```

运行结果为表的记录，如图 6-8 所示。

图 6-8　调用函数 course_stat

3. 修改和删除用户定义函数

在 SQL Server 对象资源管理器中或者使用 SQL 语句都可以修改和删除用户定义函数。

用 SQL Server 对象资源管理器中修改用户定义函数，首先选择要修改的函数，单击鼠标右键，从快捷菜单中选择"修改"命令，打开图 6-5 所示的"用户定义函数属性"编辑框。在该编辑框中可以修改用户定义函数的函数体、参数等。如果需要删除用户定义函数，则首先选择要删除的函数，从快捷菜单中选择"删除"命令即可。

可以使用 ALTER FUNCTION 命令修改用户定义函数。ALTER FUNCTION 语句的语法及参数与 CREAT FUNCTION 类似，也分为标量函数、内联表值函数、多语句表值函数定义格式，因此使用 ALTER FUNCTION 命令其实相当于重写该函数的定义。需要注意的是不能用 ALTER FUNCTION 将标量函数更改为表值函数，反之亦然；也不能用 ALTER FUNCTION 将内联表值函数更改为多语句表值函数，反之亦然。

可以使用 DROP FUNCTION 命令从当前数据库中删除用户定义函数，其语法如下。

```
DROP FUNCTION { [ owner_name . ] function_name } [, …n ]
```

其中，function_name 是要删除的用户定义的函数名称。可以选择是否指定所有者名称，但不能指定服务器名称和数据库名称。一条 DROP FUNCTION 语句可以删除多个用户定义函数。

【例 6-23】　删除例 6-18 创建的用户定义函数 st_point。

```
DROP FUNCTION st_point
```

6.3　程序控制流语句

为更灵活地组织 SQL 语句，T-SQL 提供了一些程序控制流的关键字。这些关键字可用于 SQL 语句、批处理、存储过程和触发器等程序设计，以控制程序的执行流程。使得程序的执行不仅仅限于按顺序进行，还可以根据设计分支转向或循环执行语句。

SQL Server 提供的控制流语句如表 6-15 所示。

表 6-15　　　　　　　　　　　　　　SQL Server 的控制流语句

控制流语句	说明
BEGIN…END	定义语句块
IF…ELSE	条件处理语句
CASE	分支语句
WHILE	循环语句
GOTO	无条件跳转语句
WAITFOR	延迟语句
BREAK	结束循环语句
CONTINUE	重新开始循环语句

6.3.1　语句块和注释

1. 语句块 BEGIN…END

在实际应用中，经常有多个 T-SQL 语句是一个完整的逻辑单元，且必须作为一个整体来执行。SQL Server 提供了 BEGIN…END 语句可以组织 SQL 语句实现这个要求。

语句块 BEGIN…END 的语法格式为：

```
BEGIN
{ sql_statement|statement_block }
END
```

其中，{sql_statement|statement_block }是任何有效的 T-SQL 语句或以语句块定义的语句分组。

　　　　　BEGIN 和 END 语句必须成对使用。BEGIN 语句单独出现在一行中，后跟 T-SQL 语句块，最后，END 语句单独出现在一行中，指示语句块的结束。

【例 6-24】　在"教学管理"数据库中检索平均成绩大于 85 分的课程名称及其平均成绩，并写入新表 new_table 中。

```
USE 教学管理
GO
BEGIN
```

SELECT 课程.课程名称，Avg（成绩）　AS 平均成绩 INTO new_table FROM 选课 JOIN 课程 ON 选课.课程编号=课程.课程编号 GROUP BY 课程.课程名称 HAVING Avg（成绩）>85

```
SELECT * FROM new_table
END
```

在 BEGIN…END 中可嵌套另外的 BEGIN…END 定义的程序块。

【例 6-25】 语句块嵌套举例。

```
DECLARE @ErrorVariable int
BEGIN
INSERT INTO 课程(课程名称,课程类别,学分) VALUES('网络技术应用','选修',3)
SELECT @ErrorVariable=@@error
IF (@ErrorVariable <> 0)
BEGIN
PRINT '操作失败!'
PRINT 'Error encountered, ' + Cast(@ErrorVariable AS VARCHAR(10))
  --CAST()数据类型转换函数
END
END
```

运行结果如下：

```
操作失败!
Error encountered, 515
```

本例在一个语句块中嵌套了另一个语句块，用于产生错误时显示出错信息。本例试图向"课程"表插入一行课程编号为 NULL 的数据行，而"课程"表的课程编号为主键，不允许为空，所以导致服务器终止语句的执行，并显示运行结果所示的出错信息。

BEGIN 和 END 语句经常用于 WHILE 循环、CASE 函数、IF 或 ELSE 子句等需要包含语句块处。

2. 注释

在书写 SQL 语句时，可以加入注释对语句进行说明。注释的部分不会被 SQL Server 执行。所以，在调试程序时，也可以用注释标志暂时不执行的部分。

注释包括单行注释和多行注释。SQL Server 支持嵌套注释。

（1）单行注释

在语句中，使用两个连字符"--"开头，则从此开始的整行或者行的一部分就成为了注释，注释在行的末尾结束。

```
--This is a comment.The whole line will be ignored.
SELECT 课程名称 FROM 课程    --查询所有课程的名称
```

（2）多行注释

多行注释用一对分隔符"/* */"标记多行注释内容。

```
/*
--This is a commnet.
All these lines will be ignored.
*/
```

6.3.2 选择控制

在程序的执行过程中，经常需要根据检测条件选择语句执行。在 SQL Server 中 IF…ELSE 语句是最常用的选择控制语句，实现多分支选择控制还可以使用 CASE 函数。在选择控制语句中可以根据需要结合使用 GOTO 语句和 RETURN 语句。GOTO 语句无条件地改变流程，RETURN 语句会将当前正在执行的批处理、存储过程等中断。

1. 条件执行语句 IF…ELSE

IF…ELSE 结构可以实现根据条件的真或假分别执行不同的 T-SQL 语句块。

IF...ELSE 的语法格式为：

```
IF Boolean_expression
    { sql_statement|statement_block }      --条件表达式为真时执行
[ ELSE
    { sql_statement|statement_block } ]  --条件表达式为假时执行
```

其中，Boolean_expression 是值为 TRUE 或 FALSE 的布尔表达式。注意，IF 或 ELSE 条件只能影响一个 T-SQL 语句。若要执行多个语句，则必须使用 BEGIN 和 END 将其定义成语句块。

【例 6-26】　判断"教学管理"数据库的"选课"表中是否存在平均成绩高于 85 分的课程。

IF Exists（SELECT 课程编号 FROM 选课 GROUP BY 课程编号 HAVING Avg（成绩）>85）

```
    SELECT '有课程平均成绩高于 85 分'
ELSE
    SELECT '没有课程平均成绩高于 85 分'
```

运行结果如下：

```
有课程平均成绩高于 85 分
```

在本例中，SELECT 语句用于查询平均成绩高于 85 分的课程，且 SELECT 语句作为 EXISTS 函数的参数以检测 SELECT 语句的结果集是否为空。

IF...ELSE 语句可以嵌套使用。

【例 6-27】　嵌套 IF...ELSE 语句的使用。

```
IF  Year(Getdate())-@成立年份>30
  PRINT '成立时间超过 30 年'
ELSE
  IF Year(Getdate())-@成立年份>20
    PRINT '成立时间超过 20 年'
  ELSE
    IF Year(Getdate())-@成立年份>10
      PRINT '成立时间超过 10 年'
    ELSE PRINT '成立时间少于或等于 10 年'
```

本例在 IF...ELSE 语句的 ELSE 语句部分嵌套了另外的 IF...ELSE 语句，只有当外层 IF...ELSE 语句的条件不满足时，才会执行内层 IF...ELSE 语句的条件判断。

2．CASE 函数

对于有多个条件分支执行 SQL 语句的情况，可以使用多个或者多层嵌套的 IF...ELSE 语句。书写多个或者多层嵌套的 IF...ELSE 语句不够简洁，也易出错，此时可以使用 CASE 函数来实现多条件分支选择的情况。

CASE 函数计算多个条件并为每个条件返回单个值。CASE 具有如下两种格式。

（1）简单 CASE 函数：将某个表达式与一组简单表达式进行比较以确定结果。

```
CASE input_expression
    WHEN when_expression THEN result_expression
    [...n ]
    [ELSE else_result_expression ]
END
```

（2）CASE 搜索函数，CASE 计算一组逻辑表达式以确定结果。

```
CASE
    WHEN Boolean_expression THEN result_expression
    [...n ]
    [ ELSE else_result_expression ]
```

```
END
```

各选项的含义如下。

① input_expression 是使用简单 CASE 格式时所计算的表达式。

② WHEN when_expression 是使用简单 CASE 格式时与 input_expression 进行比较的简单表达式。input_expression 和每个 when_expression 的数据类型必须相同，或者是隐性转换。

③ n 表明可以使用多个 WHEN 子句。

④ THEN result_expression 是当 input_expression=when_expression 或者 Boolean_ expression 取值为 TRUE 时返回的表达式。

⑤ ELSE else_result_expression 是当比较运算取值不为 TRUE 时返回的表达式。如果省略此参数并且比较运算取值不为 TRUE，CASE 将返回 NULL 值。else_result_expression 和所有 result_expression 的数据类型必须相同，或者必须是隐性转换。

⑥ WHEN boolean_expression 是使用 CASE 搜索格式时所计算的布尔表达式。Boolean_ expression 是任意有效的布尔表达式。

⑦ input_expression、when_expression、result expression、Else_result_expression 是任意有效的 SQL Server 表达式。

简单 CASE 函数执行过程：计算 CASE 后表达式的值，然后按指定顺序依次与每个 WHEN 子句中的值比较。若两者相等则返回 THEN 后的表达式，并跳出 CASE 语句体，否则返回 ELSE 后的表达式；若所有比较失败，且 CASE 语句后没有 ELSE 语句，则 CASE 语句体返回 NULL 值。

CASE 搜索函数的执行过程：按指定顺序首先测试第一个 WHEN 子句后的布尔表达式，如果为真则返回 THEN 后的表达式，否则测试下一个 WHEN 子句后的布尔表达式；如果所有布尔表达式的值为假，则返回 ELSE 后的表达式；若 CASE 语句没有 ELSE 子句，则返回 NULL 值。

【例 6-28】 使用简单 CASE 函数将"课程"表中的课程按课程类别分别设置课程类别代号，以使之更易理解。

SELECT 课程编号，课程名称， 课程类别代号=

```
CASE 课程类别
WHEN '必修' THEN '1'
WHEN '选修' THEN '2 '
WHEN '实践' THEN '3'
ELSE '0'
END
FROM  课程
```

运行结果如图 6-9 所示。

【例 6-29】 根据"选课"表中的分数，使用 CASE 搜索函数判断该成绩所属类别。

```
SELECT 学号,课程编号,评价=
CASE
WHEN  成绩 IS NULL THEN '没有成绩'
WHEN  成绩>=90  THEN   '优秀'
WHEN  成绩 BETWEEN 60 AND 90  THEN '合格'
WHEN  成绩<60  THEN '不合格'
END
FROM 选课
```

图 6-9　简单 CASE 函数执行结果

程序运行结果如图 6-10 所示。

图 6-10　CASE 搜索函数执行结果

3. 跳转语句 GOTO

GOTO 语句使程序的执行无条件转移到标签处继续执行。标签的位置可以在 GOTO 语句之前或者之后。

GOTO 语句的语法格式如下：

```
GOTO Label
```

其中，Label 即标签，为 GOTO 语句处理的起点。Label 命名必须符合标识符规则。

【例 6-30】 使用 GOTO 语句改变程序流程。

```
DECLARE @x INT,@sum int
SELECT @x=1,@sum=0
label_1: SELECT @sum=@sum+@x
SELECT @x=@x+2
IF @sum<100
GOTO label_1
PRINT '@sum=' + Cast(@sum as varchar)
```

执行结果：@sum=100

本例实现从 1 开始的连续奇数相加，直到累加和等于或大于 100 为止。程序通过 GOTO label_1 语句实现循环。当@sum<100 时，GOTO label_1，执行 SELECT @sum=@sum+@x，SELECT @x=@x+2；当循环条件@sum<100 不满足，则执行 GOTO 之后的输出语句。

4. RETURN 语句

RETURN 语句用于结束该 RETURN 所在批处理、存储过程或触发器等程序的执行，返回到调用该程序的其他程序。当在存储过程中使用 RETURN 语句时，RETURN 可以指定返回给调用应用程序、批处理或过程的整数值。

RETURN 语句的语法格式如下：

```
RETURN [ integer_expression ]
```

其中，integer_expression 是返回的整型值。

如果没有指定返回值，SQL Server 系统会根据程序执行的结果返回一个内定状态值，如表 6-16 所示。

表 6-16　　　　　　　　　　　RETURN 命令返回的内定状态值

返回值	含义	返回值	含义
0	程序执行成功	−7	资源错误，如磁盘空间不足
−1	找不到对象	−8	非致命的内部错误
−2	数据类型错误	−9	已达到系统的极限
−3	死锁	−10、−11	致命的内部不一致性错误
−4	违反权限原则	−12	表或指针破坏
−5	语法错误	−13	数据库破坏
−6	用户造成的一般错误	−14	硬件错误

【例 6-31】 RETURN 语句应用示例。

```
DECLARE @x int,@y int
SELECT @x=1,@y=2
IF @x>@y
  BEGIN
    PRINT 'x>y'
```

```
      RETURN
    END
ELSE
  BEGIN
    PRINT 'x<=y'
    RETURN
  END
```

可以在执行当前存储过程获得返回状态值，但是必须以下列格式输入：EXECCUTE @return_status=procedure_name。

5．调度执行语句 WAITFOR

在 SQL Server 中有两种方法可以调度执行批处理或者存储过程。一种方法是基于 SQL Server Agent 的使用；另一种方法是使用 WAITFOR 语句。WAITFOR 语句允许开发者定义一个时间，或者一个时间间隔，在定义的时间内或者经过定义的时间间隔，其后的 T-SQL 语句会被执行。

WAITFOR 语句格式如下：

```
WAITFOR {DELAY 'time'|TIME 'time'}
```

DELAY 'time'指定执行继续进行下去前必须经过的延迟（时间间隔）。作为语句的参数，指定的时间间隔必须小于 24 小时。DELAY TIME 'time'允许开发者安排一个时间使得任务从该时刻继续执行下去。

【例 6-32】　延迟 5 秒继续执行。

```
PRINT '延迟 5 秒执行'
WAITFOR DELAY '00:00:05'
```

【例 6-33】　在晚上 11:00 执行"教学管理"数据库的备份。

```
WAITFOR TIME '23:00'
BACKUP DATABASE 教学管理 TO   教学管理_bkp
```

当服务器等待执行 WAITFOR 语句时，数据库的连接被阻塞。因此在调度作业时，最好使用 SQL Server Agent。

6.3.3　循环控制

SQL Server 提供了 WHILE 语句以实现循环控制执行。当循环条件为真（TRUE）的时候，WHILE 语句循环体内的 T-SQL 语句将重复执行，直到循环条件为假（FALSE）为止。

WHILE 循环语句的语法格式如下：

```
WHILE boolean_expression
{ sql_statement|statement_block }
 [ BREAK ]
[ sql_statement|statement_block ]
 [ CONTINUE ]
```

各选项的含义如下。

① boolean_expression 返回值为 TRUE 或 FALSE。如果该表达式含有 SELECT 语句，必须用圆括号将 SELECT 语句括起来。

② {sql_statement|statement_block}为 T-SQL 语句或语句块。语句块定义应使用控制流关键字 BEGIN 和 END。

③ 执行 BREAK 将结束 WHILE 循环。

④ CONTINUE 将结束本次循环，使得 WHILE 循环忽略循环体内 CONTINUE 关键字后的任何语句，重新开始执行 WHILE 循环。

在 WHILE 循环中，只要 boolean_expression 的条件为 TRUE，就会重复执行循环体内语句或语句块。

【例 6-34】 用 WHILE 改写例 6-30，实现 1+3+5+7+…，直到和等于或大于 100，并输出和。

```
DECLARE @x int,@sum int
SELECT @x=1,@sum=0
WHILE @sum<100
BEGIN
 SELECT @sum=@sum+@x
 SELECT @x=@x+2
END
print '@sum=' + Cast(@sum as varchar)
```

执行结果：@sum=100

本例中，@xt 变量存储需累加的值，@sum 变量存储累加和，循环控制条件是@sum<100。循环体是由 BEGIN…END 定义的语句块。

可以使用 BREAK 或 CONTINUE 语句控制 WHILE 循环体内语句的执行。BREAK 语句让程序跳出循环，CONTINUE 语句让程序跳过 CONTINUE 命令之后的语句，回到 WHILE 循环的第一行命令，重新开始循环。

【例 6-35】 改写例 6-34。在 WHILE 中使用 BREAK 或 CONTINUE 控制循环体的执行实现 1+3+5+7+…，直到和等于或大于 100，并输出和。

```
DECLARE @x int,@sum int
SELECT @x=1,@sum=0
WHILE (@sum>=0)  --此循环条件永为真
BEGIN
BEGIN
SELECT @sum=@sum+@x
SELECT @x=@x+2
IF (@sum>=100) BREAK;  --控制循环结束
ELSE CONTINUE;          --控制循环继续进行
END
END
PRINT '@sum=' + Cast(@sum as varchar)
```

语句执行结果：@sum=100

WHILE 循环可以嵌套使用。如果程序嵌套了两个或多个 WHILE 循环，执行内层循环的 BREAK 将导致退出该内层循环至其外层循环继续执行。

【例 6-36】 计算 sum=1!+2!+…+10!。

```
/*@sum存储阶乘和，@out为外层循环控制变量，@in为内层循环控制变量，@fac为@fac的阶乘值*/
DECLARE @sum int,@out int,@in int,@fac int
SET @sum=0
SET @out=1
WHILE @out<=10
BEGIN
  SET @fac=1
  SET @in=1
  WHILE @in<=@out
  BEGIN
    SET @fac=@fac*@in
    SET @in=@in+1
```

```
    END
  SET @sum=@sum+@fac
  SET @out=@out+1
  END
  SELECT @sum
```

程序执行结果：4037913。

本例中，设计了两层 WHILE 循环。内层 WHILE 计算@out（@out 取值为 1～10）的阶乘@fac；外层 WHILE 将每次内层 WHILE 计算出来@out 的阶乘累加到@sum 变量，同时控制内层@in 的终值在外层循环每执行一次后加 1，用于计算@out 的阶乘。外层 WHILE 每循环一次，内层 WHILE 循环@out 次。

6.3.4　批处理

SQL Server 批处理是包含一条或多条 T-SQL 语句的语句组，这组语句被应用程序一次性地发送到 SQL Server 实例服务器解析执行。

SQL Server 服务器对批处理的处理分为 4 个阶段：分析阶段，服务器检查命令的语法，验证表和列的名字的合法性；优化阶段，服务器确定完成一个查询的最有效的方法；编译阶段，生成该批处理的执行计划；运行阶段，一条一条地执行该批处理中的语句。

1. 批处理的指定

SQL Server 有以下几种指定批处理的方法。

① 应用程序作为一个执行单元发出的所有 SQL 语句构成一个批处理，并生成单个执行计划。

② 存储过程或触发器内的所有语句构成一个批处理。每个存储过程或触发器都编译为一个执行计划。

③ 由 EXECUTE 语句执行的字符串是一个批处理，并编译为一个执行计划。例如，

```
EXEC ('SELECT * FROM 课程')
```

④ 由 sp_executesql 系统存储过程执行的字符串是一个批处理，并编译为一个执行计划。例如，

```
EXECUTE sp_executesql N'SELECT * FROM 教学管理.dbo.学生'
```

① CREATE DEFAULT、CREATE PROCEDURE、CREATE RULE、CREATE TRIGGER 和 CREATE VIEW 语句不能在批处理中与其他语句组合使用。批处理必须以 CREATE 语句开始。所有跟在该批处理后的其他语句将被解释为第一个 CREATE 语句定义的一部分。

② 不能在同一个批处理中更改表，然后引用新列。

③ 如果 EXECUTE 语句是批处理中的第一句，则不需要 EXECUTE 关键字，否则需要 EXECUTE 关键字。

2. 批处理的结束与退出

GO 是批处理的结束标志。当编译器执行到 GO 时会把 GO 前面的所有语句当成一个批处理来执行。GO 不是 T-SQL 语句，而是可被 SQL Server 查询编辑器识别的命令。

GO 命令和 T-SQL 语句不可处在同一行上。但在 GO 命令行中可以包含注释。在批处理的第一条语句后执行任何存储过程必须包含 EXECUTE 关键字。局部（用户定义）变量的作用域限制在一个批处理中，不可在 GO 命令后引用。RETURN 可在任何时候从批处理中退出，而不执行位于 RETURN 之后的语句。

【例 6-37】 创建一个存储过程，使用 GO 命令。

```
USE 教学管理
GO        --批处理结束标志
CREATE PROC course_num  @stuid varchar(20)
AS  SELECT  a.学号,a.姓名,Count(*) AS 选课门数 FROM学生 a，选课 b
WHERE a.学号=b.学号 and a.学号=@stuid GROUP BY a.学号,a.姓名
GO        --批处理结束标志
EXEC course_num 'S0101'
```

6.4 游标管理与应用

关系数据库管理系统实质是面向集合的。SQL Server 的 SELECT 语句执行查询将返回一行记录或者一个包含多行记录的结果集。在实际应用中，经常需要对结果集中的一行或者多行进行处理，而不是一次对整个结果集进行同一种操作。所以，游标（Cursor）这种机制应运而生。游标允许应用程序对查询语句 SELECT 返回的行结果集中的每一行进行相同或不同的操作，它还提供对基于游标位置而对表中数据进行删除或更新的能力。

6.4.1 游标概述

游标提供了一种对从表中检索出的数据进行操作的灵活手段，具体来看，游标实际上是一种能从包括多行数据记录的结果集中选择提取记录的机制。

1. 游标种类

根据游标的用途，SQL Server 的游标可分为 3 类：T-SQL 游标、API 服务器游标和客户游标。

（1）T-SQL 游标

T-SQL 游标主要用于服务器，处理由从客户端发送给服务器的 T-SQL 语句或批处理、存储过程、触发器中的数据处理请求。T_SQL 游标是由 DECLARE CURSOR 语法定义，一般定义在在 T_SQL 脚本、存储过程和触发器中。T-SQL 游标不支持提取数据块或多行数据。

T-SQL 游标名称和变量只能在 SQL 语句中引用，不能由 OLE DB、ODBC 以及 DB_library 中的 API 函数引用。

（2）API 游标

API 游标主要用在服务器上，支持在 OLE DB、ODBC 以及 DB_library 的 API 函数中使用游标函数。每一次客户端应用程序调用 API 游标函数，SQL Server 的 OLE DB 提供者、ODBC 驱动器或 DB_library 的动态链接库（DLL）就将这些客户请求送给服务器以对 API 游标进行处理。

（3）客户游标

客户游标用于客户机缓存结果集时使用。一般情况下，服务器游标能支持绝大多数的游标操作，但不支持所有的 T-SQL 语句或批处理，所以客户游标常常仅被用作服务器游标的辅助。客户游标仅支持静态游标。

T-SQL 游标和 API 游标使用在服务器端，所以被称为服务器游标或后台游标，而客户端游标被称为前台游标。

2. 服务器游标与客户端游标的比较

使用服务器游标和使用客户游标比较有以下几方面的优点。

① 内存使用效率更高。使用服务器游标时，可以在服务器端缓存大量数据和保持有关游标位置的信息，而客户端无需这些工作。

② 性能更高。由于客户游标需要在客户端保存结果集所有数据，使用服务器游标则可以只将所需的部分数据从网络发送到客户端。

③ 定位更新更精确。服务器游标直接支持定位操作，如 UPDATE 和 DELETE 语句，客户游标通过产生 T-SQL 搜索 UPDATE 语句模拟定位游标更新，如果多行与 UPDATE 语句的 WHERE 子句的条件相匹配将导致无意义更新。

④ 多活动语句。使用服务器游标时，结果不会存留在游标操作之间的联结上，这就允许同时拥有多个活动的基于游标的语句。

3. 服务器游标类型

SQL Server 服务器游标根据处理特性不同分为单进游标、静态游标、动态游标和键集驱动游标。

① 单进游标。只支持游标按从前向后顺序提取数据，游标从数据库中提取一条记录并进行操作，操作完毕后，再提取下一条记录。

② 静态游标，也称为快照游标。它总是按照游标打开时的原样显示结果集，并不反映在数据库中对结果集成员所做的任何增加、修改或删除操作。静态游标打开时的结果集存储在数据库 tempdb 中。静态游标始终是只读的。

③ 动态游标，也称为敏感游标。与静态游标相对，当游标在结果集中滚动时，结果集中的数据记录的数据值、顺序和成员的变化均反映到游标上。用户对记录所做的增加、修改或删除记录都将反映到记录集中。动态游标功能最强，但耗资源也最多。

④ 键集驱动游标。键集驱动游标由一套唯一标识符控制，这些唯一标识符就是键集。键集在游标打开时建立在数据库 tempdb 中。其他用户对记录所做的修改将反映到记录集中，但其他用户增加或删除记录不会反映到记录集中。

各种游标对资源的消耗各不相同，静态游标虽然存储在 tempdb 中，但消耗的资源很少，而动态游标使用 tempdb 较少，但在滚动期间检测的变化多，消耗的资源更多。键集驱动游标介于两者之间，它能检测大部分的变化，但比动态游标消耗的资源少。在实际操作中，单进游标作为选项应用到静态游标、动态游标或键集驱动游标中，而不单独列出。

使用 SQL Server 游标包括以下四个环节，且必须依照顺序进行。

① DECLARE（声明）游标。定义其特性，如游标中的行是否可以被更新。

② OPEN（打开）游标。执行 T-SQL 语句生成游标。

③ FETCH（取）数据。利用游标检索一行或几行的操作称为取数据。向前或向后执行取数据操作来检索行的行为称为滚动。

④ CLOSE（关闭）或 DEALLOCATE 游标。

6.4.2 声明游标

在使用一个游标之前应当先声明它。SQL Server 提供 DECLARE CURSOR 语句声明游标，有标准方式和 T-SQL 扩展方式。

1. SQL 92 标准方式定义游标

语法格式如下：

```
DECLARE cursor_name [ INSENSITIVE ] [ SCROLL ] CURSOR
FOR select_statement
[ FOR { READ ONLY|UPDATE [ OF column_name [, ...n ] ] } ]
```

各选项的含义如下。

① cursor_name：所定义的 T-SQL 服务器游标名称。

② INSENSITIVE：定义的游标使用查询结果集的临时复本，保存在 tempdb 数据库中，即定义静态游标。如果省略 INSENSITIVE，则定义动态游标，对基表的修改都反映在后面的提取中。

③ SCROLL：指定游标使用的提取选项，默认时为 NEXT，其取值如表 6-17 所示。

④ select_statement：定义游标结果集的 SELECT 语句，不能使用关键字 COMPUTE、COMPUTE BY、FOR BROWSE 和 INTO。

⑤ READ ONLY：表示定义的游标为只读游标，禁止 UPDATE、DELETE 语句通过游标修改基表中的数据。

⑥ UPDATE [OF column_name [, ...n]]：指定游标内可修改的列，若未指定则所有列均可被修改。

表 6-17   SCROLL 的取值

SCROLL 选项	含义
FIRST	提取游标中的第一行数据
LAST	提取游标中的最后一行数据
PRIOR	提取游标当前位置的上一行数据
NEXT	提取游标当前位置的下一行数据
RELATIVE n	提取游标当前位置之前或之后的第 n 行数据（n 为正表示向后，n 为负表示向前）
ABSULUTE n	提取游标中的第 n 行数据

【例 6-38】 使用 SQL-92 标准的游标声明语句声明一个游标，用于访问"教学管理"数据库中的"学生"表的信息。

```
USE 教学管理
GO
DECLARE student_cursor CURSOR
FOR
SELECT * FROM 学生
FOR READ ONLY
```

2. T-SQL 扩展游标定义格式

语法格式如下：

```
DECLARE cursor_name CURSOR
[ LOCAL|GLOBAL ]
[ FORWARD_ONLY|SCROLL ]
[ STATIC|KEYSET|DYNAMIC|FAST_FORWARD ]
[ READ_ONLY|SCROLL_LOCKS|OPTIMISTIC ]
[ TYPE_WARNING ]
FOR select_statement
[ FOR UPDATE [ OF column_name [, ...n ] ] ]
```

其中 cursor_name、select_statement、SCROLL、READ_ONLY、UPDATE [OF column_name [, ...n]]的含义与 SQL 92 标准游标格式的含义相同。

其他选项的含义如下。

① LOCAL：定义游标的作用域仅限在其所在的批处理、存储过程或触发器中。当建立游标的批处理、存储过程、触发器执行结束后，游标被自动释放。

② GLOBAL：定义游标的作用域是整个会话层。会话层指用户的联结时间，包括从用户登录 SQL Server 到脱离数据库的时间段。选择 GLOBAL 表明在整个会话层的任何存储过程、触发器或批处理中都可以使用该游标，只有当用户脱离数据库时，该游标才会被自动释放。

③ FORWARD_ONLY：指明游标为单进游标，只能从第一行滚动到最后一行。此时只能使用 FETCH NEXT 操作。如果在指定 FORWARD_ONLY 时不指定 STATIC、KEYSET 和 DYNAMIC 关键字，则游标作为 DYNAMIC 游标进行操作。如果 FORWARD_ONLY 和 SCROLL 均未指定，除非指定 STATIC、KEYSET 或 DYNAMIC 关键字，否则默认为 FORWARD_ONLY。STATIC、KEYSET 和 DYNAMIC 游标默认为 SCROLL。

④ STATIC：含义与标准方式的 INSENSITIVE 选项一样，定义静态游标。SQL Server 2008 将游标定义所选取的数据记录存放在临时表（建立在 tempdb 数据库内）。对游标的所有请求都从该临时表中得到应答。因此，对基本表的修改不影响游标中的数据，也无法通过游标来更新基本表。

⑤ KEYSET：定义键值驱动游标。KEYSET 指定在游标打开时，游标中列的顺序是固定的。游标打开时，将创建一个临时表来放置关键值（建立在 tempdb 数据库内）。对基表中的非关键值的更改（由游标服务器产生或由其他用户提交）在用户滚动游标时是可视的。由其他用户插入的值是不可视的（不能通过 T-SQL 服务器游标插入）。

⑥ DYNAMIC：定义动态游标，指明基本表的变化将反映到游标中。使用该选项会最大程度上保证数据的一致性，但需要大量的游标资源。

⑦ FAST_FORWARD：指明一个单进只读型游标。如果 SCROLL 或 FOR_UPDATE 选项已被定义，则 FAST_FORWARD 不能被定义。

⑧ SCROLL_LOCKS：指明锁被放置在游标结果集所使用的数据上。当数据被读入游标中时，就会出现锁，以确保通过游标对基表进行的更新或删除操作被成功执行。如果 FAST_FORWARD 已被定义，则 SCROLL_LOCKS 不能被定义。如果有并发处理，由于该选项锁定数据，应避免使用该选项。

⑨ OPTIMISTIC：指明在填充游标时不锁定基表中的数据行。在数据被读入游标后，如果游标中某行数据已改变，那么对游标数据进行更新或删除操作可能会导致失败。如果已指定 FAST_FORWARD 选项，则不能再定义 OPTIMISTIC 选项。

⑩ TYPE_WARNING：指明若游标类型被修改成与用户定义的类型不同时，将发送一个警告信息给客户端。

【例 6-39】　为"学生"表定义一个全局滚动动态游标，用于访问学生的"学号"、"姓名"和"专业名称"。

```
DECLARE cur_student CURSOR
GLOBAL SCROLL DYNAMIC
FOR
SELECT 学号,姓名,专业名称 FROM 学生
```

6.4.3　使用与管理游标

游标在声明后就可以使用了，对游标的使用和管理如下。

① OPEN 语句打开游标。

② FETCH 语句读取游标数据。

③ CLOSE 语句关闭游标。

④ DEALLOCATE 语句释放游标占用的系统资源。

1. 打开游标

游标声明之后，在利用游标执行其他操作之前必须先打开它。

打开游标的时候，服务器执行声明时使用的 SELECT 语句，以寻找游标集合的成员并且安排游标集合的顺序。

打开游标的语法格式如下：

```
OPEN {{[GLOBAL] cursor_name}|cursor_variable_name }
```

各选项的含义如下。

① GLOBAL：指定全局游标。

②cursor_name：已声明的游标名称。如果一个全局游标与一个局部游标同名，则使用 GLOBAL 表明其全局游标。

③ cursor_variable_name：游标变量的名称，该名称可以引用一个游标。

【例 6-40】 打开例 6-39 所声明的游标。

```
OPEN cur_student
```

游标可以重复地关闭和打开。此时，游标的查询语句要重新执行，以决定这个集合更新后的顺序和成员，且行指针移到集合的第一行。

2. 读取游标

当用 OPEN 语句成功打开了游标并在数据库中执行了查询后，游标的位置位于结果集第一行，结果集的数据必须用 FETCH 语句来取得。一条 FETCH 语句一次可以将一条记录放入指定的变量中。

FETCH 语法格式如下：

```
FETCH
[ [NEXT|PRIOR|FIRST|LAST
    |ABSOLUTE {n|@nvar}
    |RELATIVE {n|@nvar}]
FROM]
 {{[GLOBAL] cursor_name}| cursor_variable_name }
[INTO @variable_name [, …n ]]
```

各选项的含义如下。

① NEXT、PRIOR、FIRST、LAST：分别返回当前行之后、当前行之前、第一行、最后一行，并且将其作为当前行。NEXT 为默认的游标提取选项。

② ABSOLUTE {n|@nvar}：表示提取游标的第 n 行。如果 n 或@nvar 为正数，则返回从游标头开始的第 n 行；如果 n 或@nvar 为负数，则返回游标尾之前的第 n 行，并将返回的行作为当前行；如果 n 或@nvar 为 0，则没有行返回。n 必须为整型常量，@nvar 必须为 smallint、tinyint 或 int。

③ RELATIVE {n|@nvar}：对 n 或@nvar 的符号处理与 ABSOLUTE 选项相同，区别是 RELATIVE 以当前行为基础进行操作。

④ INTO @variable_name[, …n]：允许将提取操作的列数据存放到局部变量中。列表中的各个变量从左到右与游标结果集中的相应列相关联，各变量的数据类型也要与结果列的数据类型匹配。

参数{[GLOBAL] cursor_name}| cursor_variable_name 与 OPEN 语句的参数含义相同。

全局变量@@fetch_status 返回最后一条 FETCH 语句的状态，每执行一条 FETCH 语句后都应检查此变量，以确定上次 FETCH 操作是否成功。表 6-18 为该变量可能出现的 3 种状态值。

表 6-18 @@fetch_status 变量

返回值	描述
0	FETCH 命令已成功执行
−1	FETCH 命令失败或者行数据已超出了结果集
−2	所读取的数据已经不存在

① 如果游标定义了 FORWARD_ONLY 或 FAST_FORWARD 选项，则只能选择 FETCH NEXT 命令。

② 如果游标未定义 DYNAMIC、FORWARD_ONLY 或 FAST_FORWARD 选项，而定义了 KEYSET、STATIC 或 SCROLL 中的某一个，则支持所有 FETCH 选项。

③ DYNAMIC SCROLL 支持除 ABSOLUTE 之外的所有 FETCH 选项。

还可以利用全局变量@@ROWCOUNT 提供游标活动信息，它返回受上一条语句影响的行数。若为 0 表示没有行更新。

【例 6-41】 打开例 6-39 中声明的游标，并读取游标中的数据。

```
OPEN cur_student
FETCH NEXT FROM cur_student      /*取第一个数据行*/
WHILE @@fetch_status = 0      /* 检查@@fetch_status 是否还有数据可取*/
BEGIN
    FETCH NEXT FROM cur_student
END
```

运行结果如图 6-11 所示。

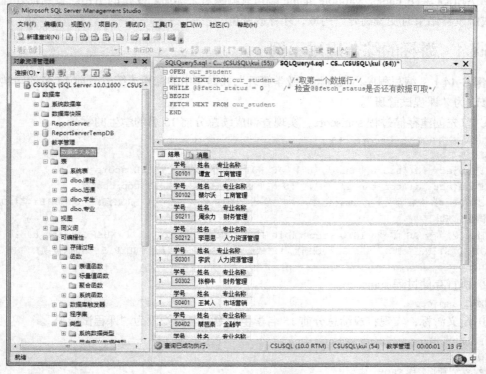

图 6-11 读取游标数据

本例中，通过 WHILE 循环来读取游标的每一行数据库，WHILE 循环每执行一次，循环体语句 FETCH NEXT 就从游标中读取一行数据。判断循环的条件是@@fetch_status 全局变量的值是否为 0，是则表示 FETCH NEXT 语句成功执行，可以继续循环，否则退出循环。

3. 关闭游标

在处理完游标中的数据之后，必须关闭游标来释放数据结果集和定位于数据记录上的锁。关闭游标不改变游标的定义，不释放游标占用的数据结构。游标关闭后还可以再次打开。

关闭游标的 CLOSE 的语法格式如下：

```
CLOSE {{[ GLOBAL ] cursor_name }|cursor_variable_name }
```

其参数与 OPEN 语句的参数含义相同。

【例 6-42】 关闭游标 cur_ student。

```
CLOSE cur_ student
```

4. 释放游标

在使用游标时，各种针对游标的操作都要引用游标名，或者引用指向游标的游标变量。因此常用 DEALLOCATE 命令删除游标与游标名或游标变量之间的联系，并且释放游标占用的所有系统资源。其语法格式为：

```
DEALLOCATE {{[ GLOBAL ]cursor_name }|cursor_variable_name }
```

其参数与 OPEN 语句的参数含义相同。

一旦某个游标被删除，在重新打开之前，必须再次对其进行声明。

【例 6-43】 释放例 6-39 所定义的游标 cur_ student。

```
DEALLOCATE cur_ student
```

DEALLOCATE cursor_variable_name 语句只删除对游标命名变量的引用。直到批处理、存储过程或触发器结束时变量离开作用域，才释放变量。

6.4.4 游标的综合应用示例

【例 6-44】 编写程序，实现将"教学管理"数据库中的课程成绩总分前 15 名的同学的专业名称修改为"课程试验班"。

① 首先创建存储过程 sumscore，实现查询成绩总分前 15 名的学生的学号。

```
CREATE  PROC  sumscore  AS
BEGIN
IF object_id('score_table','u')  IS NOT NULL  DROP  TABLE score_table
IF object_id('top_table','u')  IS NOT NULL  DROP  TABLE top_table
SELECT 学号AS学号,  Sum(成绩)  AS  成绩INTO score_table  FROM选课  GROUP BY学号ORDER BY
Sum(成绩)  DESC
SELECT 学号 AS 学号  INTO  top_table FROM score_table       WHERE score_table.成绩 IN
(SELECT  DISTINCT  TOP  15  Sum(成绩)  FROM选课  GROUP BY学号ORDER BY Sum(成绩)  DESC)
End
```

② 执行存储过程 sumscore。

```
EXEC sumscore
```

③ 定义游标，实现将成绩总分前 15 名学生的专业名称修改为"课程试验班"。

```
DECLARE course_cur CURSOR
FOR
SELECT 专业名称 FROM  学生
WHERE 学号 IN  (SELECT 学号 FROM  top_table)
```

```
FOR UPDATE
```

④ 打开游标，逐行取数据并修改"学生"表的专业名称列值为"课程试验班"。

```
OPEN course_cur
FETCH NEXT FROM course_cur          /*取第一行数据*/
WHILE @@fetch_status=0              /* 检查@@fetch_status 是否还有数据可取*/
BEGIN
UPDATE 学生 SET 专业名称='课程试验班'  WHERE current of  course_cur
FETCH NEXT FROM course_cur
END
```

⑤ 关闭游标。

```
CLOSE course_cur
```

⑥ 查看修改结果。

```
SELECT * FROM学生
```

运行结果如图 6-12 所示。

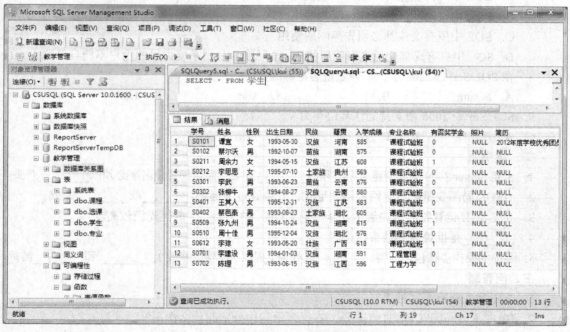

图 6-12　查看打开游标执行修改数据后的结果

习　　题

一、选择题

1. 在 SQL Server 中全局变量前面的字符为（　　　）。

　　A. *　　　　　　　　　B. #　　　　　　　　C. @@　　　　　　　　D. @

2. SQL Server 的字符型系统数据类型主要包括（　　　）。

　　A. int、money、char　　　　　　　　B. char、varchar、text

C. datetime、binary、int   D. char、varchar、int

3. 在 WHILE 循环语句中，如果循环体语句条数多于一条，必须使用（   ）。

     A. BEGIN…END   B. CASE…END   C. IF…THEN   D. GOTO

4. 以下不是逻辑运算符的是（   ）。

     A. NOT   B. AND   C. OR   D. IN

5. 声明游标的语句是（   ）。

     A. CREATE CURSOR   B. DECLARE CURSOR

     C. OPEN CURSOR   D. DELLOCATE CURSOR

6. 关闭游标使用的命令是（   ）。

     A. DELETE CURSOR   B. DROP CURSOR

     C. DEALLOCATE   D. CLOSE CURSOR

7. 下列说法中，正确的是（   ）。

     A. SQL 中局部变量可以不声明就使用

     B. SQL 中全局变量必须先声明再使用

     C. SQL 中所有变量都必须先声明后使用

     D. SQL 中只有局部变量先声明后使用；全局变量是由系统提供的用户不能自己建立

8. 在 SQL Server 2008 中，下列变量名正确的是（   ）。

     A. @sum   B. j   C. sum   D. HEY

9. SQL Server 2008 中支持的注释语句为（   ）。

     A. /*…*/   B. /!…!/   C. /#…#/   D. //

二、填空题

1. SQL Server 2008 局部变量名字必须以_____开头，而全局变量名字必须以_____开头。

2. T-SQL 局部变量赋值有两种语法形式，分别通过关键词_____或_____完成。

3. 在 T-SQL 运算符的优先级中，"＞"与"OR"中_____的优先级较高。

4. _____是批处理的结束标志。

5. 游标的操作步骤包括声明、_____、处理（提取、删除或修改）、_____和_____游标。

三、问答题

1. 常量和变量有哪些种类？

2. BREAK 语句和 CONTINUE 语句在循环语句中分别起什么作用？

3. 什么是用户自定义函数？它有哪些类型？建立、修改和删除用户自定义函数使用什么命令？

4. 什么是标量函数、内联表值函数和多语句函数？

5. 什么是批处理？

6. 简述 CASE 结构及执行过程。

7. 游标是什么？游标的种类有哪些？

8. 阅读以下各程序并分别给出程序运行结果。

（1）

```
declare @a int
set @a=0
while(@a<10)
begin
  set @a=@a+1
```

```
    if (@a=7)continue
    else if(@a<>7)
    begin
        print @a
        if(@a=8) break
    end
end
```

（2）

```
Declare @k INT, @m INT, @t INT
Select @k=3, @m=6
While @k<6
Begin
  Print @k
  While @m<7
  Begin  select @t=100*@k+@m
    print @t
    select @m=@m+1
  end
  select @k=@k+2
  select @m=6
end
```

9. 编写程序。

（1）对"教学管理"数据库编写程序。使用 CASE 函数，输出每个同学的选课门数属于哪个区间（没有一门、1～3 门、4～6 门、7～9 门、10 门及以上）。

（2）编写程序，定义一个游标 cur_stu_num，通过读取 cur_ stu_num 数据行输出"教学管理"数据库"学生"表中各专业的人数。

本章学习目标：
- 理解存储过程的概念。
- 掌握存储过程的使用方法。
- 理解触发器的概念。
- 掌握触发器的使用方法。

存储过程是一组 T-SQL 语句，它们只需编译一次，以后即可多次执行。经编译后的存储过程存放在数据库服务器端供客户端调用，执行存储过程可以提高应用程序访问数据库的速度和效率。触发器是一种特殊的存储过程，它不由用户直接调用，而是在插入、修改或删除指定表中的数据时被触发自动执行。使用触发器可提高数据库应用程序的灵活性和健壮性，实现复杂的业务规则，更有效地实施数据完整性。

7.1　存储过程概述

在 SQL Server 服务器上可以将常用的或较复杂的工作定义为存储过程作为一个单元来处理。存储过程是包含程序流、逻辑以及对数据库查询的一组 T-SQL 语句，经过预编译后存储在数据库内。存储过程通过调用执行，可以接受输入参数、输出参数、返回单个或多个结果集以及返回值，具有强大的编程功能。

1. 存储过程的类型

SQL Server 存储过程可分为四类：系统存储过程、用户自定义存储过程、临时存储过程、扩展存储过程。

（1）系统存储过程

系统存储过程是指由系统提供的存储过程，主要存储在 master 数据库中并以 sp_为前缀，它从系统表中获取信息，从而为系统管理员管理 SQL Server 提供支持。通过系统存储过程，SQL Server 中的许多管理性或信息性的活动（例如使用 sp_depends、sp_helptexts 可以了解数据数据库对象、数据库信息）都可以顺利有效地完成。尽管系统存储过程被放在 master 数据库中，仍可以在其他数据库中对其进行调用（调用时，不必在存储过程名前加上数据库名）。当创建一个新数据库时，一些系统存储过程会在新数据库中被自动创建。

（2）用户自定义存储过程

用户自定义存储过程是由用户创建并能完成某一特定功能的存储过程。它处于用户创建的数据库中，其名称可以任意取，但最好不要以 sp_ 或 xp_ 开头，以免造成混淆。本章所涉及的存储过程主要是指用户自定义存储过程。

（3）临时存储过程

临时存储过程与临时表类似，分为局部临时存储过程和全局临时存储过程，且可以分别向该过程名称前面添加 "#" 或 "##" 前缀表示。"#" 表示本地临时存储过程，"##" 表示全局临时存储过程。使用临时存储过程必须创建本地连接，当 SQL Server 关闭后，这些临时存储过程将自动被删除。

由于 SQL Server 支持重新使用执行计划，所以连接到 SQL Server 2008 的应用程序应使用 sp_executesql 系统存储过程，而不使用临时存储过程。

（4）扩展存储过程

扩展存储过程是 SQL Server 可以动态装载和执行的动态链接库（DLL），其内容并不是存储在 SQL Server 中，而是以 DLL 的形式单独存在。我们可以把扩展存储过程看成是 SQL Server 的外挂程序，当扩展存储过程加载到 SQL Server 中，它的使用方法与系统存储过程一样。扩展存储过程只能添加到 master 数据库中，其前缀是 xp_。

2. 存储过程的功能特点

SQL Server 中的存储过程可以实现以下功能。

① 接收输入参数并以输出参数的形式为调用过程或批处理返回多个值。

② 包含执行数据库操作的编程语句，包括调用其他过程。

③ 为调用过程或批处理返回一个状态值，以表示成功或失败（及失败原因）。

在存储过程中可以包括数据访问语句、流程控制语句、错误处理语句等，在使用上很灵活，其优点有：

① 可重复使用。存储过程可以模块化，方便排错、维护或重复使用于不同的地方。创建一次存储过程，存储在数据库中后，就可以在程序中重复调用任意多次。存储过程可以由专业人员创建，可以独立于程序源代码来修改它们。

② 执行效率高。SQL Server 会预先将存储过程编译成一个执行计划并存储起来，因此每次执行存储过程都不需要再重新编译，这样可以加快执行速度。由此可见，应将经常使用的一些操作写成存储过程，以提高 SQL Server 的运行效率。

③ 减少网络通信量。存储过程可以由几百条 T-SQL 语句组成，但执行时，仅用一条语句，所以只有少量的 SQL 语句在网络线上传输，从而减少了网络流量和网络传输时间。

④ 安全性。当表需要保密时，可以利用存储过程作为数据访问的方法。例如，当用户没有某个表的访问权限时，可以设计一个存储过程供其执行，以访问该表中的某些数据，或进行特定的数据处理工作。

⑤ 保证操作一致性。由于存储过程是一段封装的查询，从而对于重复的操作将保持功能的一致性。

存储过程虽然有参数和返回值，但与函数不同，其返回值只是指明执行是否成功，也不能像函数那样被直接调用，即存储过程必须由 EXECUTE 命令执行。

7.2 创建与管理存储过程

在 SQL Server 2008 中，可以使用 SQL Server 管理平台或者 T-SQL 语句 CREATE PROCEDURE

来创建存储过程。存储过程在创建后，可以根据需要调用执行、修改和删除。

7.2.1 创建存储过程

1. 使用 SQL Server 管理平台创建存储过程

在 SQL Server 管理平台中，创建存储过程的步骤
如下。

① 打开 SQL Server 管理平台，依次展开节点"对
象资源管理器" → "数据库" → "教学管理" 数据库
→ "可编程性" → "存储过程"，在窗口的右侧显示出
当前数据库的所有存储过程。在"存储过程"节点上
单击鼠标右键，在弹出的快捷菜单中选择"新建存储
过程"命令，如图 7-1 所示。

② 在打开的 SQL 命令窗口中，系统给出了创建
存储过程命令的模板，如图 7-2 所示。在模板中可以
输入创建存储过程的 T-SQL 语句后，单击"执行"按
钮即可创建存储过程。

③ 建立存储过程的命令被成功执行后，在"对象
资源管理器" → "数据库服务器" → "可编程性" →
"存储过程"中可以看到新建立的存储过程。

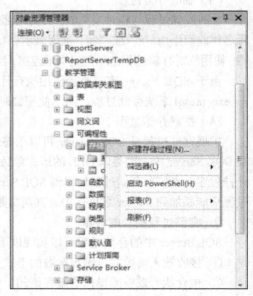

图 7-1　新建存储过程

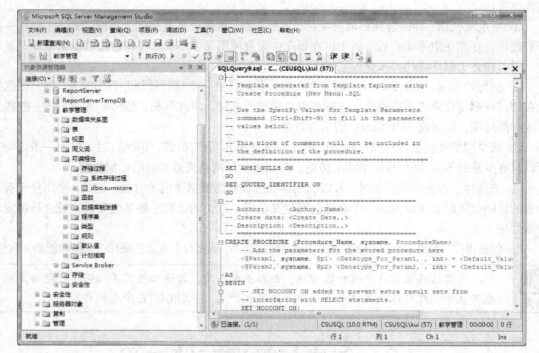

图 7-2　新建存储过程命令模板

2. 使用 CREATE PROCEDURE 语句创建存储过程

还可以使用 CREATE PROCEDURE 语句在 SQL Server 中创建存储过程。在创建存储过程之

前，应该考虑以下几点。

① 在一个批处理中，CREATE PROCEDURE 语句不能与其他 SQL 语句合并在一起。

② 数据库所有者具有默认的创建存储过程的权限，它可把该权限授予其他用户。

③ 存储过程作为数据库对象其命名必须符合标识符的命名规则。

④ 只能在当前数据库中创建属于当前数据库的存储过程。

创建存储过程语句的语法格式如下：

```
CREATE PROC[EDURE] procedure_name [; number ]
[{@parameter data_type }
    [VARYING] [=default] [OUTPUT]] [, …n ]
[WITH
    { RECOMPILE|ENCRYPTION|RECOMPILE, ENCRYPTION } ]
[ FOR REPLICATION ]
AS sql_statement [,…n ]
```

各选项的含义如下：

① procedure_name：新建存储过程的名称。它后面跟的可选项 number 是一个整数，用来区别一组同名的存储过程。存储过程的命名必须符合标识符的命名规则，在一个数据库中或对其所有者而言，存储的名字必须唯一。

② @parameter：存储过程的参数。在 CREATE PROCEDURE 语句中可以声明一个或多个参数。用户必须在执行过程时提供每个声明参数的值（除非定义了该参数的默认值）。若参数的形式以@parameter=value 出现，则参数的次序可以不同，否则用户给出的参数值必须与参数列表中参数的顺序保持一致。若某一参数以@parameter=value 形式给出，则其他参数必须具有相同形式。一个存储过程最多可以有 2100 个参数。

③ data_type：指示参数的数据类型。所有数据类型（包括 text、ntext、image）均可以用作存储过程的参数。但游标 CURSOR 类型只能用于 OUTPUT 参数，而且必须同时指定 VARYING 和 OUTPUT 关键字。

④ default：给定参数的默认值。如果定义了默认值，则不指定该参数值仍能执行过程。默认值必须是常量或 NULL。

⑤ OUTPUT：表明参数是返回参数。使用 OUTPUT 参数可将信息返回给调用过程。

⑥ RECOMPILE：表明 SQL Server 不保存该过程的执行计划，该过程每执行一次都要重新编译。

⑦ ENCRYPTION：表示 SQL Server 加密 syscomments 表，该表中包含 CREATE PROCEDURE 语句的存储过程文本。使用该关键字可防止通过 syscomments 表来查看存储过程内容。

⑧ FOR REPLICATION：指定不能在订阅服务器上执行为复制创建的存储过程。只有在创建过滤存储过程时，才使用该选项。本选项不能和 WITH RECOMPILE 选项一起使用。

⑨ AS sql_statement：指定过程要执行的操作，sql_statement 是过程中要包含的任意数目和类型的 T-SQL 语句。

【例 7-1】 创建存储过程 Student_info，从"学生"表、"课程"表和"选课"表的联结中返回"学号""姓名""课程名称"和"成绩"。

```
CREATE PROCEDURE Student_info AS
SELECT 学生.学号,学生.姓名,课程.课程名称,选课.成绩
FROM    课程 INNER JOIN 选课 ON 课程.课程编号 = 选课.课程编号 INNER JOIN
        学生 ON 选课.学号 = 学生.学号
```

存储过程创建后，存储过程的名称存放在 sysobject 表中，文本存放在 syscomments 表中。

7.2.2 执行存储过程

要运行某个存储过程，只要通过名字就可以引用它。如果对存储过程的调用不是批处理中的第一条语句，则需要使用 EXECUTE 关键字。执行存储过程的语法格式如下。

```
[[EXEC[UTE]]
  {[@return_status=]
  procedure_name [; number]|@procedure_name_var}
[[@parameter=]{value|@variable[OUTPUT]|[DEFAULT]]
[, …n ]
[WITH RECOMPILE ]
```

各选项的含义如下。

① @return_status：一个可选的整型变量，保存存储过程的返回状态。这个变量在 EXECUTE 语句使用前，必须已声明。

② @procedure_name_var：一个局部变量名，用来代表存储过程的名称。

③ @parameter：过程参数，在 CREATE PROCEDURE 语句中定义。

④ value：过程中参数的值。如果参数名称没有指定，参数值必须以 CREATE PROCEDURE 语句中定义的顺序给出。

其他数据和保留字的含义与 CREATE PROCEDURE 中介绍的一样。

【例 7-2】 执行例 7-1 创建的存储过程 Student_info。

在 SQL 查询编辑器中输入如下命令：

EXEC Student_info

运行的结果如图 7-3 所示。

图 7-3 存储过程的执行结果

7.2.3　修改存储过程

存储过程的修改可以通过 SQL Server 2008 管理平台和 T-SQL 语句来实现。

1.　使用 SQL Server 2008 管理平台修改存储过程

修改存储过程的操作步骤如下。

① 打开 SQL Server 管理平台，展开节点"对象资源管理器"→"数据库服务器"→"可编程性"→"存储过程"，选择要修改的存储过程，单击鼠标右键，在弹出的快捷菜单中选择"修改"命令。

② 此时在右边的编辑器窗口中出现存储过程的源代码（CREATE PROCEDURE 已改为了 ALTER PROCEDURE），如图 7-4 所示，可以直接进行修改。修改完后单击工具栏中的"执行"按钮执行该存储过程，从而达到目的。

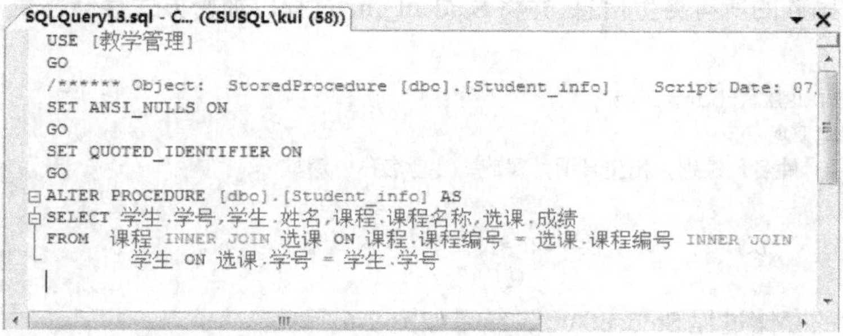

```
SQLQuery13.sql - C... (CSUSQL\kui (58))                    ▼ × 
USE [教学管理]
GO
/****** Object:  StoredProcedure [dbo].[Student_info]    Script Date: 07.
SET ANSI_NULLS ON
GO
SET QUOTED_IDENTIFIER ON
GO
⊟ALTER PROCEDURE [dbo].[Student_info] AS
⊟SELECT 学生.学号,学生.姓名,课程.课程名称,选课.成绩
  FROM  课程 INNER JOIN 选课 ON 课程.课程编号 = 选课.课程编号 INNER JOIN
        学生 ON 选课.学号 = 学生.学号
```

图 7-4　使用管理平台修改存储过程

2.　使用 ALTER PROCEDURE 语句修改存储过程

修改使用 CREATE PROCEDURE 语句创建的存储过程，并且不改变权限的授予情况，不影响任何其他独立的存储过程或触发器，常使用 ALTER PROCEDURE 语句。其语法规则如下：

```
ALTER PROC[EDURE ] procedure_name [; number ]
[{@parameter data_type}
[VARYING][=default] [OUTPUT]] [, …n ]
[WITH { RECOMPILE|ENCRYPTION|RECOMPILE, ENCRYPTION}]
[FOR REPLICATION ]
AS sql_statement [, …n ]
```

其中的参数和保留字的含义与 CREATE PROCEDURE 语句中的含义相似。

【例 7-3】　使用 ALTER PROCEDURE 语句创建并修改存储过程。

① 创建存储过程 Student_mz，从"学生"表中获取民族是少数民族的所有女生的信息。

```
CREATE PROCEDURE Student_mz AS
SELECT  学号, 姓名, 性别, 出生日期, 民族, 专业名称, 籍贯
FROM    学生
WHERE   (民族!= '汉族') AND (性别= '女')
GO
```

执行存储过程 Student_mz，结果如图 7-5 所示。

```
EXEC Student_mz
GO
```

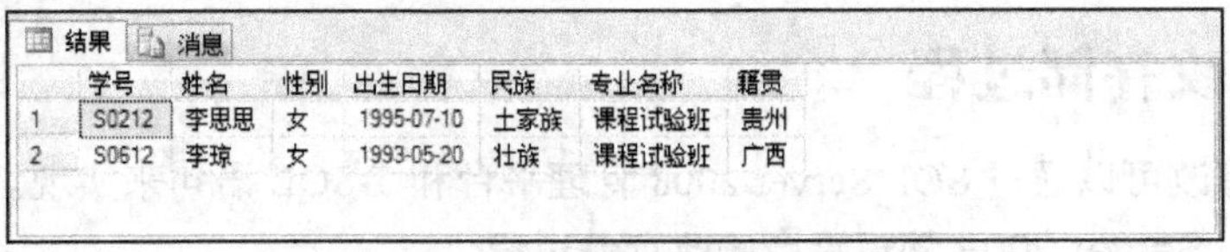

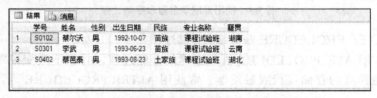

图 7-5　Student_mz 存储过程的执行结果

② 用 SELECT 语句查询系统表 sysobjects 和 syscomments，查看 Student_mz 存储过程的文本信息的代码如下：

```
SELECT o.id, c.text
FROM sysobjects o INNER JOIN syscomments c ON o.id = c.id
WHERE o.type = 'P' AND o.name = 'Student_mz'
GO
```

③ 使用 ALTER PROCEDURE 语句对 Student_mz 过程进行修改，使其能够显示出"学生"表中民族是少数民族的所有男生信息，并将 Student_mz 过程以加密方式存储在表 syscomments 中，其代码如下：

```
ALTER PROCEDURE Student_mz
WITH ENCRYPTION AS
SELECT  学号，姓名，性别，出生日期，民族，专业名称，籍贯
FROM    学生
WHERE  (民族!= '汉族') AND (性别= '男')
GO
```

执行修改后的存储过程 Student_mz，结果如图 7-6 所示。

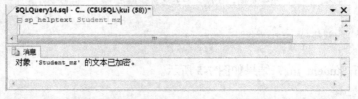

图 7-6　修改后 Student_mz 存储过程的执行结果

④ 从系统表 sysobjects 和 syscomments 提取修改后的存储过程 Student_mz 的文本信息可以运行步骤②中的代码，结果如图 7-7 所示。

这 是 由 于 在 ALTER PROCEDURE 语 句 中 使 用 WITH ENCRYPTION 关键字对存储过程 Student_mz 的文本进行了加密，所以其文本信息显示为 NULL。

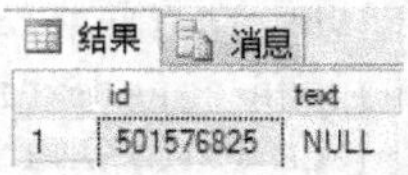

id	text
1	501576825	NULL

图 7-7　加密后存储过程的执行结果

也可以使用系统存储过程 sp_helptext 显示存储过程的定义（存储在 syscomments 系统表内），其命令如下：

```
sp_helptext Student_mz
```

结果为"对象'Student_mz' 的文本已加密"，如图 7-8 所示。

```
SQLQuery14.sql - C... (CSUSQL\kui (58))*

 sp_helptext Student_mz

消息
对象 'Student_mz' 的文本已加密。
```

图 7-8　使用系统存储过程 sp_helptext 显示加密后存储过程的执行结果

7.2.4 删除存储过程

存储过程是数据库的一类对象，可以被删除或重建。删除存储过程可以使用 SQL Server 管理平台和 T-SQL 语句完成。

1. 使用 SQL Server 管理平台删除存储过程

具体操作步骤如下。

① 打开 SQL Server 管理平台，展开"对象资源管理器"→"数据库服务器"→"可编程性"→"存储过程"，选择要删除的存储过程，单击鼠标右键，在弹出的快捷菜单中选择"删除"命令。

② 在弹出的"删除对象"对话框中单击"确定"按钮即可删除存储过程。

2. 使用 DROP PROCEDURE 语句删除存储过程

DROP PROCEDURE 语句可将一个或多个存储过程从当前数据库中删除。其语法如下：

```
DROP PROCEDURE { procedure_name } [, …n ]
```

【例 7-4】 删除例 7-1 创建的存储过程 Student_info。

```
DROP PROCEDURE Student_info
GO
```

删除某个存储过程时，将从 sysobjects 和 syscomments 系统表中删除该存储过程的相关信息。

7.2.5 存储过程参数与状态值

存储过程和调用者之间通过参数来交互数据，存储过程可以根据输入的参数来执行，也可以由输出参数输出执行结果。调用者通过存储过程返回的状态值对存储过程进行管理。

1. 参数

存储过程的参数在创建过程时声明。SQL Server 支持两类参数：输入参数和输出参数。

（1）输入参数

输入参数允许调用程序为存储过程传送数据值。要定义存储过程的输入参数，必须在 CREATE PROCEDURE 语句中声明一个或多个变量及类型。

【例 7-5】 创建带参数的存储过程，从"学生"表、"课程"表和"选课"表的连接中返回所输入学号的学生选课成绩情况。

```
CREATE PROC Student_Score @xuehao varchar(10) AS
SELECT 学生.学号, 学生.姓名, 课程.课程名称, 选课.成绩
FROM 学生 INNER JOIN (课程 INNER JOIN 选课 ON 课程.课程编号 = 选课.课程编号) ON 学生.学号 = 选课.学号
WHERE 学生.学号=@xuehao
```

存储过程 Student_Score 以@xuehao 变量作为输入参数，执行时，可以省略参数名，直接给参数值。在 SQL 查询编辑器中输入命令：

```
EXEC Student_Score 'S0101'
```

运行结果如图 7-9 所示。

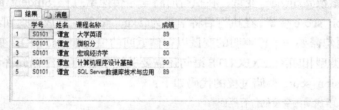

图 7-9 带参数存储过程的执行结果

参数值可以包含通配符"%""_""[]""[^]"。.

【例 7-6】 创建带参数的存储过程，从"学生"表、"课程"表和"选课"表的连接中查找学生的选课成绩情况，要求执行存储过程查找出学号以"S01"开始的所有学生的选课成绩情况。

```
CREATE PROC St_Score @xuehao varchar(10)
AS
SELECT 学生.学号, 学生.姓名, 课程.课程名称, 选课.成绩
FROM 学生 INNER JOIN (课程 INNER JOIN 选课 ON 课程.课程编号 = 选课.课程编号) ON 学生.学号 = 选课.学号
WHERE 学生.学号 LIKE @xuehao
EXEC St_Score 'S01%'
```

可以为输入参数提供默认值，默认值必须为常量或 NULL。执行输入参数设置有默认值的存储过程时，可以不为该参数指定值。

执行时，参数可以由位置标识，也可以由名字标识。如果以名字传递参数，则参数的顺序是任意的。名字应该尽量选用具有意义的，以帮助用户和程序员传递合适的值。

例如，定义一个具有 3 个参数的存储过程：

```
CREATE PROC proc1 @val1 int, @val2 INT, @val3 int
AS …
```

以下命令中参数以位置传递，参数的赋值以其在 CREATE PROCEDURE 语句中定义的顺序进行：

```
EXEC proc1 10,20,30
```

以下命令以名字传递参数，每个值由对应的参数名引导：

```
EXEC proc1 @val2=20,@val1=10,@val3=30
```

按名字传递参数比按位置传递参数具有更大的灵活性。但是，按位置传递参数却具有更快的速度。

（2）输出参数

输出参数允许存储过程将数据值或游标变量传回调用程序。OUTPUT 关键字用以指出能返回到调用它的批处理或过程中的参数。为了使用输出参数，在 CREATE PROCEDURE 和 EXECUTE 语句中都必须使用 OUTPUT 关键字。

【例 7-7】 创建存储过程 Student_admission_score，通过输入参数"学号"在"学生"表中查找学生的入学成绩，并以输出参数获取其入学成绩。

```
CREATE PROC Student_admission_score @xuehao varchar(10)=NULL,
              @admission_score real OUTPUT
AS
SELECT @admission_score =入学成绩
FROM 学生
WHERE 学号=@xuehao
```

本例中，输入参数@xuehao 变量，在执行时将学号传递给过程 Student_admission_score。输出参数为@admission_score 变量，在执行后将学号为@xuehao 的入学成绩返回给调用程序的变量。因此 EXECUTE 语句需要一个已声明的变量以存储返回的值（如@score），变量的数据类型应当同输出参数的数据类型相匹配。EXECUTE 语句还需要关键字 OUTPUT 以允许参数值返回给变量。执行 Student_admission_score 存储过程的代码如下：

```
/*先定义变量，入学成绩按变量的位置返回*/
DECLARE @score real
```

```
EXEC Student_admission_score 'S0101',@score OUTPUT
SELECT @score
```
运行结果是学号为 S0101 的入学成绩：
```
585.0
```

存储过程输入的参数值不同，获取的输出结果也不同，这样存储过程可以多次被用户调用以满足用户的查询需求。

2. 返回存储过程的状态

（1）用 RETURN 语句定义返回值

存储过程可以返回整型状态值，表示过程是否成功执行，或者过程失败的原因。如果存储过程没有显式设置返回代码的值，则 SQL Server 返回代码为 0，表示成功执行；若返回-1～-99 的整数，表示没有成功执行。也可以使用 RETURN 语句，用大于 0 或小于-99 的整数来定义自己的返回状态值，以表示不同的执行结果。

在建立过程的时候，需要定义出错条件并把它们与整型的出错代码联系起来。

【例 7-8】 创建存储过程，输入学生的学号，返回学生姓名。在存储过程中，用值 10 表示用户没有提供参数；值-10 表示没有此学号的学生；值 0 表示过程运行没有出错。

```
/*存储过程在出错时设置出错状态*/
CREATE PROC Student_name @xuehao varchar(10)=NULL
AS
IF @xuehao=NULL
    RETURN 10
IF NOT EXISTS
(SELECT * FROM 学生 WHERE 学号=@xuehao)
    RETURN -10
SELECT 姓名 FROM 学生
        WHERE 学号=@xuehao
RETURN 0
```

（2）捕获返回状态值

在执行过程时，要正确接收返回的状态值，必须使用以下语句：

```
EXEC @status_var=procedure_name
```

其中，@status_var 变量应在 EXECUTE 命令之前声明，它可以接收返回的状态码。因此，当存储过程执行出错时，调用它的批处理或应用程序将会采取相应的措施。

【例 7-9】 执行例 7-8 创建的存储过程 Student_name。

```
/*检查状态并报告出错原因*/
DECLARE @return_status int
EXEC @return_status= Student_name  'S0101'
IF @return_status=10
    SELECT '语法错误'
ELSE
IF @return_status=-10
    SELECT '没有找到该学号的学生'
IF @return_status=0
    SELECT '查找到该学号的学生'
```

执行时，将对不同的输入值返回不同的状态值及处理结果。

7.3 触发器概述

　　SQL Server 2008 除使用约束机制强制规则和数据完整性外，还可以使用触发器（Trigger）。触发器也是存储过程，但又不同于前面介绍的一般存储过程。触发器是一种与表紧密结合的特殊类型的存储过程，当对某一表进行 UPDATE、INSERT、DELETE 操作时，所设置的触发器会自动被执行，以维护数据完整性。

　　触发器的主要作用就是能够实现由主键和外键所不能保证的参照完整性和数据的一致性。除此之处，触发器还有如下功能。

　　① 强化约束。触发器能够实现比 CHECK 语句更为复杂的约束。

　　② 跟踪变化。触发器可以侦测数据库内的操作，从而不允许数据库中不经许可的指定更新和变化。

　　③ 级联运行。触发器可以侦测数据库内的操作，并自动地级联影响整个数据库的各项内容。例如，某个表上的触发器中包含对另外一个表的数据操作（如删除、更新、插入），该操作又导致该表的触发器被触发。

　　④ 存储过程的调用。为了响应数据库更新，触发器可以调用一个或多个存储过程，甚至可以通过外部过程的调用而在 DBMS 本身之外进行操作。

　　可见，触发器可以扩展 SQL Server 约束、默认值和规则的完整性检查逻辑，可以解决高级形式的业务规则、复杂行为限制、实现定制记录等方面的问题。例如，触发器能够找出某表在数据修改前后状态发生的差异，并根据这种差异执行一定的处理。一个表的多个触发器能够对同一种数据操作采取多种不同的处理。但是，只要约束和默认值提供了全部所需的功能，就应使用约束和默认值。

7.4 创建与管理触发器

　　在 SQL Server 2008 中，可以使用 SQL Server 管理平台和 T-SQL 语句 CREATE TRIGGER 定义表的触发器。

7.4.1 创建触发器

1. 使用 SQL Server 管理平台创建触发器

　　在 SQL Server 管理平台中，创建触发器的步骤如下。

　　① 打开 SQL Server 管理平台，依次展开节点"对象资源管理器"→"教学管理"数据库→"表"→"学生"表，在"触发器"上单击鼠标右键，在弹出的快捷菜单中选择"新建触发器"命令，如图 7-10 所示。

　　② 在打开的 SQL 命令窗口中，系统给出了创建触发器的模板，如图 7-11 所示。在模板中可以输入创建触发器的 T-SQL 语句，单击"执行"按钮即可创建触发器。

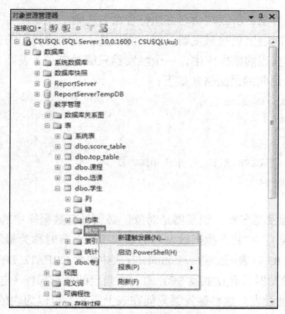

图 7-10 选择"新建触发器"命令

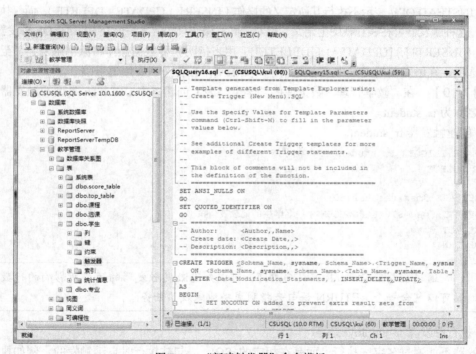

图 7-11 "新建触发器"命令模板

③ 建立触发器的命令被成功执行后，该触发器将保存到相关的系统表中。

2. 使用 CREATE TRIGGER 语句创建触发器

使用 CREATE TRIGGER 语句创建触发器以前必须考虑到以下几个方面。

① CREATE TRIGGER 语句必须是批处理的第一个语句。

② 表的所有者具有创建触发器的默认权限，且不能把该权限传给其他用户。

③ 触发器是数据库对象，所以其命名必须符合命名规则。

④ 不能在视图或临时表上创建触发器，而只能在基表或创建视图的表上创建触发器。

⑤ 触发器只能创建在当前数据库中，一个触发器只能对应一个表。

CREATE TRIGGER 语句的语法格式如下：

```
CREATE TRIGGER trigger_name
ON {table_name|view }
[ WITH ENCRYPTION ]
{ FOR|AFTER|INSTEAD OF }
{ [ INSERT ] [ , ] [ UPDATE ] [ , ] [ DELETE ]}
AS sql_statement [, …n ]
```

各选项的含义如下。

① trigger_name：触发器名称，触发器是对象，必须具有数据库中的唯一名称。

② {table_name|view}：在其上执行触发器的表或视图，有时称为触发器表或触发器视图。

③ WITH ENCRYPTION：表明加密 syscomments 表中包含 CREATE TRIGGER 语句文本的条目。

④ AFTER：指定触发器只有在触发 SQL 语句中指定的所有操作（包括引用级联操作和约束检查）都已成功执行后被触发。这种触发器只能在表上定义，可以为表的同一操作定义多个触发器。如果仅指定 FOR 关键字，则 AFTER 是默认设置。

⑤ INSTEAD OF：表示不执行其所定义的操作（INSERT、UPDATE、DELETE），而仅执行触发器本身。这种触发器可在表和视图上定义，但对于同一操作只能定义一个 INSTEAD OF 触发器。

⑥ {[INSERT] [,] [UPDATE] [,] [DELETE]}：用来指明哪种数据操作将激活触发器。至少要指明一个选项，在触发器的定义中三者的顺序不受限制，且各选项要用逗号隔开。

【例 7-10】 在"教学管理"数据库的"学生"表上创建一个 DELETE 类型的触发器，该触发器的名称为 tr_student。

① 创建触发器 tr_student。

```
CREATE TRIGGER tr_student ON 学生
FOR DELETE
AS
  DECLARE @msg varchar(50)
  SELECT @msg=STR(@@ROWCOUNT)+'名学生的记录被删除'
  SELECT @msg
  RETURN
```

通过全局变量 @@ROWCOUNT，可以知道激发触发器的语句所影响的行数。触发器可以包含一个 RETURN 语句来指明成功地完成了任务。

② 执行触发器 tr_employee。

触发器不能通过名字来执行，而是在相应的 SQL 语句被执行时自动触发的。例如执行以下 DELETE 语句：

```
DELETE FROM 学生
WHERE 姓名= '谭宜'
```

该语句要删除学生姓名为"谭宜"的记录，由此激活了"学生"表的 DELETE 类型的触发器 tr_student，系统执行 tr_student 触发器中 AS 之后的语句，并显示以下信息：

```
1 名学生的记录被删除
```

3. Deleted 表和 Inserted 表

在触发器的执行过程中，SQL Server 建立和管理两个临时的虚拟表：Deleted 表和 Inserted 表。这两个表包含了在激发触发器的操作中插入或删除的所有记录。可以用这一特性来测试某些数据修改的效果，以及设置触发操作的条件。这两个特殊表可供用户浏览，但是用户不能直接修改表中的数据。

在执行 INSERT 或 UPDATE 语句之后所有被添加或被更新的记录都会存储在 Inserted 表中。在执行 DELETE 或 UPDATE 语句时，从触发程序表中被删除的行会发送到 Deleted 表。对于更新操作，SQL Server 先将要进行修改的记录存储到 Deleted 表中，然后再将修改后的数据复制到 Inserted 表以及触发程序表。

激活触发程序时 Deleted 表和 Inserted 表的内容如表 7-1 所示。

表 7-1　　　　　　　　　　Deleted 表和 Inserted 表在执行触发程序时的情况

T-SQL 语句	Inserted 表	Deleted 表
INSERT	所要添加的行	空
UPDATE	新的行	旧的行
DELETE	空	删除的行

【例 7-11】　为"学生"表创建一个名为 tr_test 的触发器，当执行添加、更新或删除时，激活该触发器。

创建 tr_test 触发器：

```
CREATE TRIGGER tr_test
ON 学生 FOR INSERT,UPDATE,DELETE
AS
  SELECT * FROM inserted
  SELECT * FROM deleted
```

"学生"表执行以下添加记录操作：

```
INSERT INTO 学生(学号,姓名,性别)
VALUES('S1111','张三','男')
```

INSERT 操作激活触发器 tr_test，输出图 7-12 所示的表格。

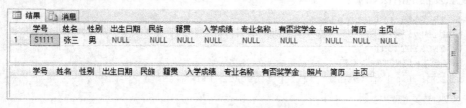

图 7-12　触发器的执行结果

对于 INSERT 操作，Inserted 为刚添加的数据，deleted 表中无数据。同样，当对"学生"表执行 UPDATE、DELETE 操作时，也会激活触发器 tr_test，但 Inserted 表和 Deleted 表中的数据变化情况与 INSERT 操作的不同。

7.4.2　修改触发器

通过 SQL Server 管理平台、使用系统存储过程或者执行 Transact_SQL 语句，可以修改触发器的名字和正文。

1. 使用系统存储过程 sp_rename 修改触发器的名字

语法格式为：

```
sp_rename oldname, newname
```

其中，oldname 为修改前的触发器名，newname 为修改后的触发器名。

系统存储过程还可以获得触发器的定义信息，例如，使用系统存储过程 sp_helptrigger 查看触发器的类型，使用系统存储过程 sp_helptext 查看触发器的文本信息，使用系统存储过程 sp_depends 查看触发器的相关性。

2. 使用 SQL Server 管理平台修改触发器的正文

修改触发器的操作步骤如下。

① 打开 SQL Server 管理平台，依次展开节点"对象资源管理器"→"教学管理"数据库→"表"→"学生"表→"触发器"，选择要修改的触发器（如例 7-11 创建的 tr_test 触发器），单击鼠标右键，在弹出的快捷菜单中选择"修改"命令。

② 此时在右边的编辑器窗口中出现触发器的源代码（CREATE TRIGGER 已改为了 ALTER TRIGGER），如图 7-13 所示，可以直接进行修改。修改完后单击工具栏中的"执行"按钮执行该触发器代码。

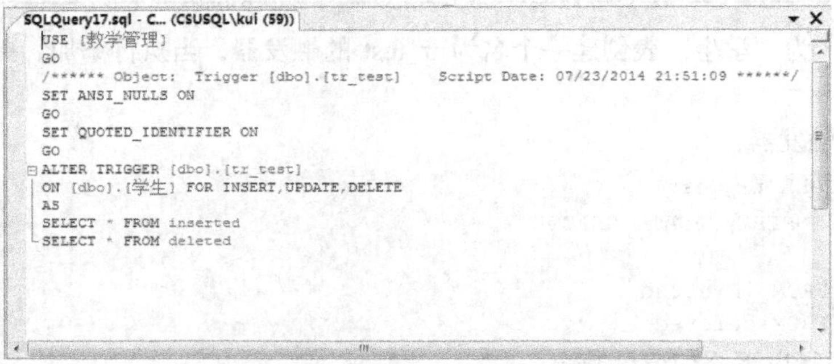

图 7-13　使用 SQL Server 管理平台修改触发器

3. 使用 ALTER TRIGGER 语句修改触发器

修改触发器的语法如下：

```
ALTER TRIGGER trigger_name
ON {table|view}
[WITH ENCRYPTION]
 {FOR|AFTER|INSTEAD OF}
 {[DELETE] [ , ] [ INSERT ] [ , ] [ UPDATE ] }
 AS sql_statement [ , …n ]
```

其中，参数的含义与 CREATE TRIGGER 语句的相同。

使用代码修改触发器通常在应用程序中进行，包括触发器将实现的功能及触发器名称等内容。

【例 7-12】　将例 7-10 的触发器 tr_student 修改为 INSERT 操作后进行。

```
ALTER TRIGGER tr_student ON 学生
FOR INSERT
AS
  DECLARE @msg varchar(50)
  SELECT @msg=STR(@@ROWCOUNT)+'名学生记录被添加'
SELECT @msg
RETURN
```

对"学生"表执行以下插入语句：

```
INSERT 学生(学号,姓名)VALUES ('S1112','王五')
```

激活 INSERT 触发器 tr_student，显示信息如下：

```
1 名学生记录被添加
```

7.4.3　删除触发器

用户在使用触发器后可以将其删除，但只有触发器所有者才有权删除触发器。可以通过删除触发器或删除触发器所在的表来删除触发器。删除表时，也将删除所有与表关联的触发器。删除触发器时，将从 sysobjects 和 syscomments 系统表中删除有关触发器的信息。

1. 使用 SQL Server 管理平台删除触发器

操作步骤如下。

① 打开 SQL Server 管理平台，展开节点"对象资源管理器"→"教学管理"数据库→"表"→"学生"表→"触发器"，选择要删除的触发器（如例 7-10 创建的触发器 tr_student），单击鼠标右键，在弹出的快捷菜单中选择"删除"命令。

② 在弹出的"删除对象"对话框中单击"确定"按钮即可删除触发器。

2. 使用 DROP TRIGGER 语句删除指定触发器

删除触发器语句的语法格式如下：

```
DROP TRIGGER trigger_name [ , …n ]
```

【例 7-13】　删除例 7-11 创建的触发器 tr_test。

```
DROP TRIGGER tr_test
```

删除触发器所在的表时，SQL Server 将自动删除与该表相关的触发器。

习　题

一、选择题

1. 关于存储过程的描述正确的一项是（　　　）。

    A. 存储过程的存在独立于表，它存放在客户端，供客户端使用

    B. 存储过程只是一些 T-SQL 语句的集合，不能看作 SQL Server 的对象

    C. 存储过程可以使用控制流语句和变量，大大增强了 SQL 的功能

    D. 存储过程在调用时会自动编译，因此使用方便

2. 以下（　　　）不是创建存储过程的方法。

    A. 使用系统所提供的创建向导创建

    B. 使用管理平台创建

    C. 使用 CREATE PROCEDURE 语句创建

    D. 使用 EXECUTE 语句创建

3. 关于触发器的描述正确的是（　　　）。

    A. 触发器是自动执行的，可以在一定条件下触发

    B. 触发器不可以同步数据库的相关表进行级联更新

    C. SQL Server 2008 不支持 DDL 触发器

  D. 触发器不属于存储过程

 4. SQL Server 为每个触发器创建了两个临时表，它们是（   ）。

  A. Inserted 和 Updated   B. Inserted 和 Deleted

  C. Updated 和 Deleted   D. Selected 和 Inserted

二、填空题

 1. 用户定义存储过程是指在用户数据库中创建的存储过程，其名称不能以_____为前缀。

 2. 建立一个存储过程的语句关键字为_____，执行一个存储过程的语句关键字为_____。

 3. 触发器是一种特殊的_____，基于表而创建，主要用来保证数据的完整性。

 4. 触发器是一种特殊的存储过程，它可以在对一个表进行_____、_____和_____操作中的任一种或几种操作时被自动调用执行。

三、问答题

 1. 简述存储过程的概念并说明使用存储过程有哪些优点。

 2. 如何执行存储过程？存储过程的执行有何特点？

 3. 存储过程的输入、输出参数如何表示？如何使用？

 4. 存储过程的状态值有何含义？如何在编写过程时正确运用返回值？

 5. 使用存储过程有哪些限制和注意事项？

 6. 简述存储过程与触发器的区别。

四、应用题

 1. 创建一个存储过程，该存储过程创建一个只有一个整型字段的临时表。然后此存储过程把从 1～100 的数插入表中，最后作为一个结果集返回给调用者。

 2. 创建一个名为 prUpdateStudentName 的存储过程，并用它来更新"学生"表中指定记录的姓名字段。

 3. 创建一个包含 SELECT 语句的存储过程 prTest，并使用查询编辑器证实该存储过程确实存在于当前数据库中。

 4. 使用查询编辑器获取存储过程 prTest 的源代码。

 5. 使用查询编辑器查看存储过程 prTest 的依赖关系。

 6. 使用查询编辑器将存储过程 prTest 重命名为 npr_Test。

 7. 使用查询编辑器删除存储过程 sp_Test。

第8章
事务和锁

本章学习目标：
- 掌握事务的基本概念及使用方法。
- 掌握锁的基本概念和类型。
- 掌握查看和终止锁的方法。
- 理解死锁产生的原因和死锁的处理。

事务和锁可以确保数据能够正确地被修改，不会造成数据只修改了一部分而导致数据的不完整，或在修改过程中受到其他用户的干扰。这两项功能都非常重要，需对它们有完整的了解并善于应用它，以确保数据库能存储正确且完整的数据。

8.1 事　务

事务（Transaction）是 SQL Server 中的一个逻辑工作单元，该单元将被作为一个整体进行处理。事务保证连续多个操作必须全部执行成功，否则必须立即回复到未执行任何操作的状态，即执行事务的结果要么全部将数据所要执行的操作完成，要么全部数据都不修改。

8.1.1 事务的概念

1．事务的由来

在 SQL Server 中，使用 DELETE 或 UPDATE 语句对数据库进行更新时一次只能操作一个表，这会带来数据库的数据不一致的问题。例如，教务处取消了名称为"企业战略管理"这门选修课，需要将"企业战略管理"课程记录从"课程"表中删除，而"选课"表中的课程编号与"企业战略管理"相对应的学号也应删除。因此，两个表都要修改，这种修改只能通过两条 DELETE 语句进行。

假设"企业战略管理"的课程编号为"C802"，第 1 条 DELETE 语句修改"课程"表为：

```
DELETE FROM 课程 WHERE 课程编号= 'C802'
```

第 2 条 DELETE 语句修改"选课"表为：

```
DELETE FROM 选课 WHERE 课程编号= 'C802'
```

在执行第一条 DELETE 语句后，数据库中的数据已处于不一致的状态，因为此时已经没有"企业战略管理"这门课程了，但"选课"表中仍然保存着选择了"企业战略管理"这门课程的学生选课记录。只有执行了第二条 DELETE 语句后数据才重新处于一致状态。如果执行完第一条语句后，计算机突然出现故障，无法再继续执行第二条 DELETE 语句，则数据库中的数据将处于永远不一致的状态。

因此，必须保证这两条 DELETE 语句都被执行，或都不执行。这时可以使用数据库中的事务技术来实现。

2．事务属性

事务作为一个逻辑工作单元，当事务执行遇到错误时，将取消事务所做的修改。一个逻辑单元必须具有 4 个属性：原子性（Atomicity）、一致性（Consistency）、隔离性（Isolation）、持久性（Durability），这些属性称为 ACID。

（1）原子性

事务必须是工作的最小单元，即原子单元，对于其数据的修改，要么全都执行，要么全都不执行。

（2）一致性

事务在完成后，必须使所有的数据都保持一致性状态。在相关数据库中，事务必须遵守数据库的约束和规则，以保持所有数据的完整性。事务结束时，所有的内部数据结构（如 B 树索引或双向链表）都必须是正确的。

（3）隔离性

一个事务所做的修改必须与任何其他并发事务所做的修改隔离。事务查看数据时数据所处的状态，要么是另一并发事务修改它之前的状态，要么是另一事务修改它之后的状态，事务不会查看中间状态的数据。这称为可串行性，因为它能够重新装载起始数据，并且重播一系列事务，以使数据结束时的状态与原始事务执行的状态相同。

（4）持久性

事务完成后，它对于系统的影响是永久性的。该修改即使出现系统故障也将一直保持。

3．事务模式

应用程序主要通过指定事务启动和结束的时间来控制事务。这可以使用 T-SQL 语句来控制事务的启动与结束。系统还必须能够正确处理那些在事务完成之前便中止事务的错误。

事务是在连接层进行管理的。当事务在一个连接上启动时，在该连接上执行的所有 T-SQL 语句在该事务结束之前都是该事务的一部分。

SQL Server 以 3 种事务模式管理事务。

（1）自动提交事务模式

每条单独的语句都是一个事务。在自动提交事务模式下，每条 T-SQL 语句在成功执行完成后，都被自动提交，如果遇到错误，则自动回滚该语句。该模式为系统默认的事务管理模式。

（2）显式事务模式

显式事务模式允许用户定义事务的启动和结束。事务以 BEGIN TRANSACTION 语句显式开始，以 COMMIT 或 ROLLBACK 语句显式结束。

（3）隐性事务模式

在当前事务完成提交或回滚后，新事务自动启动。隐性事务不需要使用 BEGIN TRANSACTION 语句标识事务的开始，但需要以 COMMIT 或 ROLLBACK 语句来提交或回滚事务。

8.1.2　事务管理

SQL Server 按事务模式进行事务管理，设置事务启动和结束的时间，正确处理事务结束之前产生的错误。

1. 启动和结束事务

在应用程序中,通常用 BEGIN TRANSACTION 语句来标识一个事务的开始,用 COMMIT TRANSACTION 语句标识事务结束。

启动事务语句的语法格式如下:

```
BEGIN TRAN[SACTION] [transaction_name|@tran_name_variable
[ WITH MARK [ 'description' ] ]
```

结束事务语句的语法格式如下:

```
COMMIT [TRAN[SACTION] [transaction_name|@tran_name_variable] ]
```

各选项的含义如下。

① transaction_name:指定事务的名称。transaction_name 必须遵循标识符规则,且只有前 32 个字符能被系统识别。

② @tran_name_variable:是用户定义的、含有有效事务名称的变量的名称。必须用 char、varchar、nchar 或 nvarchar 数据类型来声明该变量。

③ WITH MARK ['description']:指定在日志中标记事务。Description 是描述该标记的字符串。如果使用了 WITH MARK,则必须指定事务名。WITH MARK 允许将事务日志还原到命名标记。

【例 8-1】 建立一个显式事务,以显示"教学管理"数据库中"课程"表的数据。

```
BEGIN TRANSACTION
    SELECT * FROM 课程
COMMIT TRANSACTION
```

本例创建的事务以 BEGIN TRANSACTION 语句开始,以 COMMIT TRANSACTION 语句结束。

【例 8-2】 建立一个显式命名事务,以删除"课程"表的"企业战略管理"课程记录行。假设"企业战略管理"的课程编号为"C802"。

```
DECLARE @tranc_name varchar(32)
SELECT @tranc_name='transaction_delete'
BEGIN TRANSACTION @tranc_name
  DELETE FROM 课程 WHERE 课程编号='C802'
COMMIT TRANSACTION  @tranc_name
```

本例命名了一个事务 transaction_delete,该事务用于删除"课程"表的"企业战略管理"课程记录行及相关数据。在 BEGIN TRANSACTION 和 COMMIT TRANSACTION 语句之间的所有语句被作为一个整体,只有执行到 COMMIT TRANSACTION 语句时,事务中对数据库的更新操作才算确认。

【例 8-3】 隐性事务处理过程。

```
CREATE TABLE import_tran
( number char(3) NOT NULL,
 kc_name char(50) NOT NULL)
GO
SET IMPLICIT_TRANSACTIONS ON      --启动隐性事务模式
GO
    --第一个事务由 INSERT 语句启动
INSERT INTO import_tran VALUES ('001','大学物理')
INSERT INTO import_tran VALUES ('002','信号处理')
COMMIT TRANSACTION              --提交第一个隐性事务
GO
```

```
    --第二个隐式事务由 SELECT 语句启动
SELECT Count(*) FROM import_tran
INSERT INTO import_tran VALUES ('003','生物发展史')
SELECT * FROM import_tran
COMMIT TRANSACTION                    --提交第二个隐性事务
GO
SET IMPLICIT_TRANSACTIONS OFF     --关闭隐性事务模式
GO
```

本例在启动隐性事务模式后，由 COMMIT TRANSACTION 语句提交了两个事务，第一个事务 import_tran 表中插入两条记录，第二个事务显示 import_tran 表的数据行数、插入一条新记录、显示所有记录列表。隐性事务不需要 BEGIN TRANSACTION 标识开始位置，而由第一个 T-SQL 语句启动，直到遇到 COMMIT TRANSACTION 语句结束。应用程序使用 SET IMPLICIT_TRANSACTIONS ON/OFF 语句启动/关闭隐性事务模式。

2. 事务回滚

当事务执行过程中遇到错误时，该事务所修改的数据都将恢复到事务开始时的状态或某个指定位置，事务占用的资源将被释放。这个操作过程叫事务回滚（Transaction Rollback）。

事务回滚使用 ROLLBACK TRANSACTION 语句实现，其语法格式如下：

```
ROLLBACK [TRAN[SACTION][transaction_name|@tran_name_variable
         | savepoint_name|@savepoint_variable]]
```

其中，savepoint_name 用于指定回滚到某一指定位置的标记名称，@savepoint_variable 为存放该标记名称的变量，变量只能声明为 char、varchar、nchar 或 nvarchar 数据类型。其他参数含义与 BEGIN TRANSACTION 语句相同。

如果要让事务回滚到指定位置，则需要在事务中设定保存点（SavePoint）。所谓保存点是指定其所在位置之前的事务语句，不能回滚的语句即此语句前面的操作被视为有效。其语法格式如下：

```
SAVE TRAN[SACTION] {savepoint_name|@savepoint_variable}
```

参数含义与 ROLLBACK TRANSACTION 语句相同。

【例 8-4】 使用 ROLLBACK TRANSACTION 语句标识事务结束。

```
BEGIN TRANSACTION
  UPDATE 学生
  SET 性别='男'
  WHERE 学号='S0619'
  INSERT INTO 选课(学号,课程编号,成绩)
  VALUES('S0619','C802',99)
ROLLBACK TRANSACTION
```

本例建立的事务对"学生"表和"选课"表分别进行更新和插入操作。但当服务器遇到 ROLLBACK TRANSACTION 语句时，就会抛弃事务处理中的所有变化，把数据恢复到开始工作之前的状态。因此事务结束后，"学生"表和"选课"表都不会改变。

【例 8-5】 删除"企业战略管理"这门课，再将选修了该门课程的学生分配到"宏观经济学"这门课程中。

假设"企业战略管理""宏观经济学"的课程编号分别为"C802"，"C801"。

```
BEGIN TRANSACTION transaction_delete
  DELETE FROM 课程 WHERE 课程编号='C802'
```

```
SAVE TRANSACTION after_delete    --设置保存点
UPDATE 选课 SET 课程编号='C801' WHERE 课程编号='C802'
IF (@@error=0 OR @@rowcount=0)
BEGIN
  ROLLBACK TRANSACTION after_delete   --如果出错回滚到保存点 after_delete
  COMMIT TRANSACTION transaction_delete
END
ELSE
  COMMIT TRANSACTION transaction_delete
GO
```

本例由 IF 语句根据条件（@@error=0 OR @@rowcount=0，出错或无此记录）是否满足来确定事务是回滚到保存点或还是提交。

如果不指定回滚的事务名称或保存点，则 ROLLBACK TRANSACTION 语句会将事务回滚到事务执行前，如果事务是嵌套的，则会回滚到最靠近的 BEGIN TRANSACTION 语句前。

【例 8-6】　为"学生"表定义触发器 trig_uptable，如果"学生"表更新数据，则把新数据复制到"新增学生"表中，若出错，则取消复制操作。

```
CREATE TRIGGER trig_uptable ON 学生
FOR UPDATE
AS
SAVE TRANSACTION trig_uptable
INSERT INTO 新增学生
    SELECT * FROM inserted
IF (@@error<>0)
BEGIN
    ROLLBACK TRANSACTION trig_uptable
END
```

本例把事务和触发器结合起来实现数据的完整性。触发器 trig_uptable 内部是一个自动提交事务，用户使用 SAVE TRANSACTION 语句完成部分回滚到保存点 trig_uptable，避免 ROLLBACK TRANSACTION 回滚到最远的 BEGIN TRANSACTION 语句。回滚的操作由 IF 语句控制，只有当 INSERT 操作不能成功完成，才进行回滚。否则，触发器 trig_uptable 中的事务被自动提交。

3. 事务嵌套

和 BEGIN…END 语句类似，BEGIN TRANSACTION 和 COMMIT TRANSACTION 语句也可以进行嵌套，即事务可以嵌套执行。

【例 8-7】　提交事务。

```
CREATE TABLE student_tran
( stu_num char(3) NOT NULL,
 stu_name char(20) NOT NULL)
GO
BEGIN TRANSACTION Tran1   --@@TRANCOUNT 为 1
  INSERT INTO student_tran VALUES ('001','林黎芳')
  BEGIN TRANSACTION Tran2        --@@TRANCOUNT 为 2
    INSERT INTO student_tran VALUES ('002','苏蕾')
    BEGIN TRANSACTION Tran3        --@@TRANCOUNT 为 3
    PRINT @@TRANCOUNT
    INSERT INTO student_tran VALUES ('003','范春华')
    COMMIT TRANSACTION Tran3     --@@TRANCOUNT 为 2
```

```
    PRINT @@TRANCOUNT
  COMMIT TRANSACTION Tran2    --@@TRANCOUNT 为 1
  PRINT @@TRANCOUNT
COMMIT TRANSACTION Tran1        --@@TRANCOUNT 为 0
PRINT @@TRANCOUNT
```

运行结果如下：

```
3
2
1
0
```

本例创建了一个表，生成三个级别的嵌套事务，然后提交该嵌套事务。SQL Server 忽略提交内部事务，而是根据最外部事务结束时采取的操作，将事务提交或者回滚。如果提交外部事务，则内层嵌套的事务也会提交。如果回滚外部事务，则不论此前是否单独提交过内层事务，所有内层事务都将回滚。@@TRANCOUNT 返回当前共有多个事务在处理中。

8.2 锁

锁（Lock）作为一种安全机制，用于控制多个用户的并发操作，以防止用户读取正在由其他用户更改的数据或者多个用户同时修改同一数据，从而确保事务完整性和数据库一致性。虽然 SQL Server 会自动强制执行锁，但是用户可以通过对锁进行了解并在应用程序中自定义锁来设计出更有效率的应用程序。

8.2.1 锁的概念

1. SQL Server 锁定的资源

当对一个数据源加锁后，此数据源就有了一定的访问限制，称对此数据源进行了"锁定"。SQL Server 锁在数据库内的不同粒度级别上应用。锁的粒度是指被封锁目标的大小。封锁粒度小则并发性高，但开销大；封锁粒度大则并发性低，但开销小。SQL Server 可以锁定以下资源（按粒度增加的顺序列出）。

① RID：行标识符，数据页中的单行数据。用于单独锁定表中的一行。

② 键（Key）：索引中的行锁。用于保护可串行事务中的键范围。

③ 页（Page）：KB 的数据页或索引页，是 SQL Server 存取数据的基本单位。

④ 扩展盘区（Extent）：由相邻的八个数据页或索引页组成。

⑤ 表（Table）：包括所有数据和索引在内的整个表。

⑥ DB：数据库（Database）。

SQL Server 自动将资源锁定在适合任务的级别。为了使锁定的成本减至最少，SQL Server 动态确定每个 T-SQL 语句的锁的适当的放置级别。如果锁定于较小的粒度（如行）时，可以提高并行，但如果锁定了许多行，则需要控制更多的锁，因此会造成更高的开销。反之，如果锁定于较大的粒度（如表）时，则会限制其他事务对于表其他部分的存取，因而更费时，但由于维护的锁较少，因此开销较低。

2. SQL Server 的锁模式

SQL Server 使用不同的锁模式锁定资源，这些锁模式确定了并发事务访问资源的方式。

（1）共享锁（Shared Lock）

共享锁锁定的资源可以被其他用户读取，但其他用户不能修改它（只读操作）。例如在 SELECT 语句执行时，SQL Server 通常会对对象进行共享锁锁定。通常加共享锁的数据页被读取完毕后，共享锁就会立即被释放。

（2）排他锁（Exclusive Lock）

排他锁锁定的资源只允许进行锁定操作的程序使用，其他任何对它的操作均不会被接受。例如执行数据更新语句（ INSERT、UPDATE 或 DELETE ）时，SQL Server 会自动使用排他锁，确保不会同时对同一资源进行多重更新。当对象上有其他锁存在时，无法对其加排他锁。排他锁一直到事务结束才能被释放。

（3）更新锁（Update Lock）

更新锁用于可更新的资源中，是为了防止死锁而设立的。

如果更新操作使用共享锁，会出现以下问题。一个更新操作组成一个事务，此事务读取记录，获取资源（页或行）的共享锁，然后在修改数据时，将锁转换为排他锁。当有两个事务获得了资源上的共享锁，并试图同时更新数据时，则其中一个事务尝试将锁转换为排他锁。从共享锁到排他锁的转换必须等待一段时间，因为一个事务的排他锁与其他事务的共享锁不兼容，因而发生锁等待。此时如果第二个事务也试图获取排他锁以进行更新，由于两个事务都要转换为排他锁，并且每个事务都等待另一个事务释放共享锁，则会发生死锁。

更新锁可以避免这种死锁现象，因为一次只有一个事务可以获得资源的更新锁，其他事务只能获得共享锁。当 SQL Server 准备更新数据时，首先对数据对象加更新锁，这样数据将不能被修改，但可以读取。等到 SQL Server 确定要进行更新数据操作时，它会自动将更新锁转换为排他锁。否则，锁转换为共享锁。

3. 锁的种类

从程序员的角度，锁可以分为以下两种类型。

（1）乐观锁（Optimistic Lock）

乐观锁假定在处理数据时，不需要在应用程序的代码中做任何事情就可以直接在记录上加锁，即完全依靠数据库来管理锁的工作。一般情况下，当执行事务处理时，SQL Server 会自动对事务处理范围内更新到的表做锁定。

（2）悲观锁（Pessimistic Lock）

悲观锁需要程序员直接管理数据或对象上的加锁处理，并负责获取、共享和放弃正在使用的数据上的任何锁。

8.2.2　隔离级别

隔离（isolation）是计算机安全技术中的概念，其本质上是一种封锁机制。它是指自动数据处理系统中的用户和资源的相关牵制关系，也就是用户和进程彼此分开，且和操作系统的保护控制也分开来。

尽管可串行性对于事务确保数据库中的数据在所有时间内的正确性相当重要，然而许多事务并不总是要求完全的隔离。例如，多个作者工作于同一本书的不同章节。新章节可以在任意时候提交到项目中。但是，对于已经编辑过的章节，没有编辑人员的批准，作者不能对此章节进行任何更改。这样，尽管有未编辑的新章节，但编辑人员仍可以确保在任意时间该书籍项目的正确性。编辑人员可以查看以前编辑的章节以及最近提交的章节。

事务准备接受不一致数据的级别称为隔离级别（Isolation Level）。隔离级别是一个事务必须与其他事务进行隔离的程度。较低的隔离级别可以增加并发，但代价是降低数据的正确性。相反，较高的隔离级别可以确保数据的正确性，但可能对并发产生负面影响。应用程序要求的隔离级别确定了 SQL Server 使用的锁定行为。

在 SQL Server 支持以下 4 种隔离级别。

（1）提交读（Read Committed）

提交读是 SQL Server 的默认级别。在此隔离级别下，SELECT 语句不会也不能返回尚未提交（Committed）的数据（即脏数据）。

（2）未提交读（Read Uncommitted）

与提交读隔离级别相反，未提交读允许读取脏数据，即已经被其他用户修改但尚未提交的数据。它是最低的事务隔离级别，仅可保证不读取物理损坏的数据。

（3）可重复读（Repeatable Read）

在可重复读隔离级别下，用 SELECT 语句读取的数据在整个语句执行过程中不会被更改。此选项会影响系统的效能，非必要情况最好不用此隔离级别。

（4）可串行读（Serializable）

如果事务在可串行读隔离级别上运行，则可以保证任何并发重叠事务均是串行的。与 DELETE、SELECT 和 UPDATE 语句中 SERIALIZABLE 选项含义相同。它是最高的事务隔离级别，事务之间完全隔离。

默认情况下，SQL Server 2008 操作在"提交读"这一隔离级别上。但是，应用程序可能需要运行于不同的隔离级别。若要在应用程序中使用更严格或较宽松的隔离级别，可以通过使用 SET TRANSACTION ISOLATION LEVEL 语句设置会话的隔离级别，来自定义整个会话的锁定。其语法格式如下：

```
SET TRANSACTION ISOLATION LEVEL
{READ COMMITTED
| READ UNCOMMITTED
| REPEATABLE READ
| SERIALIZABLE }
```

一次只能设置一个选项。指定隔离级别后，SQL Server 会话中所有 SELECT 语句的锁定行为都运行于该隔离级别上，并一直保持有效直到会话终止或者设置另一个隔离级别。

8.2.3 查看和终止锁

查看锁可以通过 SQL Server 管理平台或系统存储过程 sp_lock 来实现。

1. 在 SQL Server 管理平台中查看锁

查看数据库系统中的锁，最简单的方式是在 SQL Server 管理平台的"对象资源管理器"中使用快捷键"Ctrl+2"，即可查看进程、锁以及对象等信息，如图 8-1 所示。

2. 用系统存储过程 sp_lock 查看锁

系统存储过程 sp_lock 的语法格式如下：

```
sp_lock spid
```

spid 是 SQL Server 的进程编号，它可以在 master.dbo.sysprocesses 系统表中查到。spid 数据类型为 int，如果不指定 spid，则显示所有的锁。

例如，显示当前系统中所有的锁，结果如图 8-2 所示。

图 8-1 在 SQL Server 管理平台中查看锁

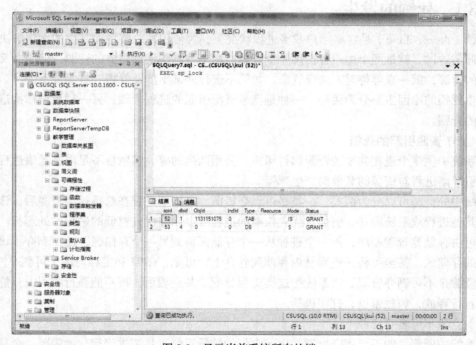

图 8-2 显示当前系统所有的锁

又如，显示编号为 52 的锁的信息，结果如图 8-3 所示。

终止进程还可以用如下命令来进行：

```
KILL spid
```

spid 是系统进程编号。例如，终止的进程 52 的语句如下：

```
KILL 52
```

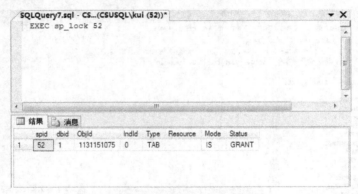

图 8-3 显示编号为 52 的锁

8.3 死锁及其处理

锁在用于控制多个用户的并发操作的过程中，如使用不当，会造成死锁现象，本节介绍死锁现象的产生、死锁的处理方法以及如何避免死锁。

8.3.1 死锁的发生

死锁（deadlocking）是在多用户或多进程状况下，为使用同一资源而产生的无法解决的争用状态。通俗地讲，就是两个用户各占用一个资源，两个人都想使用对方的资源，但同时又不愿放弃自己的资源，就一直等待对方放弃资源，如果不进行外部干涉，就将一直等待下去。

产生死锁的原因主要分为两种，一种是竞争资源引起的进程死锁；另一种是进程推进顺序不当引起的死锁。

1. 竞争资源引起的死锁

当系统中供多个进程共享的资源如打印机、公用队列的等，其数目不足以满足诸进程的需要时，会引起诸进程对资源的竞争而产生死锁。

系统中的资源可以分为两类，一类是可剥夺资源，是指某进程在获得这类资源后，该资源可以再被其他进程或系统剥夺。例如，优先权高的进程可以剥夺优先权低的进程的处理机。又如，内存区可由存储器管理程序，把一个进程从一个存储区移到另一个存储区，此即剥夺了该进程原来占有的存储区，甚至可将一进程从内存调到外存上，可见，CPU 和主存均属于可剥夺性资源。另一类资源是不可剥夺资源，当系统把这类资源分配给某进程后，再不能强行收回，只能在进程用完后自行释放，如磁带机、打印机等。

（1）竞争不可剥夺资源

在系统中所配置的不可剥夺资源，由于它们的数量不能满足诸进程运行的需要，会使进程在运行过程中，因争夺这些资源而陷于僵局。例如，系统中只有一台打印机 R1 和一台磁带机 R2，可供进程 P1 和 P2 共享。假定 P1 已占用了打印机 R1，P2 已占用了磁带机 R2，若 P2 继续要求打印机 R1，P2 将阻塞；P1 若又要求磁带机，P1 也将阻塞。于是，在 P1 和 P2 之间就形成了僵局，两个进程都在等待对方释放自己所需要的资源，但是它们又都因不能继续获得自己所需要的资源而不能继续推进，从而也不能释放自己所占有的资源，以致进入死锁状态。

（2）竞争临时资源

上面所说的打印机资源属于可顺序重复使用型资源，称为永久资源。还有一种所谓的临时资源，这是指由一个进程产生，被另一个进程使用，短时间后便无用的资源，故也称为消耗性资源，如硬件中断、信号、消息、缓冲区内的消息等，它也可能引起死锁。例如，S1，S2，S3 是临时性资源，进程 P1 产生消息 S1，又要求从 P3 接收消息 S3；进程 P3 产生消息 S3，又要求从进程 P2 处接收消息 S2；进程 P2 产生消息 S2，又要求从 P1 处接收产生的消息 S1。如果消息通信按如下顺序进行：

```
P1: ···Relese (S1); Request (S3);  ···
P2: ···Relese (S2); Request (S1);  ···
P3: ···Relese (S3); Request (S2);  ···
```

并不可能发生死锁。但若改成下述的运行顺序：

```
P1: ···Request (S3); Relese (S1);  ···
P2: ···Request (S1); Relese (S2);  ···
P3: ···Request (S2); Relese (S3);  ···
```

则可能发生死锁。

2. 进程推进顺序不当引起的死锁

由于进程在运行中具有异步性特征，这可能使 P1 和 P2 两个进程按下述两种顺序向前推进。

（1）进程推进顺序合法

当进程 P1 和 P2 并发执行时，如果按照下述顺序推进，这两个进程便可顺利完成：P1：···Request（R1）；P1：···Request（R2）；P1：···Relese（R1）；P1：···Relese（R2）；P2：···Request（R2）；P2：···Request（R1）；P2：···Relese（R2）；P2：···Relese（R1）。这种不会引起进程死锁的推进顺序是合法的。

（2）进程推进顺序非法

若 P1 保持了资源 R1，P2 保持了资源 R2，系统处于不安全状态，因为这两个进程再向前推进，便可能发生死锁。例如，当 P1 运行到 P1：···Request（R2）时，将因 R2 已被 P2 占用而阻塞；当 P2 运行到 P2：···Request（R1）时，也将因 R1 已被 P1 占用而阻塞，于是发生进程死锁。

虽然进程在运行过程中，可能发生死锁，但死锁的发生也必须具备一定的条件，死锁的发生必须具备以下四个必要条件。

① 互斥条件：指进程对所分配到的资源进行排他性使用，即在一段时间内某资源只由一个进程占用。如果此时还有其他进程请求资源，则请求者只能等待，直至占有资源的进程用毕释放。

② 请求和保持条件：指进程已经保持至少一个资源，但又提出了新的资源请求，而该资源已被其他进程占有，此时请求进程阻塞，但又对自己已获得的其他资源保持不放。

③ 不剥夺条件：指进程已获得的资源，在未使用完之前，不能被剥夺，只能在使用完时由自己释放。

④ 环路等待条件：指在发生死锁时，必然存在一个进程——资源的环形链，即进程集合{P0，P1，P2，···，Pn}中的 P0 正在等待一个 P1 占用的资源，P1 正在等待 P2 占用的资源······Pn 正在等待已被 P0 占用的资源。

8.3.2 死锁的处理

死锁会造成资源的大量浪费，甚至会使系统崩溃。因此，在系统中已经出现死锁后，应该及时检测到死锁的发生，并采取适当的措施来解除死锁。处理死锁的方法可归结为以下四种。

1．预防死锁。这是一种较简单和直观的事先预防的方法。方法是通过设置某些限制条件，去破坏产生死锁的四个必要条件中的一个或者几个，来预防发生死锁。预防死锁是一种较易实现的方法，已被广泛使用。但是由于所施加的限制条件往往太严格，可能会导致系统资源利用率和系统吞吐量降低。

2．避免死锁。该方法同样是属于事先预防的策略，但它并不需事先采取各种限制措施去破坏产生死锁的四个必要条件，而是在资源的动态分配过程中，用某种方法去防止系统进入不安全状态，从而避免发生死锁。

3．检测死锁。这种方法并不需事先采取任何限制性措施，也不必检查系统是否已经进入不安全区，此方法允许系统在运行过程中发生死锁。但可通过系统所设置的检测机构，及时地检测出死锁的发生，并精确地确定与死锁有关的进程和资源，然后采取适当措施，从系统中将已发生的死锁清除掉。

4．解除死锁。这是与检测死锁相配套的一种措施。当检测到系统中已发生死锁时，须将进程从死锁状态中解脱出来。常用的实施方法是撤销或挂起一些进程，以便回收一些资源，再将这些资源分配给已处于阻塞状态的进程，使之转为就绪状态，以继续运行。死锁的检测和解除措施，有可能使系统获得较好的资源利用率和吞吐量，但在实现上难度也最大。

8.3.3　死锁的避免

虽然不能完全避免死锁，但可以使死锁的数量减至最少。防止死锁的途径就是不能让满足死锁条件的情况发生，为此，用户需要遵循以下原则。

① 尽量避免并发地执行涉及修改数据的语句。

② 要求每个事务一次就将所有要使用的数据全部加锁，否则就不予执行。

③ 预先规定一个封锁顺序，所有的事务都必须按这个顺序对数据执行封锁。例如，不同的过程在事务内部对对象的更新执行顺序应尽量保持一致。

④ 每个事务的执行时间不可太长，对程序段长的事务可考虑将其分割为几个事务。

习　题

一、选择题

1．属于事务控制的语句是（　　）。

    A．BEGIN TRAN、COMMIT、ROLLBACK

    B．BEGIN、CONTINUE、END

    C．CREATE TRAN、COMMIT、ROLLBACK

    D．BEGIN TRAN、CONTINUE、END

2．如果有两个事务，同时对数据库中同一数据进行操作，不会引起冲突的操作是（　　）。

    A．一个是 DELETE，一个是 SELECT

    B．一个是 SELECT，一个是 DELETE

    C．两个都是 UPDATE

    D．两个都是 SELECT

3．事务对数据库操作之前，先对（　　），以便获得对这个数据对象的一定控制，使得其他事务不能更新此数据，直到该事务解锁为止。

    A．数据加锁　　　　　　　　　　B．数据加密

    C．信息修改　　　　　　　　　　D．信息加密

4．解决并发操作带来的数据不一致问题普遍采用（　　）技术。

    A．封锁　　　　　　　　　　　　B．存取控制

    C．恢复　　　　　　　　　　　　D．协商

5．当一条 SELECT 语句访问某数据量很大的表中的有限几行数据时，SQL Server 2008 通常会（　　）。

    A．为数据加上页级锁　　　　　　B．为数据加上行级锁

    C．需要用户的干涉和参与　　　　D．使用户独占数据库

二、填空题

1．在 SQL Server 2008 中，一个事务处理控制语句以＿＿＿＿＿＿＿＿关键字开始，以关键字＿＿＿＿＿＿或＿＿＿＿＿＿结束。

2．在 SQL Server 2008 中，一个事务是一个＿＿＿＿＿＿的单位，它把必须同时执行或不执行的一组操作＿＿＿＿＿＿放在一起。

3．在网络环境下，当多个用户同时访问数据库时，就会产生并发问题，SQL Server 2008 是利用＿＿＿＿＿＿完成并发控制的。

4．产生死锁的原因主要分为两种，一是＿＿＿＿＿＿引起的进程死锁，二是＿＿＿＿＿＿引起的死锁。

三、问答题

1．什么是事务？事务的作用是什么？

2．为什么要在 SQL Server 中引入锁的机制？

3．锁的类型有哪些？

4．为什么会出现死锁？如何解决死锁现象？

5．如何查看系统的锁信息？

第9章
SQL Server 安全管理

本章学习目标：

- 了解 SQL Server 2008 的安全管理机制。
- 掌握 SQL Server 2008 的两种身份验证模式。
- 掌握创建和管理用户登录账号的方法。
- 掌握创建和管理数据库用户账号的方法。
- 理解 SQL Server 权限和角色的概念及其管理方法。

数据库的安全管理是为了保护数据库，以防止不合法的使用而造成数据的破坏和泄密。SQL Server 2008 提供了完善的安全管理机制，包括服务器的安全、数据库的安全和数据库对象的安全。具体来说，有登录账号管理、数据库用户管理、角色管理和权限管理等。只有使用特定的身份验证方式的用户，才能登录到系统中。登录系统后，合法的用户才能访问数据库。具有一定权限的用户，才能对数据库对象执行相应的操作。

9.1 SQL Server 身份验证

SQL Server 2008 的安全管理是建立在身份验证和访问许可两种机制上的。身份验证是确定登录 SQL Server 的用户的登录账号和密码是否正确，以此来验证其是否具有连接 SQL Server 的权限。通过验证的用户必须获取访问数据库的权限，才能对数据库进行权限许可内的操作。

9.1.1 身份验证

SQL Server 身份验证有两种模式：一种是 Windows 身份验证模式；另一种为混合身份验证模式。

1. Windows 身份验证模式

该模式使用 Windows 操作系统的安全机制验证用户身份，只要用户能够通过 Windows 用户账号验证，即可连接到 SQL Server 而不再进行身份验证。这种模式只适用于能够提供有效身份验证的 Windows 操作系统。

2. 混合身份验证模式

在该模式下，Windows 身份验证和 SQL Server 验证两种模式都可用。对于可信任连接用户（由

Windows 验证），系统直接采用 Windows 的身份验证机制；否则 SQL Server 将通过账号的存在性和密码的匹配性自行进行验证，即采用 SQL Server 身份验证模式。

在 SQL Server 验证模式下，用户在连接 SQL Server 时必须提供登录名和登录密码。这些登录信息存储在系统表 syslogins 中，与 Windows 的登录账号无关。SQL Server 执行认证处理，如果输入的登录信息与系统表 syslogins 中的某条记录相匹配时表明登录成功。

Windows 身份验证模式相对可以提供更多的功能，如安全验证和密码加密、审核、密码过期、密码长度限定、多次登录失败后锁定账户等，对于账户以及账户组的管理和修改也更为方便。混合验证模式可以允许某些非可信的 Windows 操作系统账户连接到 SQL Server，如 Internet 客户等，它相当于在 Windows 身份验证机制之后加入 SQL Server 身份验证机制，对非可信的 Windows 账户进行自行验证。

身份验证内容包括确认用户的账号是否有效、能否访问系统、能访问系统的哪些数据库等。

9.1.2　身份验证模式的设置

在安装 SQL Server 2008 时默认的是 Windows 身份验证模式。可以使用 SQL Server 管理工具来设置验证模式，但设置验证模式的工作只能由系统管理员来完成。以下为在 SQL Server 管理平台下的两种设置方法。

1. 方法一

① 打开 SQL Server 管理平台，在菜单栏的"视图"中单击"已注册的服务器"，在弹出的子窗口中选择要设置验证模式的服务器，单击鼠标右键，然后在弹出的快捷菜单上选择"属性命令"，弹出图 9-1 所示的"编辑服务器注册属性"对话框。

② 在"常规"选项卡中，"服务器名称"栏可选择要注册的服务器实例。"身份验证"栏可以使用两种验证模式：Windows 身份验证或 SQL Server 身份验证。

③ 设置完成后，单击"测试"按钮以确定设置是否正确，单击"保存"按钮，关闭对话窗口，完成验证模式的设置或改变。

2. 方法二

① 在 SQL Server 管理平台的"对象资源管理器"中，鼠标右键单击服务器，在弹出的快捷菜单中选择"属性"命令，打开图 9-2 所示的"服务器属性"对话框。

② 在"安全性"页上的"服务器身份验证"下，选择新的服务器身份验证模式，再单击"确定"按钮，完成验证模式的设置或修改。

以上两种方法，都需要重启 SQL Server 后才能生效。

图 9-1　"编辑服务器注册属性"对话框

图 9-2 "服务器属性"对话框

9.2 管理登录账号

通过身份验证并不代表能够访问 SQL Server 中的数据，用户只有在获取访问数据库的权限之后，才能够对服务器上的数据库进行权限许可下的各种操作（主要针对数据库对象，如表、视图、存储过程等），这种用户访问数据库权限的设置是通过用户登录账号来实现的。

下面介绍在 SQL Server 2008 中登录账号的创建、删除和修改操作方法。

9.2.1 创建登录账户

创建登录账户的方法有两种：一种是从 Windows 用户或组中创建登录账户，另一种是创建新的 SQL Server 登录账户。

1. 创建 Windows 身份验证登录

Windows 用户或组通过 Windows 的"计算机管理"创建，它们必须被授予连接 SQL Server 的权限后才能访问数据库，其用户名称用"域名\计算机名\用户名"的方式指定。Windows 包含一些预先定义的内置本地组和用户，如 Administrators 组、本地 Administrators 账号、sa 登录、Users、Guest、数据库所有者（dbo)等，它们不需要创建。

（1）创建 Windows 用户

首先，创建 Windows 用户，其操作步骤如下。

　　① 以管理员身份登录到 Windows，在桌面的"计算机"上单击鼠标右键，在弹出的快捷菜单中选择"管理"命令，将弹出"计算机管理"窗口，如图 9-3 所示。

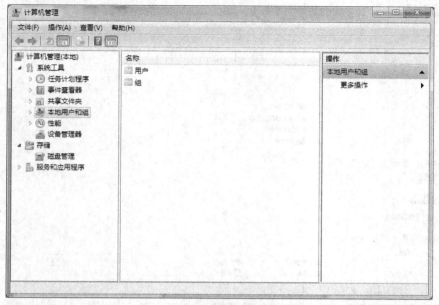

图 9-3　"计算机管理"窗口

　　② 展开"本地用户和组"文件夹，选择"用户"图标，单击鼠标右键，在快捷菜单中选择"新用户"命令，打开"新用户"对话框，如图 9-4 所示，输入用户名、密码，单击"创建"按钮，然后单击"关闭"按钮完成创建。

　　（2）将 Windows 账号映射到 SQL Server

　　创建好 Windows 账号后，再使用 SQL Server 管理平台将 Windows 账号映射到 SQL Server 中，以创建 SQL Server 登录，其操作步骤如下：

　　① 启动 SQL Server 管理平台，在对象资源管理器中分别展开"服务器"→"安全性"→"登录名"。

　　② 鼠标右键单击"登录名"，在弹出的快捷菜单上选择"新建登录名"命令，弹出"登录名-新建"对话框，如图 9-5 所示。

图 9-4　"新用户"对话框

　　③ 在图 9-5 中选择"Windows 身份验证"模式，登录名通过单击"搜索"按钮产生，单击"搜索"按钮后出现"选择用户或组"对话框，如图 9-6 所示，在对象名称框中直接输入名称或单击"高级"按钮后查找用户或组名称来完成输入。

　　④ 在图 9-5 中单击"服务器角色"选项卡，可以查看或更改登录名在固定服务器角色中的成员身份。

　　⑤ 单击"用户映射"选项卡，以查看或修改 SQL 登录名到数据库用户的映射，并可选择其在该数据库中允许担任的数据库角色。

　　⑥ 单击"确定"按钮，一个 Windows 组或用户即可增加到 SQL Server 登录账户中去。

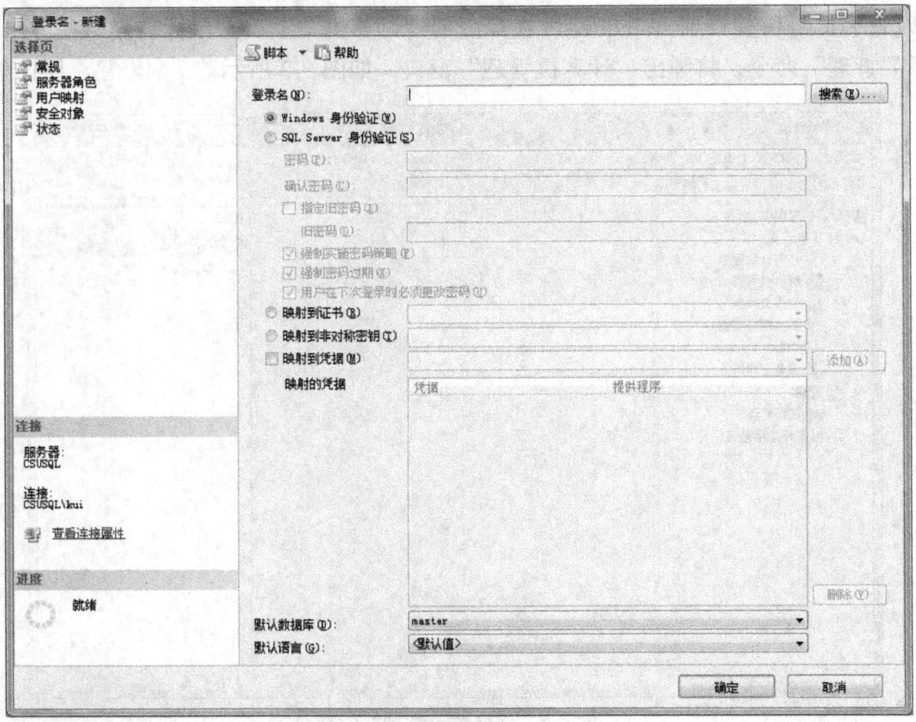

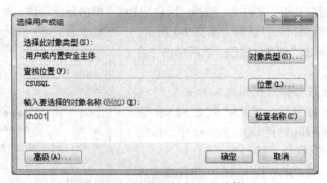

图 9-5　"登录名-新建"对话框

图 9-6　"选择用户或组"对话框

对于已经创建的 Windows 用户或组，可以使用系统存储过程 sp_grantlogin 授予其登录 SQL Server 的权限。其语法格式如下：

```
sp_grantlogin [@loginname=] ' login '
```

其中，[@loginname=] 'login ' 为要添加的 Windows 用户或组的名称，名称格式为"域名\计算机名\用户名"。

【例 9-1】　使用系统存储过程 sp_grantlogin 将 Windows 用户 liu 加入 SQL Server 中。

```
EXEC sp_grantlogin 'CSUSQL\liu'
```

或

```
EXEC sp_grantlogin [CSUSQL \liu]
```

该操作授予了 Windows 用户 CSUSQL \liu 连接到 SQL Server 的权限。

【例 9-2】　授予本地组 Users 中的所有用户连接 SQL Server 的权限。

```
EXEC sp_grantlogin 'BUILTIN\Users'
```

该操作由于授予的是本地组中的用户，所以使用 BUILTIN 关键字代替域名和计算机名。

　　仅 sysadmin 或 securityadmin 固定服务器角色的成员可以执行 sp_grautlogin。后面内容的 sp_addlogin、sp_password、sp_defaultdb、sp_defaultlanguage 等存储过程也具有相同权限。

2. 创建 SQL Server 登录

如果使用混合验证模式或不通过 Windows 用户或用户组连接 SQL Server，则需要在 SQL Server 下创建用户登录权限，使用户得以连接使用 SQL Server 身份验证的 SQL Server 实例。

（1）使用 SQL Server 管理平台创建登录账户

在 SQL Server 管理平台中创建 SQL Server 登录账户的具体步骤类似于"将 Windows 账号映射到 SQL Server 中"的操作方法，如图 9-5 所示，只是要选择"SQL Server 身份验证"模式，并输入登录账户名称、密码及确认密码。其他选项卡的设置操作类似，最后单击"确定"按钮，即增加了一个新的登录账户。

（2）使用系统存储过程 sp_addlongin 创建登录

```
sp_addlogin 语法格式如下：
sp_addlogin [@loginame=] 'login'
[, [@passwd=] 'password' ]
[, [@defdb=] 'database']
[, [@deflanguage=] 'language' ]
[, [@sid=]sid]
[, [@encryptopt=] 'encryption_option' ]
```

各选项的含义如下。

① [@loginame=] 'login'：登录名称，login 没有默认设置。

② [@passwd=] 'password'：登录密码，默认设置为 NULL，设置后 password 被加密并存储在系统表中。

③ [@defdb=] 'database'：登录的默认数据库，默认设置为 master。

④ [@deflanguage=] 'language'：用户登录 SQL Server 时系统指派的默认语言，默认值为 NULL。若没有指定语言，那么 language 被设置为服务器当前的默认语言。

⑤ [@sid=]sid：安全标识号（SID）。sid 的数据类型为 varbinary(16)，默认设置为 NULL。如果 sid 为 NULL，则系统为新登录生成 SID。

⑥ [@encryptopt=] 'encryption_option'：指定存储在系统表中的密码是否要加密。encryption _option 的数据类型为 varchar(20)，其值可以为 NULL、skip_encryption 或 skip_encryption_old，分别表示加密密码（默认设置)、密码已加密和已提供的密码由 SQL Server 较早版本加密。

【例 9-3】　使用系统存储过程 sp_addlongin 创建登录，新登录名为"ZG001"，密码为"001"，默认数据库为"教学管理"。

```
EXEC sp_addlogin 'ZG001','001','教学管理'
```

　　SQL Server 登录和密码最多可包含 128 个字符，可以由任意字母、符号和数字组成，但不能包括反斜线（\）、系统保留的登录名称、已经存在的名称、NULL 或空字符串。

【例 9-4】 创建没有密码和默认数据库的登录，登录名为 "ZG002"。

```
EXEC sp_addlogin 'ZG002'
```

该操作为用户 "ZG002" 创建一个 SQL Server 登录名，没有指定密码和默认数据库，使用默认密码 NULL 和默认数据库 master。

3. 查看用户

创建了登录账户后，如果需要确定用户是否有连接 SQL Server 实例的权限，以及可以访问哪些数据库的信息时，可以使用系统存储过程 sp_helplogins 查看。

sp_helplogins 的语法格式如下：

```
sp_helplogins [[@LoginNamePattern=]'login']
```

其中，[@LoginNamePattern=] 'login'为登录名。若没有指定 login，则返回有关的所有用户的信息。返回信息包括登录名、安全标识符、默认连接的数据库、默认语言、映射的用户账户及所属角色等，与 sp_addlogin 的参数基本对应。

【例 9-5】 查看账户信息。

```
EXEC sp_helplogins 'ZG002'
```

该操作查询有关登录 "ZG002" 的信息如图 9-7 所示。

图 9-7 查询登录 "ZG002" 的信息

9.2.2 修改登录账户

有时需要更改已有登录的一些设置，根据修改项目的不同，可以进行密码修改、默认数据库修改或默认语言修改，分别使用 sp_password、sp_defaultdb、sp_defaultlanguage 等系统存储过程。

sp_password 的语法格式为：

```
sp_password [[@old=]'old_password',]
{[@new=]'new_password'} [, [@loginame=]'login']
```

sp_defaultdb 的语法格式为：

```
sp_defaultdb [@logname=] 'login', [@defdb=]'databases'
```

sp_defaultlanguage 的语法格式为：

```
sp_defaultlanguage [@loginame=]'login' [, [@language=]'language']
```

其中，[@old=]'old_password'为旧密码，[@new=]'new_password'为新密码，其他参数的含义与 sp_addlogin 语句相同。

【例 9-6】 给例 9-4 创建的登录 "ZG002" 添加密码，修改默认数据库设置为 "教学管理"。

```
EXEC sp_password NULL,'123','ZG002'
EXEC sp_defaultdb ' ZG002','教学管理'
```

该操作为登录 "ZG002" 添加密码 "123"，默认连接数据库为 "教学管理"。

9.2.3 删除登录账户

当某一登录账户不再使用时，应该将其删除，以保证数据库的安全性和保密性。删除登录账户可以通过管理平台和 T-SQL 语句来进行。

1. 使用 SQL Server 管理平台删除登录

其操作步骤如下。

① 启动 SQL Server 管理平台，在 "对象资源管理器" 中分别展开 "服务器" → "安全性" → "登录名"。

② 在 "登录名" 列表中用鼠标右键单击要删除的用户，在弹出的快捷菜单中选择 "删除" 命令，然后在弹出的 "删除对象" 对话框中单击 "确定" 按钮即可删除该登录名。

　　　　　　这时没有删除 Windows 用户，只是该用户不能登录 SQL Server 了。

2. 使用 T-SQL 语句删除登录账号

删除登录账号有两种形式：删除 Windows 用户或组登录和删除 SQL Server 登录。

（1）删除 Windows 用户或组登录

使用 sp_revokelogin 从 SQL Server 中删除用 sp_grantlogin 创建的 Windows 用户或组的登录。sp_revokelogin 并不是从 Windows 中删除了指定的 Windows 用户或组，而是禁止了该用户用 Windows 登录账户连接 SQL Server。如果被删除登录权限的 Windows 用户所属的组仍然有权限连接 SQL Server，则该用户也仍然可以连接 SQL Server。

sp_revokelogin 的语法格式为：

```
sp_revokelogin [@liginame=]'login'
```

其中，[@liginame=]'login'为 Windows 用户或组的名称。

【例 9-7】　使用系统存储过程 sp_revokelogin 删除例 9-1 创建的 Windows 用户' CSUSQL\liu' 的登录账号。

```
EXEC sp_revokelogin 'CSUSQL\liu'
```

或

```
EXEC sp_revokelogin [CSUSQL\liu]
```

（2）删除 SQL Server 登录

使用 sp_droplogin 可以删除 SQL Server 登录。其语法格式如下：

```
sp_droplogin [@loginame=] 'login'
```

其中，[@liginame=]'login'为要删除的 SQL Server 登录。要删除的登录不能为 sa（系统管理员）、拥有现有数据库的登录、在 msdb 数据库中拥有作业的登录、当前正在使用且被连接到 SQL Server 的登录。

【例 9-8】　使用系统存储过程 sp_droplogin 删除 SQL Server 登录账号 "ZG002"。

```
EXEC sp_droplogin 'ZG002'
```

　　　　　　要删除映射到任何数据库中现有用户的登录必须先使用 sp_dropuser 删除该用户。

9.3　管理数据库用户

通过 Windows 创建登录账户，如果在数据库中没有授予该用户访问数据库的权限，则该用户仍不能访问数据库，所以对于每个要求访问数据库的登录，必须将用户账户添加到数据库中，并授予其相应的活动权限。

1. 使用 SQL Server 管理平台创建数据库用户

其操作步骤如下。

① 打开 SQL Server 管理平台，在其"对象资源管理器"面板中依次展开"服务器"→"数据库"→"教学管理"数据库→"安全性"。鼠标右键单击其下的"用户"对象，在打开的快捷菜单中选择"新建用户"命令，打开图 9-8 所示的"数据库用户-新建"对话框。

图 9-8　"数据库用户-新建"对话框

② 在打开的"数据库用户-新建"窗口中，单击"登录名"右边的"　　"命令可搜索登录用户或直接在文本框中输入用户的登录名，在用户名栏中输入用户名称，用户名可以与登录名不一样。

③ 在"此用户拥有的架构"和"数据库角色成员身份"区域选择此用户拥有的架构和加入的角色，选中角色名前的复选框即可。

④ 单击"新建用户"窗口的"确定"按钮，数据库用户建立完成。

2. 使用系统存储过程创建数据库用户

SQL Server 使用系统存储过程 sp_grantdbaccess 为数据库添加用户，其语法格式如下：

```
sp_grantdbaccess [@loginame=] 'login' [, [@name_in_db=] 'name_in_db' [OUTPUT]
```

各选项的含义如下。

① [@loginame=] 'login'：当前数据库中新安全账户的名称，Windows 组或用户必须用域

名限定。

② [@name_in_db=] 'name_in_db' [OUTPUT]：数据库中账户名称，name_in_db 为 OUTPUT 变量，默认值为 NULL。

【例 9-9】　使用系统存储过程在当前数据库中增加一个用户。

EXEC sp_grantdbaccess 'ZG001'

3. 删除数据库中的用户或组

（1）使用 SQL Server 管理平台删除数据库用户

打开 SQL Server 管理平台，在其"对象资源管理器"面板中依次展开"服务器"→"数据库"→"教学管理"数据库→"安全性"→"用户"。鼠标右键单击选择要删除的数据库用户，在弹出快捷菜单中选择"删除"命令，即可在弹出的"删除对象"对话框中通过单击"确定"按钮来从当前数据库中删除该数据库用户。

（2）使用系统存储过程删除数据库用户

系统存储过程 sp_revokedbaccess 用来将数据库用户从当前数据库中删除，其语法格式为：

sp_revokedbaccess [@name_in_db=]'name'

其中，@name_in_db 的含义与 sp_grantdbaccess 语法格式相同。

【例 9-10】　使用系统存储过程在当前数据库中删除指定的用户。

```
EXEC sp_revokedbaccess 'ZG001'
```

① 该存储过程不能删除以下用户：public 角色、dbo 角色、INFORMATION_SCHEMA 用户；数据库中固定角色；master 和 tempdb 数据库中的 guest 用户；Windows NT 组中的用户等。

② 用户与登录的区别：在建立新的服务器登录时，可以指定用户为某个数据库用户；在建立登录后才可以在特定的数据库中将用户添加为数据库用户，用户是对数据库而言，属于数据库级。登录是对服务器而言，用户首先必须是一个合法的服务器登录，登录属于服务器级。

9.4　管理 SQL Server 角色

在 SQL Server 中，角色是为了方便权限管理而设置的管理单位，它将数据库中的不同用户集中到不同的单元中，并以单元为单位进行权限管理，该单元的所有用户都具有该权限，大大减少了管理员的工作量。

9.4.1　SQL Server 角色的类型

SQL Server 中有两种角色类型：固定角色和用户定义数据库角色。

1. 固定角色

在 SQL Server 中，系统定义了一些固定角色，它们涉及服务器配置管理以及服务器和数据库的权限管理，固定角色分为固定服务器角色和固定数据库角色。

固定服务器角色独立于各个数据库，具有固定的权限。可以在这些角色中添加用户以获得相关的管理权限。表 9-1 列出了固定服务器角色名称及权限。

表 9-1   固定服务器角色

角色名称	权限
sysadmin	系统管理员，可以在 SQL Server 服务器中执行任何操作
serveradmin	服务器管理员，具有对服务器设置和关闭的权限
setupadmin	设置管理员，添加和删除链接服务器，并执行某些系统存储过程
securityadmin	安全管理员，管理服务器登录标识、更改密码、CREATE DATABASE 权限，还可以读取错误日志
processadmin	进程管理员，管理在 SQL Server 服务器中运行的进程
dbcreator	数据库创建者，可创建、更改和删除数据库
diskadmin	管理系统磁盘文件
bulkadmin	可执行 BULK INSERT 语句，但必须有 INSERT 权限

固定数据库角色是指角色所具有的管理、访问数据库权限已被 SQL Server 定义，并且 SQL Server 管理者不能对其所具有的权限进行任何修改。SQL Server 中的每一个数据库中都有一组固定数据库角色，在数据库中使用固定数据库角色可以将不同级别的数据库管理工作分给不同的角色，从而很容易实现工作权限的传递。例如，如果准备让某一用户临时或长期具有创建和删除数据库对象（表、视图、存储过程）的权限，那么只要把它设置为 db_ddladmin 数据库角色即可。表 9-2 列出了固定数据库角色的名称及权限。

表 9-2   固定数据库角色

角色名称	权限
db_owner	数据库的所有者，可以执行任何数据库管理工作，可以对数据库内的任何对象进行任何操作，如删除、创建对象，将对象权限指定给其他用户。该角色包含以下各角色的所有权限
db_accessadmin	数据库访问权限管理者，可添加或删除用户、组或登录标识
db_securityadmin	管理角色和数据库角色成员、对象所有权、语句执行权限、数据库访问权限 db_ddladmin 数据库 DDL 管理员，在数据库中创建、删除或修改数据库对象
db_backupoperator	执行数据库备份权限
db_datareader	能且仅能对数据库中任何表执行 SELECT 操作，从而读取所有表的信息
db_datawriter	能对数据库中任何表执行 INSERT、UPDATE、DELETE 操作，但不能进行 SELECT 操作
db_denydatawriter	不能对任何表进行增、删、改操作
db_denydatareader	不能读取数据库中任何表的内容
public	每个数据库用户都是 public 角色成员。因此，不能将用户、组或角色指派为 public 角色的成员，也不能删除 public 角色的成员

使用系统存储过程 sp_helpsrvrole 可以查询固定服务器角色的列表，sp_srvrolepermission 可以查看每个角色的特定权限，sp_helpdbfixedrole 可以查询固定数据库角色的列表，sp_dbfixedrolepermission 可以查询每个角色的特定权限。

2. 用户定义数据库角色

当某些数据库用户需要被设置为相同的权限，但是这些权限不同于固定数据库角色所具有的权限时，就可以定义新的数据库角色来满足这一要求，从而使这些用户能够在数据库中实现某一特定功能。

　　用户定义数据库角色的优点是 SQL Server 数据库角色可以包含 Windows 用户组或用户；同一数据库的用户可以具有多个不同的用户定义角色。这种角色的组合是自由的，而不仅仅是 public 与其他一种角色的结合；角色可以进行嵌套，从而在数据库中实现不同级别的安全性。

9.4.2　固定服务器角色管理

　　固定服务器角色不能进行添加、删除或修改等操作，只能将用户登录添加为固定服务器角色的成员。

1. 添加固定服务器角色成员

　　添加固定服务器角色成员可以使用 SQL Server 管理平台和 T-SQL 语句实现。

　　【例 9-11】　使用 SQL Server 管理平台将登录 ZG001 添加为固定服务器角色 Database Creators 成员。

　　添加固定服务器角色成员的操作步骤如下。

　　① 打开 SQL Server 管理平台，在"对象资源管理器"中展开"数据库服务器"→"安全性"→"服务器角色"，在右侧窗口中显示了当前数据库服务器的所有服务器角色。

　　② 在要添加或删除成员的某固定服务器角色（如 dbcreator 角色）上单击鼠标右键，选择快捷菜单的"属性"命令，打开图 9-9 所示的"服务器角色属性"对话框。

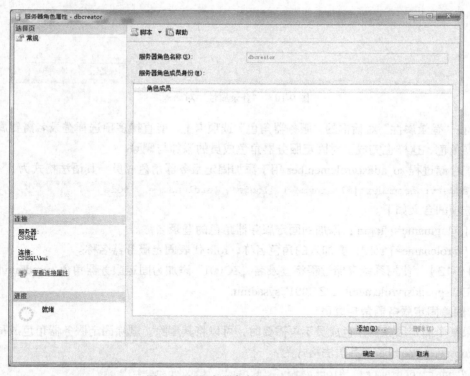

图 9-9　"服务器角色属性"对话框

　　③ 在"服务器角色属性"窗口中能方便地单击"添加"和"删除"按钮实现对成员的添加和删除。

　　固定服务器角色成员的添加也可以从"安全性"的"登录"项实现，操作步骤如下。

　　① 打开 SQL Server 管理平台，在"对象资源管理器"中展开"数据库服务器"→"安全性"→

"登录名"，在某个登录名（如 ZG001）上单击鼠标右键，在弹出的快捷菜单上选择"属性"命令，在打开的"登录属性"对话框中选择"服务器角色"选项卡，如图 9-10 所示。

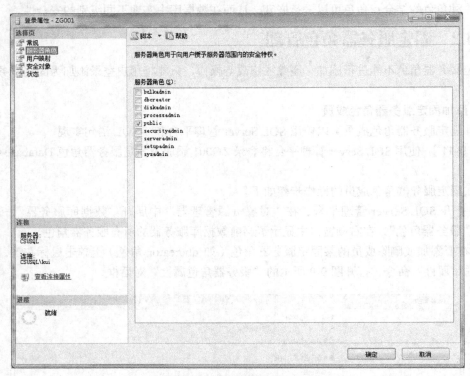

图 9-10　"登录属性"对话框

② 在"登录属性"对话框的"服务器角色"选项卡上，能直接多项选择登录名需要属于的固定服务器角色，这样也完成了对固定服务器角色成员的添加与删除。

系统存储过程 sp_addsrvrolemember 用于添加固定服务器角色成员，其语法格式为：

```
sp_addsrvrolemember [@loginame=] 'login', [@rolename=] 'role'
```

各选项的含义如下。

① [@loginame=] 'login'：添加到固定服务器角色的登录名称。

② [@rolename=] 'role'：要加入的角色名称，role 代表固定服务器名称。

【例 9-12】　使用系统存储过程将登录名"ZG001"添加为固定服务器角色 sysadmin 的成员。

EXEC sp_addsrvrolemember 'ZG001','sysadmin'

2. 删除固定服务器角色成员

如果某个固定服务器角色成员不再需要时，可以将其删除。删除固定服务器角色成员的语句是 sp_dropsrvrolemember，其语法格式为：

```
sp_dropsrvrolemember [@loginame=] 'login', [@rolename=] 'role'
```

各选项的含义如下。

① [@loginame=] 'login'：要从固定服务器角色中删除的登录名称。

② [@rolename=] 'role'：固定服务器角色名称，role 代表固定服务器名称。

【例 9-13】　使用系统存储过程从固定服务器角色 sysadmin 中删除登录名"ZG002"。

EXEC sp_dropsrvrolemember 'ZG001','sysadmin'

固定服务器角色必须为表 9-1 所列的角色。

3．查看固定服务器角色信息

在使用数据库时，可能需要了解有关固定服务器角色及其成员的信息，分别使用系统存储过程 sp_helpsrvrole、sp_helpsrvrolemember 来实现。

查看固定服务器角色 sp_helpsrvrole 存储过程的语法格式为：

```
sp_helpsrvrole [[@srvrolename=] 'role' ]
```

其中，[@srvrolename=] 'role'为固定服务器角色名称。

　　　　　　固定服务器角色不能添加、修改、删除。

查看固定服务器角色成员 sp_helpsrvrolemember 语句的语法格式为：

```
sp_helpsrvrolemember [[@srvrolename=] 'role' ]
```

其中，[[@srvrolename=] 'role']的取值与 sp_helpsrvrole 语句的相同。

【例 9-14】　查看固定服务器角色 sysadmin 及其成员的信息。

```
EXEC sp_helpsrvrole 'sysadmin'
GO
EXEC sp_helpsrvrolemember 'sysadmin'
```

运行结果如图 9-11 所示。

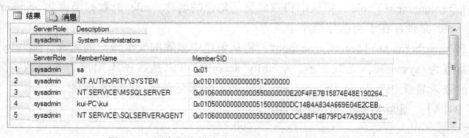

图 9-11　固定服务器角色 sysadmin 及其成员的信息

　　　　　　查看固定服务器角色成员的信息通过管理平台的"安全性→服务器角色"项的"属性"对话框可以实现。

9.4.3　固定数据库角色管理

与固定服务器角色一样，固定数据库角色也不能进行添加、删除或修改等操作，只能将用户登录添加为固定数据库角色的成员。

1．添加固定数据库角色成员

使用系统存储过程 sp_addrolemember 向数据库角色中添加成员，其语法格式为：

```
sp_addrolemember [@rolename=]'role', [@membername=]'security_account'
```

各选项的含义如下。

① [@rolename=]'role'：数据库角色名称，可以是固定数据库角色，也可以是用户定义数据库角色。

② [@membername=]'security_account'：添加到数据库角色的登录账户名称。

【例 9-15】 向"教学管理"数据库添加 Windows 用户"CSUSQL\xh001"。

```
USE 教学管理
GO
EXEC sp_grantdbaccess 'CSUSQL\xh001','xh001'
GO
EXEC sp_addrolemember 'db_ddladmin','xh001'
```

本例中，将 Windows 用户"CSUSQL\xh001"添加到"教学管理"数据库中，使其成为数据库用户"xh001"。再将"xh001"添加到"教学管理"数据库的 db_ddladmin 角色中。由于在"教学管理"数据库中，"CSUSQL\xh001"被当作用户"xh001"，所以必须用 sp_addrolemember 来指定用户名"xh001"。

【例 9-16】 将添加到数据库例 9-3 创建的 SQL Server 用户"ZG001"中，设为 db_owner 角色成员。

```
EXEC sp_addrolemember 'db_owner', 'ZG001'
```

本例中，将 SQL Server 用户"ZG001"添加到数据库的 db_owner 角色中。

2. 删除固定数据库角色成员

使用系统存储过程 sp_droprolemember 删除当前数据库角色中的成员，其语法格式为：

```
sp_droprolemember [@rolename=] 'role', [@membername=] 'security_account'
```

各选项的含义如下。

① [@rolename=]'role'：将从中删除成员的角色的名称。role 的数据类型为 sysname，没有默认值。role 必须存在于当前数据库中。

② [@membername=]'security_account'：将从角色中删除的安全账户的名称。security_account 的数据类型为 sysname，无默认值。security_account 可以是数据库用户、其他数据库角色、Windows 登录名或 Windows 组。security_account 必须存在于当前数据库中。

【例 9-17】 删除数据库角色中的用户。

```
EXEC sp_droprolemember 'db_owner', 'ZG001'
```

本例从当前数据库的角色 db_owner 中删除用户"ZG001"。

3. 查看固定数据库角色及其成员信息

查看数据库角色及其成员的信息可以使用系统存储过程 sp_helpdbfixedrole、sp_helprole 和 sp_helpuser，它们分别查看当前数据库的固定数据库角色、当前数据库中定义的角色、数据库角色的成员信息。

sp_helpdbfixedrole 的语法格式为：

```
sp_helpdbfixedrole [[@rolename=]'role' ]
```

sp_helprole 的语法格式为：

```
sp_helprole [[@rolename=]'role' ]
```

sp_helpuser 的语法格式为：

```
sp_helpuser [[@name_in_db=] 'security_account']
```

各选项的含义如下。

① [@rolename=]'role'：当前数据库中的角色的名称。role 的数据类型为 sysname，默认值

为 NULL。在当前数据库中必须存在 role。如果未指定 role，则将返回当前数据库中所有角色的信息。

② [@name_in_db =] 'security_account'：当前数据库中数据库用户或数据库角色的名称。security_account 必须存在于当前数据库中。security_account 的数据类型为 sysname，默认值为NULL。如果未指定 security_account，则 sp_helpuser 返回有关所有数据库主体的信息。

【例 9-18】　查看当前数据库中所有用户及 db_owner 数据库角色的信息。

```
EXEC sp_helpuser
EXEC sp_helpdbfixedrole 'db_owner'
```

9.4.4　用户定义数据库角色

1．创建和删除用户定义数据库角色

创建和删除用户定义数据库角色可以使用 SQL Server 管理平台和系统存储过程实现。使用SQL Server 管理平台创建、修改或删除数据库角色的步骤如下。

① 打开 SQL Server 管理平台，在"对象资源管理器"中展开"数据库实例"→"数据库"→"某具体数据库"→"安全性"→"角色"→"数据库角色"，显示了当前数据库的所有数据库角色。

② 在"数据库角色"节点或某具体数据库角色上单击鼠标右键，在弹出的快捷菜单中选择"新建数据库角色"命令，打开图 9-12 所示的"数据库角色-新建"对话框。

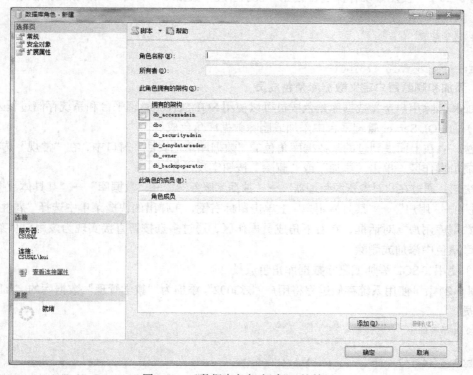

图 9-12　"数据库角色-新建"对话框

③ 在"数据库角色-新建"对话框中，指定角色名称与所有者，单击"确定"按钮即可创建新的数据库角色。

④ 在某数据库角色上单击鼠标右键，在弹出的快捷菜单中选择"属性"命令，在打开的"数据库角色属性"对话框中，可以查阅或修改角色信息，如指定新的所有者、拥有的架构、角色的成员等信息的修改。

⑤ 在某数据库角色上单击鼠标右键，在弹出的快捷菜单中选择"删除"命令，在打开的"删除对象"对话框中单击"确定"按钮即可删除数据库角色。

使用系统存储过程 sp_addrole 和 sp_droprole 可以创建和删除用户定义数据库角色，其语法格式分别为：

```
sp_addrole [@rolename=] 'role' [, [@ownername=] 'owner' ]
sp_droprole [@rolename=] 'role'
```

各选项的含义如下。

① [@rolename=] 'role'：角色的名称。

② [@ownername=] 'owner'：新角色的所有者，默认值为 dbo。owner 必须是当前数据库中的某个角色或用户。

【例 9-19】 使用系统存储过程创建名为"role01"的用户定义数据库角色到"教学管理"数据库中。

```
USE 教学管理
GO
EXEC sp_addrole 'role01'
```

【例 9-20】 使用系统存储过程删除"教学管理"数据库中名为"role01"的用户定义数据库角色。

```
USE 教学管理
GO
EXEC SP_droprole 'role01'
```

2. 添加和删除用户定义数据库角色成员

添加和删除用户定义数据库角色成员可以使用 SQL Server 管理平台和系统存储过程来完成。

（1）在 SQL Server 管理平台中添加或删除数据库角色成员

方法一：在上面提到过的某数据库角色的"数据库角色属性"窗口中，在"常规"选项卡上，右下角成员操作区，单击"添加"或"删除"按钮实现操作。

方法二：通过在"对象资源管理器"→"数据库服务器"→"数据库"→"某具体数据库"→"安全性"→"用户"→"某具体用户"上单击鼠标右键，在弹出的快捷菜单中选择"属性"命令，出现"数据库用户"对话框，在右下角成员操作区，通过多选按钮直接实现为该用户从某个或某些数据库角色中添加或删除。

（2）使用 T-SQL 添加或删除数据库角色成员

【例 9-21】 使用系统存储过程将用户"ZG002"添加为"教学管理"数据库的"role01"角色的成员。

```
USE 教学管理
GO
EXEC sp_addrolemember 'role01','ZG002'
```

【例 9-22】 将 SQL Server 登录账号"ZG003"添加到"教学管理"数据库中，其用户名为"ZG003"，然后再将"ZG003"添加为该数据库的"role01"角色的成员。

```
USE 教学管理
GO
```

```
EXEC sp_grantdbaccess 'ZG003','ZG003'
EXEC sp_addrolemember 'role01','ZG003'
```

9.5　管理 SQL Server 权限

权限是指用户对数据库中对象的使用及操作的权利，当用户连接到 SQL Server 实例后，该用户要进行的任何涉及修改数据库或访问数据的活动都必须具有相应的权限，也就是用户可以执行的操作均由其被授予的权限决定。

9.5.1　权限的种类

SQL Server 中的权限包括 3 种类型：对象权限、语言权限和隐含权限。

1. 对象权限

对象权限用于用户对数据库对象执行操作的权利，即处理数据或执行存储过程（INSERT、UPDATE、DELETE、EXECUTE 等）所需要的权限，这些数据库对象包括表、视图、存储过程。

不同类型的对象支持不同的针对它的操作，例如不能对表对象执行 EXECUTE 操作。表 9-3 列举了各种对象的可能操作。

表 9-3　　　　　　　　　　　对象及作用的操作

对　　象	操　　作
表	SELECT、INSERT、UPDATE、DELETE、REFERANCES
视图	SELECT、INSERT、UPDATE、DELETE
存储过程	EXECUTE
列	SELECT、UPDATE

2. 语句权限

语句权限主要指用户是否具有权限来执行某一语句，这些语句通常是一些具有管理性的操作，如创建数据库、表、存储过程等。这种语句虽然也包含操作（如 CREATE）的对象，但这些对象在执行该语句之前并不存在于数据库中，所以将其归为语句权限范畴。表 9-4 列出了语句权限及其作用。

表 9-4　　　　　　　　　　　语句权限及其作用

语　　句	作　　用
CREATE DATABASE	创建数据库
CREATE TABLE	在数据库中创建表
CREATE VIEW	在数据库中创建视图
CREATE DEFAULT	在数据库中创建默认对象
CREATE PROCEDURE	在数据库中创建存储过程
CREATE RULE	在数据库中创建规则
CREATE FUNCTION	在数据库中创建函数
BACKUP DATABASE	备份数据库
BACKUP LOG	备份日志

3. 隐含权限

隐含权限是指系统自行预定义而不需要授权就有的权限，包括固定服务器角色、固定数据库角色和数据库对象所有者所拥有的权限。

固定角色拥有确定的权限，例如固定服务器角色 sysadmin 拥有完成任何操作的全部权限，其成员自动继承这个固定角色的全部权限。数据库对象所有者可以对所拥有的对象执行一切活动，如查看、添加或删除数据等操作，也可以控制其他用户使用其所拥有的对象的权限。

权限管理的主要任务是管理语句权限和对象权限。

9.5.2　授予权限

使用 SQL Server 管理平台和 T-SQL 语句 GRANT 完成用户或角色的权限授予。

1. 使用 SQL Server 管理平台授予用户或角色语句权限

操作步骤如下。

① 打开 SQL Server 管理平台，在对象资源管理器中展开"数据库服务器"→"数据库"。

② 在选择的数据库（如"教学管理"数据库）上单击鼠标右键，在弹出菜单中选择"属性"命令，打开"数据库属性"窗口。

③ 在"数据库属性"窗口中选择"权限"选项卡，可进行相应语句权限的设置，如图 9-13 所示。

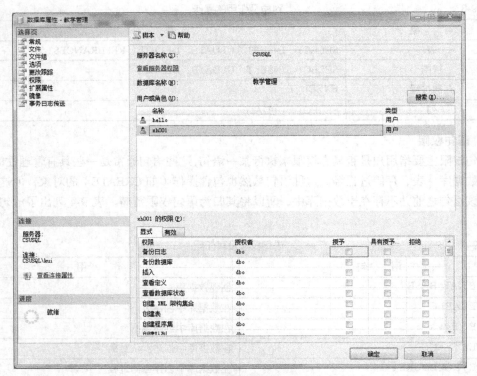

图 9-13　"数据库属性"窗口

2. 使用 SQL Server 管理平台授予用户或角色对象权限

操作步骤如下。

① 打开 SQL Server 管理平台，在"对象资源管理器"中展开"数据库服务器"→"数据库"

→"某具体数据库"→"表"。

② 选择授予权限的对象（如"教学管理"数据库的"学生"表），单击鼠标右键，选择菜单中的"属性"命令，打开"表属性"对话框。

③ 在"表属性"对话框中选择"权限"选项卡，进行相应的语句权限设置，如图 9-14 所示。

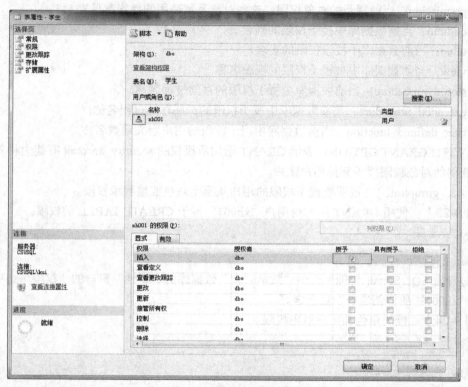

图 9-14　"表属性"对话框

④ 单击"确定"按钮，完成对象权限的设置。

3. 使用 T-SQL 语句 GRANT 授予用户或角色权限

GRANT 语句授予对象权限的语法格式为：

```
GRANT
   {ALL [PRIVILEGES]|permission [, …n]}
   {[(column [, …n)]] ON {table|view}
   | ON {table|view } [ ( column [, …n])]
   | ON {stored_procedure|extended_procedure}
   | ON {user_defined_function} }
TO security_account [ , …n ]
[WITH GRANT OPTION]
[AS {group|role }]
```

GRANT 授予语句权限的语法格式为：

```
GRANT { ALL|statement [, …n ] } TO security_account [, …n ]
```

各选项的含义如下。

① ALL：说明授予所有可以获得的权限。对于对象权限，sysadmin 和 db_owner 角色成员和数据库对象所有者可以使用 ALL 关键字。对于语句权限，sysadmin 角色成员可以使用 ALL 关键字。

② TO：指定用户账户列表。

③ statement：指定授予权限的语句。这些语句为表 9-4 所列出的语句。

④ security_account：指定权限将授予的对象或用户账户，如当前数据库的用户与角色、Windows 用户或组、SQL Server 角色。

⑤ permission：当前授予的对象权限。这些对象及其适用的操作参见表 9-3。

⑥ column：当前数据库中授予权限的列名。

⑦ table：当前数据库中授予权限的表名。

⑧ view：当前数据库中被授予权限的视图名称。

⑨ stored_procedure：当前数据库中授予权限的存储过程名称。

⑩ extended_procedure：当前数据库中授予权限的扩展存储过程名称。

⑪ user_defined_function：当前数据库中授予权限的用户定义函数名称。

⑫ WITH GRANT OPTION：表示 GRANT 语句所授权的 security_account 有能力将其从当前语句中获得的对象权限授予其他用户账户。

⑬ AS {group|role}：说明要授予权限的用户从哪个角色或组继承权限。

【例 9-23】 使用 GRANT 语句给用户"xh001"授予 CREATE TABLE 的权限。

```
USE 教学管理
GO
GRANT CREATE TABLE TO xh001
```

通过查看 SQL Server 管理平台中"教学管理"数据库的"属性"窗口的"权限"选项卡，可以看到"xh001"的"创建表"被选定。

【例 9-24】 授予角色和用户对象权限。

```
USE 教学管理
GO
GRANT SELECT ON 学生
TO public
GO
GRANT INSERT,UPDATE,DELETE
ON 学生
TO xh001,hello
```

本例中，在"学生"表中给 public 角色授予了 SELECT 权限，使得 public 角色中的成员对"学生"表均拥有 SELECT 权限。又由于"教学管理"数据库中的所有用户均为 public 角色成员，所以该数据库中所有的成员均拥有该对象权限。本例还授予用户"xh001""hello"在"学生"表上拥有 INSERT、UPDATE、DELETE 权限，这样两个用户都拥有了 INSERT、UPDATE、DELETE、SELECT 权限。

【例 9-25】 在"教学管理"数据库中给 public 角色赋予对"学生"表中学号、姓名字段的 SELECT 权限。

```
USE 教学管理
GO
GRANT SELECT
(学号,姓名) ON 学生
TO public
```

只能向数据库中的用户账户授予当前数据库中的对象权限，如果要授予用户账户其他数据库中的对象的权限，必须先在那个数据库中创建用户账户。

9.5.3　禁止与撤销权限

禁止权限就是删除以前授予用户、组或角色的权限，禁止从其他角色继承的权限，且确保用户、组或角色将来不继承更高级别的组或角色的权限。

撤销权限用于删除用户的权限，但是撤销权限是删除曾经授予的权限，并不禁止用户、组或角色通过别的方式继承权限。如果撤销了用户的某一权限并不一定能够禁止用户使用该权限，因为用户可能通过其他角色继承这一权限。

使用 SQL Server 管理平台和 T-SQL 语句 DENY、REVOKE 可以禁止和撤销权限。使用 SQL Server 管理平台禁止和撤销权限的操作方法与授予权限操作相同，参见 9.5.2 节的相关内容。

1. 禁止权限

禁止语句权限语句的语法格式为：

```
DENY { ALL|statement [, …n ] } TO security_account [, …n ]
```

禁止对象权限语句的语法格式为：

```
DENY { ALL [ PRIVILEGES ]|permission [ , …n ] }
  {
  [ ( column [ , …n ] ) ] ON { table|view }
  | ON { table|view } [ ( column [ , …n ] ) ]
  | ON { stored_procedure|extended_procedure }
  | ON { user_defined_function } }
TO security_account [, …n ]
[ CASCADE ]
```

其中，CASCADE 指定授予用户禁止权限，并撤销用户的 WITH GRANT OPTION 权限。其他参数含义与 GRANT 语句相同。

【例 9-26】　使用 DENY 语句禁止用户 xh001 使用 CREATE VIEW 语句。

```
USE 教学管理
GO
DENY CREATE VIEW TO xh001
```

【例 9-27】　给 pubic 角色授予"学生"表上的 SELECT 权限，再禁止用户"xh001""hello"的特定权限，以使这些用户没有对"学生"表的操作权限。

```
USE 教学管理
GO
GRANT SELECT ON 学生 TO public
GO
DENY SELECT,INSERT,UPDATE,DELETE
ON 学生 TO xh001,hello
GO
```

2. 撤销以前授予或拒绝了的权限

撤销语句权限语句的语法格式为：

```
REVOKE { ALL|statement [, …n ] } FROM security_account [, …n ]
```

撤销对象权限语句的语法格式为：

```
REVOKE [ GRANT OPTION FOR ]
{ ALL [ PRIVILEGES ]|permission [, …n ] }
{ [ ( column [, …n ] ) ] ON { table|view }
    | ON { table|view } [ ( column [, …n ] ) ]
```

```
    | ON { stored_procedure|extended_procedure }
    | ON { user_defined_function }
}
```

{ TO|FROM } security_account [, …n]

```
[ CASCADE ]
[ AS { group|role } ]
```

各参数的含义与 GRANT 语句相同。

【例 9-28】 使用 REVOKE 语句撤销用户 "xh001" 对创建表操作的权限。

```
USE 教学管理
GO
REVOKE CREATE TABLE FROM xh001
```

REVOKE 只适用于当前数据库的权限，只在指定的用户、组或角色上撤销授予或拒绝的权限。

【例 9-29】 撤销以前 "xh001" 被授予或拒绝的 SELECT 权限。

```
USE 教学管理
GO
REVOKE SELECT ON 学生 FROM xh001
```

9.5.4 查看权限

使用 sp_helprotect 可以查询当前数据库中某对象的用户权限或语句权限的信息。

sp_helprotect 语法格式为：

```
sp_helprotect [[@name=]'object_statement']
[, [@username=]'security_account']
[, [@grantorname=] 'grantor' ]
[, [@permissionarea=]'type']
```

各选项的含义如下。

① [@name=]'object_statement'：当前数据库中要查看权限的对象或语句的名称。若为语句，则取值为表 9-4 所列出的语句。

② [@username=]'security_account'：要查看权限的账户名称。

③ [@grantorname=] 'grantor'：授权的用户账户的名称。

④ [@permissionarea=]'type'：显示类型：对象权限（用 o 表示）、语句权限（用 s 表示）或两者都显示（os）的一个字符串。其默认值为 os。

【例 9-30】 查询表的权限。

```
USE 教学管理
GO
EXEC sp_helprotect '学生'
```

本例返回 "学生" 表的权限。

【例 9-31】 查询由某个特定的用户授予的权限。

```
EXEC sp_helprotect NULL,NULL,'xh001'
```

本例返回当前数据库中由用户 xh001 授予的权限，使用 NULL 作为[@name=]'object_statement' 和[@username=]'security_account'两个缺少参数的占位符。

【例 9-32】　仅查询语句权限。

```
USE 教学管理
GO
EXEC sp_helprotect NULL,NULL,NULL,'s'
```

本例仅列出当前数据库中所有的语句权限，使用 NULL 作为缺少的 3 个参数的占位符。

习　题

一、选择题

1. 使用系统管理员登录账户 sa 时，以下操作不正确的是（　　）。

  A. 虽然 sa 是内置的系统管理员登录账户，但在日常管理中最好不要使用 sa 进行登录

  B. 只有当其他系统管理员不可用或忘记了密码，无法登录到 SQL Server 时，才使用 sa 这个特殊的登录账户

  C. 最好总是使用 sa 账户登录

  D. 使系统管理员成为 sysadmin 固定服务器角色的成员，并使用各自的登录账户来登录

2. 关于 SQL Server 2008 角色的叙述中，以下（　　）不正确。

  A. 对于任何用户，都可以随时让多个数据库角色处于活动状态

  B. 如果所有用户、组和角色都在当前数据库中，则 SQL Server 角色可以包含 Windows 组和用户，以及 SQL Server 用户和其他角色

  C. 存在于一个数据库中，不能跨多个数据库

  D. 在同一数据库中，一个用户只属于一个角色

3. 系统管理员需要为所有的登录名提供有限的数据库访问权限，以下哪种方法能最好地完成这项工作（　　）。

  A. 为每个登录名增加一个用户，并为每个用户单独分配权限

  B. 为每个登录名增加一个用户，将用户增加到一个角色中，为这个角色授权

  C. 为 Windows 中的 Everyone 组授权访问数据库文件

  D. 在数据库中增加 Guest 用户，并为它授予适当的权限

4. 关于 SQL Server 2008 权限的叙述中，以下（　　）不正确。

  A. 权限是指用户对数据库中对象的使用及操作的权利

  B. 当用户连接到 SQL Server 实例后，该用户要进行的任何涉及修改数据库或访问数据的活动都必须具有相应的权限

  C. 如果撤销了用户的某一权限，便禁止了该用户使用该权限

  D. 语句权限主要指用户是否具有权限来执行某一语句

二、填空题

1. 在 SQL Server 2008 中，数据库的安全机制包括＿＿＿＿管理、数据库用户管理、＿＿＿＿管理、权限管理等内容。

2. SQL Server 2008 有两种安全模式：＿＿＿＿和＿＿＿＿。

3. SQL Server 中的权限包括 3 种类型：＿＿＿＿、＿＿＿＿和＿＿＿＿。

4. 对用户授予和收回数据库操作权限的语句关键字分别为_____和_____。

5. 创建新的数据库角色时一般要完成的基本任务是_____、_____和_____。

三、问答题

1. SQL Server 2008 有几种身份验证方式？它们的区别是什么？

2. 如何创建 Windows 身份验证模式的登录账号？

3. 如何创建 SQL Server 身份验证模式的登录账号？

4. 在 SQL Server 2008 中，如何添加一个用户登录账户？

5. 什么是角色？

6. 固定服务器角色、固定数据库角色各有哪几类？每一类有哪些操作权限？

四、应用题

1. 利用 SQL Server 管理平台和 T-SQL 语句创建登录账号。

2. 利用 SQL Server 管理平台和 T-SQL 语句删除登录账号。

3. 利用 SQL Server 管理平台和 T-SQL 语句创建一个用户定义数据库角色并添加到某个数据库中。

4. 创建一个用户，其权限可以访问某数据库，但该用户没有操作该数据库的其他任何权限。

第 **10** 章
数据库应用系统开发

本章学习目标:
- 了解数据库应用系统的开发过程。
- 掌握 VB. NET 程序设计的基本方法。
- 掌握应用 VB. NET 开发 SQL Server 2008 数据库应用系统的方法。

  SQL Server 提供数据库服务,一般用于存储数据并且提供一套方法来操纵、维护和管理这些数据。SQL Server 作为数据库服务器,能够响应来自客户端的连接和数据访问请求。在实际的数据库应用系统中,出于安全性和操作简便性等目的,一般不采用 SQL Server 2008 数据库管理系统作为普通用户操作和管理数据库的界面。通常采用某种开发工具为数据库应用系统设计处理逻辑和用户界面,使得用户通过客户端程序提供的操作界面访问和管理数据库的数据。在众多的数据库开发工具中,Visual Basic .NET(VB .NET)程序设计语言界面设计方便且具有强大的数据库操作能力。

10.1　数据库应用系统的开发过程

  任何一个经济组织或社会组织在存在过程中都会产生大量的数据,并且还会关注许多与之相关的数据,它们需要对这些数据进行存储,并按照一些特定的规则对这些数据进行分析、整理,从而保证自己的工作按序进行、提高效率与竞争力。所谓数据库应用系统,就是为支持一个特定目标,把与该目标相关的数据以某种数据模型进行存储,并围绕这一目标开发的应用程序。通常把这些数据、数据模型以及应用程序的整体称为一个数据库应用系统。用户可以方便地操作该系统,对他们的业务数据进行有效的管理和加工。

  用户要求数据库应用系统能够完成某些功能,例如工资管理系统,要能满足用户进行工资发放及其相关工作的需要,要能录入、计算、修改、统计、查询工资数据,并打印工资报表等。又如销售管理系统,要能帮助管理人员迅速掌握商品的销售及存货情况,包括对进货、销售的登记、商品的热销情况、存量情况、销售总额的统计以及进货预测等。总之,就是要求数据库应用系统能实现数据的存储、组织和处理。

  数据库应用系统的开发一般包括需求分析、系统初步设计、系统详细设计、编码、调试和系统交付等几个阶段,每阶段应提交相应的文档资料,包括需求分析报告、系统初步设计报告、系统详细设计报告、系统测试大纲、系统测试报告以及操作使用说明书等。但根据应用系统的规模和复杂程度,在实际开发过程中往往要做一些灵活处理,有时候把两个甚至三个过程合并进行,不一定完全刻板地遵守这样的过程,产生这么多的文档资料,但是不管所开发的应用系统的复杂程度如何，需求分析、系统设计、编码、调试、修改这一个基本过程是不可缺少的。

1. 需求分析

整个开发过程从分析系统的需求开始。系统的需求包括对数据的需求和处理的需求两方面的内容，它们分别是数据库设计和应用程序设计的依据。虽然在数据库管理系统中，数据具有独立性，数据库可以单独设计，但应用程序设计和数据库设计仍然是相互关联相互制约的。具体地说，应用程序设计时将受到数据库当前结构的约束，而在设计数据库的时候，也必须考虑实现处理的需要。

这一阶段的基本任务简单说来有两个，一是摸清现状，二是理清将要开发的目标系统应该具有哪些功能。

具体说来，摸清现状就要做深入细致的调查研究、明确以下问题：

① 人们现在完成任务所依据的数据及其联系，包括使用了什么台账、报表、凭证等。

② 使用什么规则对这些数据进行加工，包括上级有什么法律和政策规定、本单位或地方有哪些规定以及有哪些得到公认的规则等。

③ 对这些数据进行什么样的加工、加工结果以什么形式表现，包括报表、工作任务单、台账、图表等。

理清目标系统的功能就是要明确说明系统将要实现的功能，也就是明确说明目标系统将能够对人们提供哪些支持。需求分析完成后，应撰写需求分析报告并请项目委托单位签字认可，以作为下阶段开发方和委托方共同合作的一个依据。

2. 系统设计

在明确了现状与目标后，还不能马上就进入程序设计（编码）阶段，还要对系统的一些问题进行规划和设计，这些问题包括：

① 设计工具和系统支撑环境的选择，包括选择哪种数据库、哪几种开发工具、支撑目标系统运行的软硬件及网络环境等。

② 怎样组织数据也就是数据模型的设计，即设计数据表字段、字段约束关系、字段间的约束关系、表间约束关系、表的索引等。

③ 系统界面的设计包括菜单、窗体等。

④ 系统功能模块的设计，对一些较为复杂的功能，还应该进行算法设计。

系统设计工作完成后，要撰写系统设计报告，在系统设计报告中，要以表格的形式详细列出目标系统的数据模式、系统功能模块图、系统主要界面图以及相应的算法说明。系统设计报告既作为系统开发人员的工作指导，也是为了使项目委托方在系统尚未开发出来时及早认识目标系统，从而及早地发现问题，减少或防止项目委托方与项目开发方因对问题认识上的差别而导致的返工。同样，系统设计报告也需得到项目委托方的签字认可。

3. 系统实现

这一阶段的工作任务就是依据前两个阶段的工作建立数据库和数据表，定义各种约束，并录入部分数据；具体设计系统菜单、系统窗体，定义窗体上的各种控件对象，编写对象对不同事件的响应代码，编写报表和查询等。

4. 测试

测试阶段的任务就是验证系统设计与实现阶段中所完成的功能能否稳定准确地运行、这些功能是否全面地覆盖并正确地完成了委托方的需求，从而确认系统是否可以交付运行。测试工作一般由项目委托方或由项目委托方指定第三方进行。在系统实现阶段，一般说来设计人员会进行一些测试工作，但这是由设计人员自己进行的一种局部的验证工作，重点是检测程序有无逻辑错误，与前面所讲的系统测试在测试目的、方法及全面性来讲还是有很大的差别的。

为使测试阶段顺利进行，测试前应编写一份测试大纲，详细描述每一个测试模块的测试目的、测试用例、测试环境、步骤、测试后所应该出现的结果。对一个模块可安排多个测试用例，以能较全面完整地反映实际情况。测试过程中应进行详细记录，测试完成后要撰写系统测试报告，对应用系统的功能完整性、稳定性、正确性以及使用是否方便等方面给出评价。

5. 系统交付

这一阶段的工作主要有两个方面：一是全部文档的整理交付；二是对所完成的软件（数据、程序等）打包并形成发行版本，使用户在满足系统所要求的支撑环境的任一台计算机上按照安装说明就可以安装运行。

10.2　用 VB .NET 访问 SQL Server 数据库

VB .NET 提供了功能强大的数据库管理功能，能方便、灵活地完成数据库应用中涉及的诸如建立数据库、查询和更新数据等操作。

10.2.1　VB .NET 程序设计概述

VB .NET 是 Windows 操作系统下常用的程序设计语言，也是常用的数据库系统开发工具。Visual 指的是采用可视化的开发图形用户界面的方法，一般不需要编写大量代码去描述界面元素的外观和位置，而只要把需要的控件拖放到屏幕上的相应位置即可方便地设计图形用户界面。本书所采用的版本是集成在 Visual Studio 2010 中的 Visual Basic 2010。

1. VB .NET 集成开发环境

VB .NET 开发环境提供了设计、开发、编辑、测试和调试等功能，用户使用该集成开发环境可以快速、方便地开发应用程序。

启动 Visual Studio 2010 后，选择"文件"→"新建项目"命令，在"新建项目"对话框中选择新建的项目类型为"Visual Basic"，项目模板为"Windows 窗体应用程序"，单击"确定"按钮，会自动出现一个新窗体，进入 VB .NET 的集成开发环境界面，如图 10-1 所示。

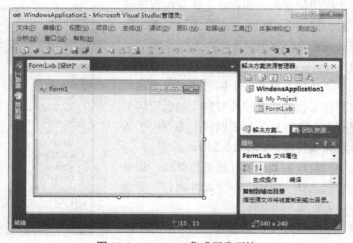

图 10-1　VB .NET 集成开发环境

　　VB .NET 集成开发环境和其他 Windows 应用程序一样，也具有标题栏、菜单栏和工具栏。标题栏的内容是应用程序工程的类型加上"Microsoft Visual Studio"字样内容，菜单栏提供了文件、编辑、视图、项目等 VB.NET 应用程序所需要的菜单命令，工具栏是一些菜单命令的快捷按钮。

　　此外，VB .NET 集成开发环境还具有窗体窗口、解决方案资源管理器、工具箱、属性窗口、代码窗口和状态栏等，这些是 VB .NET 集成开发环境的重要组成部分。

　　（1）窗体窗口

　　窗体窗口是图 10-1 中标题栏内容为 Form1 的窗口，它是要设计的应用程序界面。用户通过更改该窗体窗口的属性、添加其他控件对象到窗体窗口上并设计好各控件的属性，就基本设计出了应用程序的界面。在运行应用程序时，用户看到的界面就是这个窗体窗口，并通过其中的对象与程序进行交互对话，得到交互结果。

　　（2）解决方案资源管理器

　　解决方案资源管理器提供项目及其文件的有组织的视图，并且提供对项目和文件相关命令的便捷访问，通过它可以创建、添加和删除一个项目中的可编辑的文件。它是用户和解决方案之间的双向接口，它为用户提供了某个给定项目中所有文件的直观视图，从而在编辑大型复杂的项目时能够节约时间。

　　要打开"解决方案资源管理器"窗口，通过执行"视图"→"解决方案资源管理器"命令即可，它以树状视图的形式列出了项目中存在的条目，并允许用户打开、修改和管理这些条目，如双击某一窗体文件，就可直接打开窗体设计器。选中某一窗体文件后，还可通过"解决方案资源管理器"窗口左上角的"查看代码"和"视图设计器"按钮方便地在代码编辑窗口和窗体设计器窗口之间切换。

　　（3）工具箱窗口

　　工具箱是主要用来存放各种控件的容器，控件可以理解为独立的功能模块，程序设计时可以直接使用，不必考虑控件内部是如何工作的。通过执行"视图"→"工具箱"命令就可以显示工具箱。

　　默认情况下工具箱中的控件是按类别分类显示在"公共控件""容器""菜单和工具栏""数据""组件""打印"和"对话框"等选项卡下面。在"公共控件"中放置的是开发 Windows 应用程序使用的控件，如按钮、标签和文本框等，这个选项卡也是最常用的选项卡。

　　工具箱主要用于应用程序的界面设计。在应用程序的界面设计过程中，需要使用哪个控件，可以通过双击工具箱中的控件图标将其放置到窗体上。

　　（4）属性窗口

　　属性窗口由一个下拉列表框和一个两栏的表格组成。下拉列表框中列出当前工程的所有控件对象（包括窗体）的名称和所属的类别名（类名），下面的两栏表格列出了所选对象的所有属性名和属性值，如图 10-2 所示。

　　可以在此窗口中对对象的某些属性值进行修改。如果属性窗口不见了，可以选择"视图"→"属性窗口"命令来显示它。

　　（5）代码窗口

　　要创建一个完整的应用程序，就要用到代码窗口。在

图 10-2　属性窗口

设计窗口，为了节省屏幕界面空间，系统通常将代码窗口隐藏，可以在窗体的任意位置双击来打开代码窗口。代码窗口如图 10-3 所示。

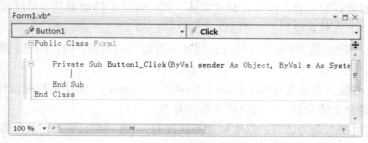

图 10-3　代码窗口

在代码窗口中，文本框左边有一个内部带有"+"的小框，称作代码区域，单击"+"，就打开了对应的程序代码，原来的"+"变成了"–"，若单击"–"就会将代码重新隐藏起来。

当用户双击某个控件打开代码窗口，就可以添加相应的事件处理过程代码。

2.　用 VB .NET 开发应用程序

使用 VB .NET 编程，一般先设计应用程序的外观，再分别编写各对象事件的程序代码或其他处理程序，不仅给编程带来了极大的方便，而且大大提高了程序开发的效率。

创建 VB .NET 应用程序的步骤如下。

① 创建应用程序界面。界面是用户和计算机交互的桥梁，用 VB .NET 创建的 Windows 应用程序界面一般由窗体以及按钮、文本框等控件构成。根据程序的功能和与用户进行信息交流的需要来确定需要哪些对象，并规划界面的布局。

② 设置界面上各个对象的属性。根据规划好的界面要求设置各个对象的属性，如对象的名称、位置和大小等。大多数属性取值既可以在设计时通过属性窗口来设置，也可以通过程序代码在程序运行时设置修改。

③ 编写对象响应的程序代码。界面仅仅决定了程序运行时的外观，设计完界面后就要通过代码窗口来添加代码，以实现一些处理任务。用 VB .NET 开发的应用程序，代码不是按照预定的路径执行的，而是在响应不同的事件时执行不同的代码。事件可以由用户操作触发，如单击鼠标、键盘输入等事件，也可以由来自操作系统或其他应用程序的消息触发。这些事件的触发顺序决定了代码执行的顺序。

④ 保存项目。一个 VB .NET 应用程序就是一个项目，在设计一个应用程序时，系统会建立一个扩展名为.sln 的项目文件，项目文件包含了该项目所建立的所有文件的相关信息，保存项目就同时保存了该项目的所有相关文件。在打开一个项目时，该项目有关的所有文件同时被装载。

⑤ 运行和调试程序。通过"调试"→"启动调试"命令来运行程序，当出现错误时，VB .NET 系统会提供信息提示，也可通过"调试"菜单中的选项来查找和排除错误。

10.2.2　VB .NET 程序设计基础知识

VB .NET 编程基于 Windows 平台，窗口、事件、消息是 Windows 平台的三个重要概念，即 Windows 操作系统通过窗口标识符管理所有窗口，监视每一个窗口的活动或事件信号，当事件发生时，引发一条消息，操作系统处理消息并广播给其他窗口，最后，每个窗口根据处理消息的指令执行相应操作。

1. VB .NET 面向对象程序设计的基本要素

（1）对象

对象是代码和数据的组合，是运行时的实体。VB .NET 中的对象是由系统设计好直接供用户使用的，可分为以下 3 种对象。

① 全局对象，即应用程序在程序的任何层次均可访问的对象，如打印机、剪帖板、计算机屏幕、调试窗口等。

② 程序界面对象，主要有窗体（Form）和控件（Control）。窗体是程序设计和表演的舞台，控件则是放置在舞台上的背景，一起组成了程序界面。

③ 数据访问对象，是为访问数据库对象而设置的。VB .NET 可操作数据库，数据库作为操作对象，还包括字段、索引等其他对象。

（2）属性

属性是一个对象的性质，它决定对象的外观和行为。设计过程中，有的对象属性可通过属性窗口设置和修改；有的只能在运行时访问该属性，不能修改；还有的属性仅在运行时可以更改；后两种属性不会出现在属性窗口列表中。编程时可以利用如下语句访问对象属性：

```
[对象名].属性
```

其中对象名和属性间用"."连接，若省略对象名，则指当前对象，该组合可作为一个变量使用。

（3）事件

事件指对象响应的动作，是系统可感知的用户操作信息。在 Windows 中称"事件"为"消息"。事件在 VB .NET 中触发一段代码，通常有鼠标事件、键盘事件和其他事件。VB .NET 已有对应的事件过程，设计者只需编写相应事件发生时执行的代码。

2. VB .NET 程序设计语言基础

用 VB .NET 进行编程，必须熟悉 VB.NET 的一些基本语法规则，包括各种数据类型及其运算、基本语句以及子程序和函数的使用等。

（1）变量和常量

在 VB .NET 环境下进行计算时，常常需要临时存储数据，这些数据在开始是未知的，这就要将它们存储到变量中。

在程序处理数据时，用户把信息暂时存储在计算机的内存里。要存储信息，用户必须指定存储信息的位置，以便获取信息，这就是变量的功能。在所有的编程语言中，变量都为内存中的某个特定的位置命名，一旦定义了某个变量，该变量表示的都是同一个内存位置，直到释放该变量。

① 变量的命名规则

为了区别存储着不同数据的变量，需要对变量命名。在 VB .NET 的变量名由字母、汉字、数字或下画线组成，且第一个字符必须是字母、汉字或下画线，不能使用 VB .NET 中的关键字作为变量名。VB .NET 中不区分变量名的大小写，为了增加程序的可读性，可在变量名前加一个缩写的前缀来表明该变量的数据类型。

② 变量的声明

在使用变量前，最好先声明这个变量，也就是事先将变量的有关信息通知程序。声明变量要使用 Dim 语句，Dim 语句的格式为：

```
Dim 变量名 [As 类型]
```

例如，在 Form_Load 事件过程中声明一个变量 Count，并将其赋值为 10：

```
Sub Form_Load()
   Dim Count
   Count=10
End sub
```

Dim 语句中用方括号括起来的 "As 类型" 子句表示是可选的，使用这一子句可以定义变量的数据类型或对象类型；若无 As 项，则该部分可以默认，所创建的变量默认为 Variant 类型。

注意

　　在过程内部用 Dim 语句声明的变量，只有在该过程执行时才存在，过程一结束，该变量的值也就消失了。此外，变量对过程而言是局部的，一个过程中不能访问另一个过程中的变量，所以在不同过程中可以使用相同的变量名。

③ 常量

变量是在计算机的内存中存储信息的一种方法，另一种方法是常量。用户一旦定义了常量，在以后的程序中就不能用赋值语句修改它们，否则，在运行程序时，将生成一个错误。定义常量可以改进代码的可读性和可维护性，它通常是有意义的名字，用以取代程序运行中保持不变的数值或字符串。

在 VB .NET 中声明常量的语句格式是：

```
[Public|Private|Protected|Friend|Protected Friend] Const 常量名 [As 类型]=表达式
```

其中 "常量名" 是有效的符号名，"表达式" 由数值常数或字符串常数以及运算符组成。Const 语句可以表示数量、字符串或日期时间，例如

```
Public Const Pi=3.1415926536
Public Const TotalCountAsInteger=1000
Const herBirthday=#12/2/94#
```

（2）数据类型

在 VB .NET 中，数据类型决定了如何将变量存储到计算机的内存中，所有的变量都具有数据类型，数据类型决定了变量能够存储哪种数据。

① 数值类型

VB .NET 中数值型的数据类型特别多，它支持 6 种数值型的数据类型：Integer（整型）、Long（长整型）、Single（单精度浮点型）、Double（双精度浮点型）、Decimal（十进制型）、Short（短整型）、Byte（字节型）。

② Boolean 类型

Boolean（布尔）类型的变量主要用来进行逻辑判断，它的存储位数是 16 位，只能取两个值中的一个：True（真）或 False（假）。例如

```
Dim xBln As BOOLEAN
xBln=True
xBln=False
```

当把其他数据类型转换为 Boolean 值时，0 会转成 False，其他值会变成 True；当把 Boolean 值转换为其他数据类型时，False 变成 0，True 变成 1。

③ String 类型

String 类型变量存储字符串数据，其的字符码范围是 0～255，字符集的前 128 个字符（0～127）对应于标准键盘上的字符与符号；而后 128 个字符（128～255）则代表了一些特殊字符。例如货币符号、重音符号、国际字符及分数。使用 String 类型可以声明两种字符串——变长与定长的字符串。

按照默认规定，String 变量是一个可变长度的字符串，随着对字符串变量赋予新数据，它的

长度可增可减。如果变量总是包含字符串而较少包含数值，就可将其声明为 String 类型。例如

```
Private strTemp As String
strTemp="Visual Basic"
```

④ Date 类型

Date 类型的变量用来保存日期，变量存储为 64 位浮点数值形式，可以表示的日期范围从公元 100 年 1 月 1 日到公元 9999 年 12 月 31 日，而时间可以从 0:00:00 到 23:59:59。日期数据必须使用符号#括起来，否则，VB .NET 不能正确识别日期，例如

```
Dim dateTemp As Date
dateTemp=#12/02/90#
dateTemp=#1990-12-01 12:30:00PM#
```

⑤ Object 类型

Object 变量存储为 32 位的数值形式，作为对象的引用，可用于指向应用程序中的任何一个对象。

（3）VB .NET 运算

在进行程序设计时，要经常进行各种运算，如算术运算、逻辑运算、比较运算等。

① 算术运算

算术运算是指通常的加减乘除以及乘方等数学运算，在 VB.NET 中，算术运算包括：加法(＋)、减法（-）、乘法（*）、浮点数除法（/）、整数除法（\）、乘方（^）、求余（Mod）。

② 关系运算

关系运算就是比较大小，比较运算结果可以是 True 或 False。如果比较双方有一个为 Null，结果还为 Null。VB .NET 中的比较运算有大于（>）、小于（<）、大于或等于（>=）、小于或等于（<=）、等于（=）、不等于（<>）、Like、Is、IsNot。

③ 逻辑运算

逻辑运算可以表示比较复杂的逻辑关系，运算结果为 True 或 False。表 10-1 列出了 VB.NET 中所有的运算符和它们表示的逻辑关系。在表中，True 用 T 代表，False 用 F 表示。

表 10-1 逻辑运算符和它们的逻辑关系

条件 A	条件 B	NOT A	A OR B	A AND B	A XOR B
F	F	T	F	F	F
F	T	T	T	F	T
T	F	F	T	F	T
T	T	F	T	T	F

（4）赋值语句

赋值语句是最常用的语句。使用赋值语句可以在程序运行中改变对象的属性和变量的值。赋值语句的语法格式是：

对象属性或者变量=表达式

其作用就是将等号右边表达式的值传送给等号左边的变量或对象属性。例如

```
Form1.Width=400
Temp=Temp+50
Form1.Caption="Welcome!"
```

（5）条件判断语句

在要做出判断的情况下，有时希望只有在条件为真时才执行一条或多条语句，这时要用条件

判断语句。VB .NET 的条件判断结构可有以下几种。

① If…Then 结构

使用 If…Then 结构，可有条件地执行某些语句。它的语法形式是：

```
If 条件 Then 语句
```

这种语法形式只选择执行一条语句。如果要选择执行多条语句，则使用这样的语法形式：

```
If 条件 Then
   语句 1
   语句 2
   …
End If
```

② If…Then…Else 结构

使用 If…Then…Else 结构，可从几个流程分支中选择一个执行。它的基本语法格式是：

```
If 条件 1 Then
   语句组 1
[ElseIf 条件 2 Then
   语句组 2]
     …
[Else 语句组 n]
End If
```

执行到 If…Then…Else 结构时，首先测试条件 1，如果它为 False，就测试条件 2，依次类推，直到找到为 True 的条件。一旦找到一个为 True 的条件时，会执行相应的语句组，然后执行 End If 语句后面的代码。如果所有条件都是 False，便执行 Else 后面的语句组，再执行 End If 语句后的代码。

③ Select Case 结构

当需要完成多重判定的任务时，可以使用 Select Case 结构，这种结构的语法是：

```
Select Case 表达式
   [Case 表达式 1
   语句组 1]
   [Case 表达式 2
   语句组 2]
     …
   [Case Else
   语句组 n]
End Select
```

Select Case 结构根据表达式的值，从多个语句组中选择符合条件的一个语句组执行。

（6）循环语句

利用循环控制程序结构可以使程序重复执行某些操作，VB .NET 主要有两种循环结构，即 Do…Loop 和 For…Next。

① Do…Loop 结构

使用 Do 循环重复执行一语句块，并计算测试条件以决定何时结束循环，循环条件必须是一个数值或者值为 True 或 False 的表达式。Do…Loop 语句常用的一种形式为：

```
Do While 循环条件
   语句组
Loop
```

当执行该 Do 循环时首先测试循环条件，如果循环条件为 False 或零，则跳过循环语句；如果循环条件为 True 或非零，则进入循环体，执行完循环语句组后，再测试循环条件，直到循环条件为 False 或零时才退出循环。

② For…Next 结构

使用 Do 循环时，一般不知道要执行多少次循环，只能由循环条件决定是否继续循环。如果确切知道要执行多少次循环，宜用 For…Next 结构，这种循环使用一个计数器变量，每执行一次循环，计数器变量的值就会增加或者减少。For 循环的语法格式如下：

```
For 计数器变量 =初值 To 终值 [Step 增量]
    语句组
Next [计数器变量]
```

其中的计数器变量、初值、终值和增量都必须是数值型的。

VB .NET 在执行 For 循环时，先设置计数器等于初值，再测试计数器是否大于终值（若增量为负，则测试计数器是否小于终值），若是，则退出循环，若不是，则执行循环体语句。循环体语句执行完后，计数器增加一个增量，然后再进行下一次循环条件的判断。

For 循环的增量参数可正可负。如果增量为正，则初值必须小于等于终值，否则，一次都不能执行循环内的语句。如果增量为负，则初值必须大于等于终值，否则，也一次都不能执行循环内的语句。增量若不设置，则默认为 1。

（7）过程与函数

使用过程和函数比用单个模块编写所有代码具有优越性。可以单独测试各个任务，过程中的代码量越小，调试就越容易。每次需要执行相同任务时调用过程而不重复程序代码，可以清除冗余代码。

VB .NET 中，除了事件过程，还有 Sub 过程和 Function 过程。Sub 过程又称为子过程，它不返回值。Function 过程又称为函数，它可以返回值。为了与事件过程相区分，将自定义的 Sub 过程称为通用过程。

① 定义和调用过程

如果在程序设计中，有几个不同的事件过程要执行一个同样的任务，就可以将这个任务用一个通用过程来实现，并由事件过程来调用它。定义通用过程可用下面的语法形式：

```
[Private|Public][Static] Sub 过程名(参数列表)
    语句组
End Sub
```

每次应用程序调用过程都会执行 Sub 和 End Sub 之间的语句组，默认情况下，模块中的子过程都是公用的（Public），因此在应用程序中可随处调用它们。

过程的调用方法有两种，分别为：

```
Call 过程名(参数据列表)
过程名 参数列表
```

使用 Call 语法时，参数必须在括号内；省略 Call 关键字时，必须省略参数两边的括号，过程名和参数间用空格隔开。

② 定义和调用函数

VB .NET 包含了许多内部函数，用户也可以用 Function 语句编写自己的函数过程。

函数过程的语法是：

```
[Private|Public][Static] Function 函数名(参数列表) [As 数据类型]
```

```
        语句组
End Function
```

在 VB .NET 中，调用 Function 函数和调用任何内部函数的方法是一样的，在表达式中直接写上它的名字和参数列表。而且，在程序中还可以像调用 Sub 过程一样调用函数，但这种方法将会放弃返回值。

③　过程和函数的参数

过程和函数的参数是过程和函数与调用者之间进行信息交换的途径。过程的参数可以声明其数据类型，在默认声明情况下，参数为 Variant 数据类型。在程序中给参数传递的是一个表达式或者函数，而不是数据类型。VB .NET 能自动计算表达式，并能按要求的类型将值传递给参数。

在 VB .NET 中，参数默认是按地址传递的，也就是使过程按照变量的内存地址去访问实际变量的内容。这样，将变量传递给过程时，通过过程可永远改变变量值。

传递参数的另一种方式为按值传递，而按值传递参数时，传递的只是变量的副本，即使过程改变了这个值，所做的改变只影响副本而不会影响变量本身。按值传递参数时，必须在参数列表前加上 ByVal 关键字。

④　退出过程

在特殊情况下，用户想在过程未执行完时中途退出，可以使用 Exit Sub 或 Exit Function 语句。Exit Sub 或 Exit Function 语句可以出现在过程主体内的任何地方，它们的语法和 Exit For 以及 Exit Do 相似。

10.2.3　VB .NET 数据库应用程序开发

数据库应用程序开发包括数据库设计和开发访问数据库数据的应用程序。前者可以用数据库管理系统来实现，后者则使用各种软件开发工具来完成，如 VB .NET。

1．VB .NET 中的主要数据访问技术

在 VB .NET 中，随着数据库访问技术的不断发展，先后出现了多种数据访问接口，即数据访问对象（Data Access Object，DAO）、远程数据对象（Remote Data Object，RDO）、ActiveX 数据对象（ActiveX Data Objects，ADO）和 ADO .NET。不同的数据访问接口，有其特定的用途，例如，RDO 2.0 是 VB.NET 访问关系型 ODBC 数据源的最佳界面接口，DAO/Jet 是访问 Jet 和 JSAM 类型数据的首选接口，但 ADO 则为数据访问提供了全新的方案，可取代前两种数据访问接口，ADO .NET 不仅是 ADO 的新版本，两者的对象模式也不尽相同，并且两者的数据处理方式也不一样。

①　DAO 即数据访问对象，是 VB .NET 最早引入的数据访问技术。它普遍使用 Microsoft Jet 数据库引擎（由 Microsoft Access 所使用），并允许 VB .NET 开发者像通过 ODBC 对象直接连接到其他数据库一样，直接连接到 Access 表。DAO 最适用于单系统应用程序或小范围本地分布使用。

②　RDO 又称为远程数据对象，它是指在客户端与服务器端建立的数据访问模式。RDO 是位于 ODBC API 之上的一个对象模型薄层，它绕过 Jet 数据库引擎，而依赖于 ODBC API、ODBC 驱动程序以及后端数据库引擎实现大部分的功能。它是从 DAO 派生出来的，但两者的数据库模式有很大的不同。DAO 是针对记录和字段的，而 RDO 是作为行和列来处理的。也就是说，DAO 是 ISAM 模式，RDO 是关系模式。此外，DAO 是访问 Access 的 Jet 引擎的接口，而 RDO 则是访

问 ODBC 的接口。

③ ADO 又称为 ActiveX 数据对象，是 Microsoft 公司开发数据库应用程序面向对象的新接口。ADO 是 DAO/RDO 的后继产物，它扩展了 DAO 和 RDO 所使用的对象模型，具有更加简单、更加灵活的操作性能。ADO 在 Internet 方案中使用最少的网络流量，并在前端和数据源之间使用最少的层数，提供了轻量、高性能的数据访问接口，可通过 ADO Data 控件非编程和利用 ADO 对象编程来访问各种数据库。

④ ADO .NET 是重要的应用程序级接口，用于在 Microsoft .NET 平台中提供数据访问服务。在 ADO .NET 中，可以使用新的 .NET Framework 数据提供程序来访问数据源。这些数据提供程序包括 SQL Server .NET Framework 数据提供程序、OLE DB .NET Framework 数据提供程序、ODBC .NET Framework 数据提供程序、Oracle .NET Framework 数据提供程序。这些数据提供程序可以满足各种开发要求，包括中间层业务对象（它们使用与关系数据库和其他存储区中的数据的活动连接）。

ADO .NET 是专为基于消息的 Web 应用程序而设计的，同时还能为其他应用程序结构提供较好的功能。通过支持对数据的松耦合访问，ADO .NET 减少了与数据库的活动连接数目（即减少了多个用户争用数据库服务器上的有限资源的可能性），从而实现了最大程度的数据共享。

ADO .NET 提供几种数据访问方法。在有些情况下，Web 应用程序或 XML Web services 需要访问多个源中的数据，或者需要与其他应用程序（包括本地和远程应用程序）进行互操作，或者可受益于保持和传输缓存结果，这时使用数据集将是一个明智的选择。作为一种替换方法，ADO .NET 提供数据命令和数据读取器以便与数据源直接通信。使用数据命令和数据读取器直接进行的数据库操作包括运行查询和存储过程、创建数据库对象、使用 DDL 命令直接更新和删除。

ADO .NET 还通过对分布式 ADO .NET 应用程序的基本对象 "数据集"（Data set）支持基于 XML 的持久性和传输格式，来实现最大程度的数据共享。数据集是一种关系数据结构，可使用 XML 进行读取、写入或序列化。ADO .NET 数据集使得生成要求应用程序层与多个 Web 站点之间进行松耦合数据交换的应用程序变得很方便。

本节重点介绍 VB.NET 中如何使用 ADO .NET 这一数据访问接口来访问 SQL Server 2008 数据库。

2. ADO .NET 简介

ADO .NET 是为 .NET 框架而创建的，是对 ADO 对象模型的扩充。ADO .NET 提供了一组数据访问服务的类，用于实现对不同数据源的一致访问，例如 Microsoft SQL Server 数据源、Oracle 数据源以及通过 OLE DB 和 XML 公开的数据源等。

设计 ADO .NET 组件的目的是从数据操作中分解出数据访问。实现此功能的是它的 .NET 数据提供程序和 DataSet 组件。其中，.NET 的数据提供程序是数据提供者，包括 Connection、Command、DataReader 和 DataAdapter 等对象；DataSet 组件实现对结果数据的存储，以实现独立于数据源的数据访问。图 10-4 说明了 ADO .NET 组件的结构。

ADO .NET 中的数据提供程序在应用程序和数据源之间起着桥梁作用。数据提供程序用于从数据源中检索数据并且使对该数据的更改与数据源保持一致。表 10-2 列出了 .NET Framework 中包含的 .NET Framework 数据提供程序。

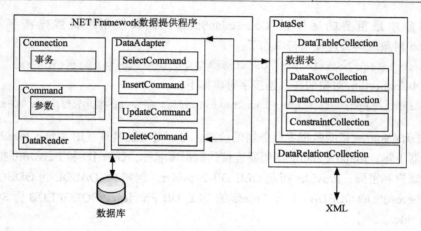

图 10-4　ADO .NET 组件的结构

表 10-2　　　　　　　　　　　　　　　　.NET Framework 数据提供程序

.NET Framework 数据提供程序	说明
SQL Server .NET Framework 数据提供程序	对于 Microsoft SQL Server 7.0 版或更高版本
OLE DB .NET Framework 数据提供程序	适合于使用 OLE DB 公开的数据源
ODBC .NET Framework 数据提供程序	适合于使用 ODBC 公开的数据源
Oracle .NET Framework 数据提供程序	适用于 Oracle 数据源。支持 Oracle 客户端软件 8.1.7 版或更高版本

ADO .NET DataProvider 用于连接数据源、执行命令和获取数据。作为一个轻量级的组件，ADO .NET DataProvider 是数据源和应用程序之间很小的一个数据访问层，它包含了 4 个核心对象。

① Connection 对象：用于与指定的数据源建立连接。

② Command 对象：对数据源上执行一个命令。

③ DataReader 对象：以只读、向前的方式读取数据源中的数据。

④ DataAdapter 对象：用数据源填充 DataSet 并解析更新。

3. ADO .NET 对象

.NET 数据提供程序包含 4 个核心元素：Connection、Command、DataReader 和 DataAdapter 对象。Connection 对象提供与数据源的连接，Command 对象能够访问用于返回数据、修改数据、运行存储过程以及发送或检索参数信息的数据库命令，DataReader 用于从数据源中提供高性能的数据流，DataAdapter 提供连接 DataSet 对象和数据源的桥梁。DataAdapter 使用 Command 对象在数据源中执行 SQL 命令，以便将数据加载到 DataSet 中，并使对 DataSet 中数据的更改与数据源保持一致。

（1）Connection 对象

要连接一个特定的数据源，可以使用数据 Connection 对象，不过需要提供连接字符串，包括服务器、数据库名称以及用户名和密码等信息。

根据所用的 .NET Framework 数据提供程序的不同，连接对象一般分为 SqlConnection 对象、OleDbConnection 对象、OdbcConnection 对象和 OracleConnection 对象。其中连接 SQL Server 7.0 以上版本的数据库时，需要使用 SqlConnection 对象；要连接 SQL Server 7.0 以前版本的数据库或连接 OLE DB 数据源时，需要使用 OleDbConnection 对象。

连接对象中最重要的属性是 ConnectionString，该属性用来设置连接字符串，其中 SqlConnection 对象的典型连接字符串如下：

```
Data Source=localhost;Initial Catalog=教学管理;User ID=sa;Password= sa;
```

而 OleDbConnection 对象的典型连接字符串如下：

```
Provider=SQLOLEDB;Data Source=localhost;Initial Catalog=教学管理;User ID=sa;Password=sa;
```

其中，Data Source 指明数据库服务器的位置，可以是电脑名称、IP 地址、localhost（代表本机作为服务器）等；Initial Catalog 指明要连接的数据库名称；User ID 和 Password 指明登录数据库服务器的账户和密码；Provider 指定 OLE DB Provider，例如 MSDASQL 为 ODBC 的 OLE DB Provider，Microsoft.Jet.OLEDB.4.0 为 Access 的 OLE DB Provider，SQLOLEDB 为 SQL Server 的 OLE DB Provider。

例如，使用 SqlConnection 对象来连接一个数据库并打开数据库，可以使用类似如下的代码：

```
Public Sub CreateSqlConnection()
      Dim Strconn As String      '定义连接字符串
      Strconn = "Data Source=localhost;Initial Catalog=教学管理;User ID=sa;Password=sa; "
      Dim cnn As New SqlConnection()    '创建连接对象实例
      cnn.ConnectionString = Strconn    '设置连接字符串属性
      cnn.Open()    '打开连接
      cnn.Close()    '关闭连接
End Sub
```

.NET Framework 数据提供程序类位于 System.Data.SqlClient 命名空间，编写程序前需在 Visual Studio 2010 "项目"→"属性"中"引用"选项卡中导入 System.Data.SqlClient 命名空间。

（2）Command 对象

在与数据源建连接后，可使用 Command 对象来对数据源执行查询、插入、删除和修改等操作。具体操作可以使用 SQL 语句，也可以使用存储过程。由于所用的 .NETFramework 数据提供程序的不同，Command 对象一般分为 SqlCommand 对象、OleDbCommand 对象、OdbcCommand 对象和 OracleCommand 对象。

Command 对象的 4 个类都实现了 IdbCommand 接口，而 IdbCommand 接口定义了 Command 对象的基本属性和方法。Command 对象的常用属性包括以下三种。

CommandType 属性：用来选择 Command 对象要执行的命令类型，该属性可以取 Text、StoredProcedure 和 TableDirect 三种不同的值。

CommandText 属性：根据 CommandType 属性的取值，设置要执行的 SQL 命令、存储过程或表名。

Connection 属性：用来设置要使用的 Connection 对象名。

下面给出一个创建 SqlCommand 命令的示例。

```
Public Sub CreateSqlCommand()
    Dim Strconn As String
    Strconn = "Data Source=localhost;Initial Catalog=教学管理;User ID=sa;Password=sa; "
    Dim cnn As New SqlConnection()
    cnn.ConnectionString = Strconn
    cnn.Open()
```

```
        Dim Mycommand As SqlCommand   '声明 SqlCommand 类型变量
        Mycommand = New SqlCommand("SELECT count(*) FROM 学生")   '创建 SqlCommand 类的实例
        Mycommand.Connection = cnn   '设置变量的 Connection 属性
        Mycommand.CommandTimeout = 15   '设置变量的 CommandTimeout 属性
        Dim Recordcount = CInt(Mycommand.ExecuteScalar())   '执行 Mycommand 对象并放回一个单一值
        MsgBox(Recordcount)   '显示结果
        cnn.Close()
    End Sub
```

（3）DataReader 对象

DataReader 对象是一个简单的数据集，实现从数据源中检索数据，检索结果保存为快速、只向前、只读的数据流。根据所用的 .NETFramework 数据提供程序的不同，DataReader 对象分为 SqlDataReader 对象、OleDbDataReader 对象、OdbcDataReader 对象和 OracleDataReader 对象。DataReader 对象可通过 Command 对象的 ExecuteReader 方法从数据源中检索数据来创建。

以下代码为创建 SqlDataReader 对象的示例。

```
Public Sub CreateSqlDataReader()
    Dim Strconn As String
    Strconn = "Data Source= localhost;Initial Catalog=教学管理;User ID=sa;Password=sa; "
    Dim cnn As New SqlConnection()
    cnn.ConnectionString = Strconn
    cnn.Open()
    Dim Mycommand As SqlCommand
    Mycommand = New SqlCommand("SELECT 姓名,性别 FROM 学生")
    Mycommand.Connection = cnn
    Dim StrResult As String   '声明一个字符串变量
    Dim Mydatareader As SqlDataReader   '声明一个 SqlDataReader 类型的变量
                                        '创建一个 SqlDataReader 实例
    Mydatareader = Mycommand.ExecuteReader(CommandBehavior.CloseConnection)
    Do While Mydatareader.Read = True   '循环读取结果记录
        '获取列数据
        StrResult = Mydatareader.GetString(0) & "  " & Mydatareader.GetString(1)
        Console.WriteLine(StrResult)   '输出结果
    Loop
    cnn.Close()
End Sub
```

（4）DataAdapter 对象

DataAdapter 对象的主要功能是从数据源中检索数据、填充 DataSet 对象中的表、把用户对 DataSet 对象的更改写入到数据源。根据数据提供程序的不同，DataAdapter 对象分为 SqlDataAdapter 对象、OleDbDataAdapter 对象、OdbcDataAdapter 对象和 OracleDataAdapter 对象。DataAdapter 对象的常用属性包括 InsertCommand、DeleteCommand、SelectCommand 和 UpdateCommand，这些属性用来获取 SQL 语句或存储过程，分别实现在数据源中插入新记录、删除记录、选择记录和修改记录。通常将这些属性设置为某个 Command 对象的名称，由该 Command 对象执行相应的 SQL 语句。

DataAdapter 对象的常用方法包括 Fill 方法和 Update 方法。

① Fill 方法

其功能是从数据源中提取数据以填充数据集。该方法有多种书写格式，其常用的一种格式为：

```
Public Function Fill(ByVal dataset as DataSet,ByVal srcTable as String) as Integer
```

此方法的功能是从参数 srcTable 指定的表中提取数据以填充参数 dataSet 指定的数据集，其结果返回 dataSet 中成功添加或刷新的记录条数。

② Update 方法

用于修改数据源，其常用格式为：

```
Public Overidable Function Update(Byval dataset as DataSet) as Integer
```

其功能是把参数 dataSet 指定的数据集进行的插入、更新或删除操作更新到数据源中，这种情况通常用于数据集中只有一个表的情况下，其结果返回 dataSet 中被成功更新的记录条数。

（5）DataSet 对象

DataSet 是 ADO .NET 结构的核心组件，其作用在于实现独立于任何数据源的数据访问。DataSet 是从任何数据源中检索后得到的数据并且保存在缓存中，它可以包含表、所有表的约束、索引和关系。因此，也可以把它看作内存中的一个小型关系数据库。

一个 DataSet 对象包含一组 DataTable 对象和 DataRelation 对象，其中每个 DataTable 对象由一组 DataRow、DataColumn 和 Constraint 对象对成。这些对象的含义如下。

① DataTable 对象，代表数据表。

② DataRelation 对象，代表两个数据表之间的关系。

③ DataRow 对象，代表 DataTable 中的数据行，即记录。

④ DataColumn 对象，代表 DataTable 中的数据列，包括列的名称、类型和属性。

⑤ Constraint 对象，代表 DataTable 中主键、外键等约束信息。

除了以上对象以外，DataSet 中还包含 DataTableCollection 和 DataRelationCollection 等集合对象。

数据集是容器，需要用数据来填充它。DataSet 对象的填充可以通过调用 DataAdapter 对象的 Fill 方法来实现。该方法使得 DataAdapter 对象执行其 SelectCommand 属性中设置的 SQL 语句或存储过程，然后将结果填充到数据集中。

访问 DataSet 对象中的数据，如访问数据集中某数据表的某行某列数据，可使用如下方法：

DataSet 对象名.Tables["数据表"].Rows[n]["列名"]

其功能是，访问 "DataSet 对象名" 指定的数据集中 "数据表名" 指定的数据表的第 $n+1$ 行中，由 "列名" 指定的列。n 代表行号，且数据表中行号从 0 开始计算，以下示例显示了如何访问名为 dsStudent 的数据集中 "学生" 表第 1 行的 "姓名" 列：

```
dsStudent.Tables[学生].Rows[0][姓名]
```

虽然可以访问 DataSet 对象中的数据，并对之进行更改，但是数据更改实际上并没有写入到数据源中，要将数据的更改传递给数据源，需要调用 DataAdapter 对象的 Update 方法来实现。

以下代码为通过调用 SqlDataAdapter 对象的 Fill 方法，可以将数据源的数据传输到客户端，并存储到数据集中。

```
Private Sub Button1_Click(ByVal sender As System.Object, ByVal e As System.EventArgs)
Handles Button1.Click
    Dim Strconn As String
    Strconn = "Data Source=localhost;Initial Catalog=教学管理;User ID=sa;Password=sa; "
    Dim cnn As New SqlConnection()
    cnn.ConnectionString = Strconn
    cnn.Open()
```

```
Dim Mycommand As SqlCommand = New SqlCommand("SELECT * FROM 学生")
Mycommand.Connection = cnn
Dim da As SqlDataAdapter = New SqlDataAdapter()    '创建 SqlDataAdapter 对象
Dim ds As DataSet = New DataSet()    '创建 DataSet 对象
da.SelectCommand = Mycommand    '它设置了 SqlDataAdapter 对象的 SelectCommand 属性
da.Fill(ds, "Student")    '调用 SqlDataAdapter 对象的 Fill 方法从数据源读取数据
                          '并将其填充到数据集中。Student 是数据集中的表的名称
End Sub
```

4. 开发数据库应用程序的一般步骤

使用 ADO .NET 开发数据库应用程序的一般步骤如下。

① 使用 Connection 对象建立与数据源的连接。

② 使用 Command 对象执行对数据源的操作命令，通常用 SQL 命令。

③ 使用 DataAdapter、DataSet 等对象对获取的数据进行操作。

④ 使用数据控件向用户显示操作的结果。

10.3　数据库系统开发实例——教学信息管理系统

前面已介绍了数据库应用系统的设计过程、VB .NET 程序设计的基础以及 VB .NET 中访问 SQL Server 2008 数据库的方法，这对于开发数据库应用程序非常重要。为了使读者能更为直观地理解这部分内容，本节结合教学信息管理系统来介绍使用 VB .NET 开发 SQL Server 2008 数据库应用程序的完整过程和方法。

10.3.1　系统需求分析

随着计算机技术和网络应用的普及，若建立一个 C/S 结构的教学信息管理系统，通过计算机来实现学生的学籍、课程和选课等信息的管理，这将使得管理工作系统化、规范化、自动化，从而达到提高教学信息管理效率的目的。

为了提高系统开发水平和应用效果，系统应符合学校教学信息管理的规定，满足对学校学生信息管理的需要，并达到操作过程中的直观、方便、实用、安全等要求。系统采用模块化程序设计的方法，便于系统功能的组合和修改以及扩充和维护。本系统要实现以下基本功能。

① 学生信息查询功能：通过不同的检索入口，查询学生学籍信息、课程信息和成绩信息，并进行排序。

② 添加功能：通过填写表格的形式输入学生学籍信息、课程信息和成绩信息等相关信息，系统能够自动避免重复信息。

③ 修改功能：对数据库中的信息进行修改。系统能够通过用户给出的条件查找出所要修改的信息，对修改后的信息进行保存，并自动查找是否是重复信息。

④ 删除功能：对数据进行删除操作。系统能够通过用户给出的条件查找出要删除的信息，并提示是否确定删除，如果确定删除，则把相关信息从数据库中删除掉。

⑤ 汇总功能：对信息进行汇总。

⑥ 统计功能：对信息进行统计，如统计不及格学生名单等。

10.3.2　系统功能设计

学生信息管理系统主要实现学生信息的增加、删除、修改、查询和统计汇总等功能。该系统分 4 个主要功能模块，如图 10-5 所示。

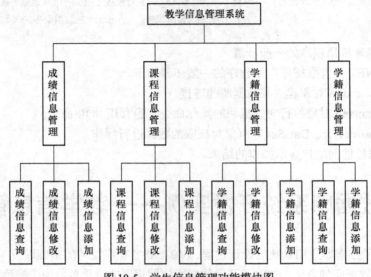

图 10-5　学生信息管理功能模块图

1. 学籍信息管理模块

该模块主要实现对学生基本信息的录入、修改、删除和查询等操作。

录入学生的学号、姓名、性别、入学时间、出生日期、联系电话和家庭地址等信息，以学号作为唯一关键字。

使用查询功能查询出需要修改/删除的记录，然后进行修改/删除操作，修改时要保证学号的唯一性。

从学生个人信息表中的属性项任选其一查询学生信息，亦可同时输入多个属性项进行精确查询。

2. 课程信息管理模块

实现学校课程信息的录入、修改、删除和查询操作。

3. 学生成绩管理模块

实现学生成绩的录入、修改、删除和查询操作。录入某个学生的某门课程的成绩时，由于学生信息和课程信息已在数据库中存在，可通过下拉列表框的形式来选择学生和课程来录入、修改、删除和查询成绩。

4. 用户管理模块

主要实现用户登录、添加用户和修改用户密码等功能。

10.3.3　数据库设计

1. 数据库概念结构设计

根据系统需求分析和设计规划，分析出系统的实体有学生实体、课程实体，另外还考虑一个专业实体。实体之间的联系可以用 E-R 图来表示，详细设计过程请参考 1.6 节。

2. 数据库逻辑结构设计

现在需要将数据库概念结构转化为 SQL Server 2008 数据库系统所支持的实际数据模型，也就是数据库的逻辑结构。在实体以及实体之间关系的基础上，形成数据库中表以及各个表之间的关系。

学生成绩管理系统数据库中包含"学生"表、"课程"表、和"选课"表，另外还增加"专业"表和"用户"表。各个数据表的设计如表 10-3 至表 10-7 所示。

表 10-3　　　　　　　　　　　　"学生"表

列名	数据类型	可否为空	说明
学号	Char(10)	NOT NULL	学生学号（主键）
姓名	Varchar(10)	NULL	学生姓名
性别	Char(2)	NULL	学生性别
出生日期	DateTime(8)	NULL	出生日期
籍贯	Varchar(20)	NULL	籍贯信息
少数民族否	Char(10)	NULL	是否为少数民族
入学成绩	Float	NULL	入学成绩
专业名称	Varchar(20)	NULL	专业信息
简历	Varchar(500)	NULL	简历信息
照片	Varchar(50)	NULL	照片文件名称
主页	Varchar(50)	NULL	主页地址

表 10-4　　　　　　　　　　　　"课程"表

列名	数据类型	可否为空	说明
课程编号	Varchar(10)	NOT NULL	课程编号（主键）
课程名称	Char(40)	NULL	课程名称
课程类别	Char(20)	NULL	课程类别
学分	Float	NULL	学分
课程描述	Varchar(200)	NULL	课程描述

表 10-5　　　　　　　　　　　　"选课"表

列名	数据类型	可否为空	说明
学号	Char(10)	NOT NULL	学生学号
课程编号	Varchar(10)	NOT NULL	课程编号
成绩	Float	NULL	分数

表 10-6　　　　　　　　　　　　"专业"表

列名	数据类型	可否为空	说明
专业名称	Char(20)	NOT NULL	专业名称
成立年份	Int	NULL	成立年
专业简介	Varchar(200)	NULL	专业描述

表 10-7   "用户"表

列名	数据类型	可否为空	说明
用户名	Char(10)	NOT NULL	用户名称（主键）
密码	Char(10)	NULL	用户密码
用户描述	Varchar(200)	NULL	用户描述

3. 数据库结构的实现

经过需求分析和概念结构设计后，得到学生信息管理数据库的逻辑结构。SQL Server 2008 逻辑结构的实现可以在 SQL Server 管理平台中进行。下面是用查询编辑器创建这些表格的 SQL 语句。

（1）创建"用户"表

```
CREATE TABLE [用户](
     [用户名] [char](10) COLLATE Chinese_PRC_CI_AS NOT NULL,
     [密码] [char](10) COLLATE Chinese_PRC_CI_AS NULL,
     [用户描述] [varchar](200) COLLATE Chinese_PRC_CI_AS NULL
) ON [PRIMARY]
```

（2）创建"学生"表

```
CREATE TABLE [学生](
      [学号] [char](10) COLLATE Chinese_PRC_CI_AS NOT NULL,
      [姓名] [varchar](10) COLLATE Chinese_PRC_CI_AS NULL,
      [性别] [char](2) COLLATE Chinese_PRC_CI_AS NULL,
      [出生日期] [datetime] NULL,
      [籍贯] [varchar](20) COLLATE Chinese_PRC_CI_AS NULL,
      [少数民族否] [char](10) COLLATE Chinese_PRC_CI_AS NULL,
      [入学成绩] [float] NULL,
      [专业名称] [varchar](20) COLLATE Chinese_PRC_CI_AS NULL,
      [简历] [varchar](500) COLLATE Chinese_PRC_CI_AS NULL,
      [照片] [varchar](50) COLLATE Chinese_PRC_CI_AS NULL,
      [主页] [varchar](50) COLLATE Chinese_PRC_CI_AS NULL,
 CONSTRAINT [PK_学生] PRIMARY KEY CLUSTERED
(
      [学号] ASC
)WITH (IGNORE_DUP_KEY = OFF) ON [PRIMARY]
) ON [PRIMARY]
```

（3）创建"课程"表

```
    CREATE TABLE [课程](
      [课程编号] [varchar](10) COLLATE Chinese_PRC_CI_AS NOT NULL,
      [课程名称] [char](40) COLLATE Chinese_PRC_CI_AS NULL,
      [课程类别] [char](20) COLLATE Chinese_PRC_CI_AS NULL,
      [学分] [float] NULL,
      [课程描述] [varchar](200) COLLATE Chinese_PRC_CI_AS NULL,
    CONSTRAINT [PK_课程] PRIMARY KEY CLUSTERED
(
      [课程编号] ASC
)WITH (IGNORE_DUP_KEY = OFF) ON [PRIMARY]
) ON [PRIMARY]
```

（4）创建"选课"表

```
CREATE TABLE [选课](
    [学号] [char](10) COLLATE Chinese_PRC_CI_AS NULL,
    [课程编号] [varchar](10) COLLATE Chinese_PRC_CI_AS NULL,
    [成绩] [float] NULL
) ON [PRIMARY]
```

（5）创建"专业"表

```
CREATE TABLE [专业](
    [专业名称] [char](20) COLLATE Chinese_PRC_CI_AS NULL,
    [成立年份] [int] NULL,
    [专业简介] [varchar](200) COLLATE Chinese_PRC_CI_AS NULL
) ON [PRIMARY]
```

10.3.4　系统主窗体的创建

在 SQL Server 2008 的查询编辑器中执行了创建数据表 SQL 语句后，有关数据结构的后端设计工作就完成了。下面使用 Visual Basic .NET 进行教学信息管理系统的功能模块和数据库系统的客户端程序的实现。

1. 创建工程项目 Student_MIS

启动 Visual Studio 2010 后，选择"文件"→"新建项目"命令，在打开的"新建项目"窗口中，项目类型选择"Visual Basic"，模板中选择"Windows 窗体应用程序"项。"名称"文本框中输入 Student_MIS，单击"确定"按钮，新建项目 Student_MIS 完成。在 Student_MIS 项目属性对话框的"引用"选项卡上，导入命名空间中选择 System.Data.SqlClient。

2. 创建教学信息管理系统主窗体

在 VB.NET 中，为了使程序更为美观、整齐有序，界面设计采用 MDI 多文档类型。

① 将项目中窗体 Form1 重命名为 frmMain，作为主窗体，IsMdiContainer 属性设置为 True，Text 属性设置为"教学信息管理系统"，如图 10-6 所示。

② 在主窗体 frmMain 中添加菜单。将 MenuStrip 控件从工具箱中拖动到 frmMain 窗体中。菜单的标题、名称及单击所调用的子窗体名称如表 10-8 所示。

图 10-6　系统主窗体

表 10-8　　　　　　　　　　　学生信息管理系统菜单标题及名称

级别	标题	名称	调用的窗体名称
一级	系统管理	mnuSystem	
二级	用户管理	mnuUser	frmUser
二级	修改密码	mnuPwdModify	frmPwdModify
二级	退出	mnuExit	
一级	学籍管理	mnuStudentInfo	
二级	学籍信息添加	StudentInfoAdd	frmStudentInfoAdd
二级	学籍信息修改	StudentInfoModify	frmStudentInfoModify
二级	学籍信息查询	StudentInfoQuery	frmStudentInfoQuery

续表

级别	标题	名称	调用的窗体名称
一级	课程管理	mnuCourse	
二级	课程信息添加	CourseAdd	frmCourseAdd
二级	课程信息修改	CourseModify	frmCourseModify
二级	课程信息查询	CourseQuery	frmCourseQuery
一级	成绩管理	mnuStudentCourse	
二级	成绩信息添加	CJAdd	frmCJAdd
二级	成绩信息修改	CJModify	frmCJModify
二级	成绩信息查询	CJQuery	frmCJQuery

如单击"系统管理"→"用户管理"菜单时，触发 mnuUser_Click 事件。

```vb
Private Sub mnuUser_Click(ByVal sender As System.Object, ByVal e As System.EventArgs)
Handles mnuUser.Click
    Dim frmchild As New frmUser    '生成子窗体
    frmchild.Show()    '显示子窗体
End Sub
```

3. 创建公用模块

在 VB .NET 中可以用公用模块来存放整个项目公用的函数、全局变量等。整个项目中的任何地方都可以调用公用模块中的函数、变量，以提高代码的效率。在"解决方案资源管理器"的"Student_MIS"项目中添加一个 Module，保存为 Module1.vb，其程序如下：

```vb
Public username_OK As String    '记录登录的用户名称
Public txtSQL As String    '存放 SQL 语句
Public DBSet As DataSet    '查询得到的记录集
Public ErrorMsg As String    '存放错误信息
Public Function ExecuteSQL(ByVal strSQL As String, ByRef errMsg As String) As Integer
    '函数执行 SQL 的 INSERT、DELETE、UPDATE 和 SELECT 语句
    '对于 INSERT、DELETE、UPDATE 语句，ExecuteSQL 返回更新的记录数：-1 表示程序异常；0 表示
更新失败；大于 0 表示操作成功，返回更新的记录数
    '对于 SELECT 语句：DBSet 为返回的数据集；ExecuteSQL 为返回的查询记录数。
    Dim cnn As SqlClient.SqlConnection
    Dim cmd As New SqlClient.SqlCommand()
    Dim adpt As SqlClient.SqlDataAdapter
    Dim rst As New DataSet()
    Dim SplitSQL() As String
    errMsg = ""
    Try
        SplitSQL = Split(strSQL)
        cnn = New SqlClient.SqlConnection(ConnectString())
        If InStr("INSERT,DELETE,UPDATE", UCase$(SplitSQL(0))) Then
            cmd.Connection = cnn
            cmd.Connection.Open()
            cmd.CommandText = strSQL
            ExecuteSQL = cmd.ExecuteNonQuery()    '返回更新数据记录条数
        Else
```

```
            adpt = New SqlClient.SqlDataAdapter(strSQL, cnn)
            adpt.Fill(rst)
            ExecuteSQL = rst.Tables(0).Rows.Count  '返回查询记录条数
            DBSet = rst
        End If
    Catch ex As Exception
        errMsg = ex.Message
        ExecuteSQL = -1  '表示执行 SQL 失败
    Finally
        rst = Nothing
        cnn = Nothing
    End Try
End Function
Public Function ConnectString() As String
    ConnectString = "Data Source=127.0.0.1;Initial Catalog=教学信息管理系统;User
ID=sa;Password=sa; "
        '设置 SQL Server 2008 数据库链接字符串
End Function
Sub main()
    '启动程序
    Dim mf As New Login
    mf.ShowDialog()
End Sub
```

函数 ConnectString 和 ExecuteSQL 在本实例中会频繁使用。ConnectString 函数为连接 SQL Server 2008 数据库的参数调用函数，如果 SQL Server 2008 允许用户进行 Windows 身份验证，则 User ID 和 Password 可以不加，127.0.0.1 代表本地主机，Data Source 后面填的应该是 SQL Server 2008 的服务器名称。ExecuteSQL 函数执行 SQL 语句，如删除、更新、添加和查询，只有执行查询语句时才返回数据集对象。

当第一次进入应用程序时，首先执行 Main 子程序，打开登录窗体，需要在项目 Student_MIS 的属性中的"启动对象"设置为"Sub Main"。

开发过程中，请确保 Windows 服务中的 Application Experience 服务是否已启动。如果机器上的操作系统默认为手动，则启动该服务，确保主程序窗体关闭后结束进程。

10.3.5 系统管理模块的功能

系统管理模块主要实现用户登录、添加用户、修改用户、修改密码和退出功能，界面如图 10-7 所示。

1. 用户登录窗体设计

系统启动后，将首先出现如图 10-7 所示的"用户登录"窗体，用户输入正确的用户名和密码后才能进入系统。

"用户登录"窗体中放置两个文本框（TextBox），用来输入用户名和密码；两个按钮（Button）用来进入或退出登录；3 个标签（Label）用来显示窗体的信息。输入密码的文本框的"PasswordChar"属性要设置为"*"。这些控件的属性设置如表 10-9 所示。

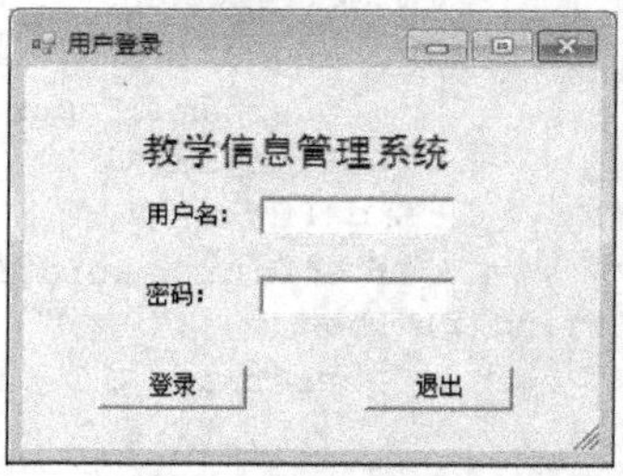

图 10-7 "用户登录"窗体（Login）

表 10-9　　　　　　　　　　　　　登录窗体的控件及属性值

控件	属性	属性取值	说明
Form	Name	Login	窗体
	Text	用户登录	
TextBox	Name	username	文本框
TextBox	Name	password	文本框
	PasswordChar	*	输入显示为*
Label	Text	教学信息管理系统	提示
Label	Text	用户名：	
Label	Text	密码：	
Button	Name	cmdOK	命令按钮
	Text	登录	
Button	Name	cmdExit	
	Text	退出	

当用户输入完用户名和用户密码后，单击"登录"按钮将对用户输入的信息进行判断。cmdOK 的 Click 事件代码如下：

```
'单击"登录"按钮
    Private Sub cmdOK_Click(ByVal sender As System.Object, ByVal e As System.EventArgs)
Handles cmdOK.Click
        If username.Text = "" Then
            MsgBox("请输入用户名！")
            username.Focus()
            Exit Sub
        End If
        If password.Text = "" Then
            MsgBox("请输入密码！")
            password.Focus()
            Exit Sub
        End If
        Dim icount As Integer
        txtSQL = "SELECT * FROM 用户 WHERE 用户名='" & username.Text & "'"
        icount = ExecuteSQL(txtSQL, ErrorMsg)    '从用户表中提取输入的用户信息,返回记录数
icount 和数据集 DBSet
        If icount = 0 Then
            MsgBox("没有此用户，请重新输入用户名！", vbExclamation)
            username.Focus()
            Exit Sub
        ElseIf icount = -1 Then
            MsgBox("程序出错！", vbExclamation)
            username.Focus()
            Exit Sub
        End If
        If Trim(password.Text) = Trim(DBSet.Tables.Item(0).Rows.Item(0).Item("密码").
ToString()) Then
            username_OK = DBSet.Tables.Item(0).Rows.Item(0).Item("用户名")
            frmMain.Show()    '显示主窗体
            Finalize()    '释放登录窗体的资源
        Else
            MsgBox("密码不正确，请重新输入密码！", vbExclamation)
```

```
                password.Focus()
            End If
        End Sub
    '单击"退出"按钮
        Private Sub cmdExit_Click(ByVal sender As System.Object, ByVal e As System.EventArgs)
Handles cmdExit.Click
            Me.Close()
        End Sub
```

用户如果没有输入用户名，将出现消息框提示。根据输入的用户名在用户表中查找，如果没找到，提示没有这个用户，如果找到，则比较密码。如果输入的密码和表格中的密码不一样，则提示密码不正确，否则进入教学信息管理系统。

2. 用户管理窗体的创建

进入系统后，选择　"系统管理"→"用户管理"命令，打开的"用户管理"窗体 frmUser 中可以添加用户、删除用户和修改用户，如图 10-8 所示。窗体中用户的管理采用数据绑定的方法来实现，实现方法如下。

① 定义数据源。选择　"数据"→"添加新数据源"命令。在打开的"数据源配置向导"中选择"数据库"选项，单击"下一步"按钮，选择"数据集"选项，再单击"下一步"按钮。在"选择你的数据连接"页中，通过"新建连接"选择 SQL Server 2008 下的"教学信息管理系统"数据库，单击"确定"按钮，然后单击"下一步"按钮。然后在"选择数据库对象"页中，选择"用户"表，最后单击"完成"按钮，添加的数据源如图 10-9 所示。

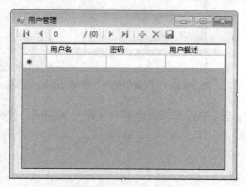

图 10-8　"用户管理"窗体（frmUser）

图 10-9　用户信息数据源

② 在图 10-9 所示的"数据源"窗口中，用鼠标单击"用户"表，从右边的下拉箭头中选择"DataGridView"，然后将"用户"拖动到"用户管理"窗口中。此时，在"用户管理"窗口 frmUser 中自动添加了一个工具条和 DataGridView 控件，相应的数据和程序已绑定到控件中。

③ 鼠标右键单击"用户管理"窗体中的 DataGridView 控件，从弹出的快捷菜单中选择"编辑列"，弹出图 10-10 所示的对话框，可添加、移除绑定的列和修改列的属性。这里将列"用户名"的 HeaderText 属性修改为"用户"。

④ 保存后运行程序，效果如图 10-11 所示。可以浏览记录、增加记录、删除记录和修改记录。

3. 修改密码窗体的创建

用户可以修改自己的密码，选择菜单命令"系统管理"→"修改密码"，出现图 10-12 所示的窗体。

在这个窗体中放置了两个文本框 txtpassword1 和 txtpassword2（将其"PasswordChar"属性设置为"*"），两个命令按钮"修改"（cmdOK）和"退出"（cmdExit），两个标签"输入新密码"（label1）和"确认新密码"（label2）。

图 10-10　　"编辑列"对话框

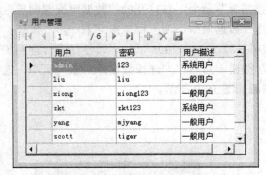

图 10-11　　"用户管理"窗体（frmUser）

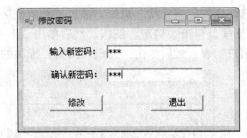

图 10-12　　"修改密码"窗体（frmPwdModify）

两次输入密码后，单击"修改"按钮，将触发 Click 事件来修改当前登录账号的密码。代码如下：

```
        Private Sub cmdOK_Click(ByVal sender As System.Object, ByVal e As System.EventArgs)
Handles cmdOK.Click
            '判断密码输入的情况
            If txtPassword1.Text = "" Then
                MsgBox("未输入密码")
                Exit Sub
            End If
            If Trim(txtPassword1.Text) <> Trim(txtPassword2.Text) Then
                MsgBox("密码输入不一致！", vbOKOnly, "警告")
            Else '对当前用户的密码进行修改
                Dim icount As Integer
                txtSQL = "UPDATE 用户 SET 密码='" & txtPassword1.Text & "' WHERE 用户名='" &
username_OK & "'"
                icount = ExecuteSQL(txtSQL, ErrorMsg)
                If icount = 1 Then
                    MsgBox("密码修改成功", vbOKOnly, "修改密码")
                Else
                    MsgBox("密码修改失败", vbOKOnly, "修改密码")
                End If
            End If
        End Sub
        Private Sub cmdExit_Click(ByVal sender As System.Object, ByVal e As System.EventArgs)
```

```
Handles cmdExit.Click
        Me.Close()
    End Sub
```

10.3.6　学籍信息管理模块的创建

学籍管理模块主要实现添加、修改和查询学籍信息的功能。

1. 学籍信息添加窗体的创建

选择"学籍管理"→"学籍信息添加"命令，将出现"学籍信息添加"窗体，并可以添加学籍信息，如图 10-13 所示。

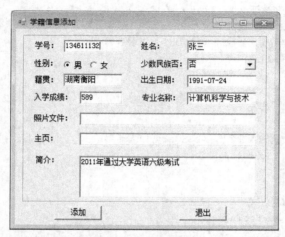

图 10-13　"学籍信息添加"窗体（frmStudentInfoAdd）

在窗体中放置了 9 个文本框和 2 个下拉列表框，用来输入学籍信息；两个命令按钮用来确定学籍信息添加和退出；11 个标签用来标识文本框内容。这些控件的属性设置如表 10-10 所示。

表 10-10　　　　　　　　　　　"学籍信息添加"窗体的控件及属性设置

控件名称	属性	属性值	控件名称	属性	属性值
Form	Name	frmStudentInfoAdd	TextBox	Name	txtNum
	Text	学籍信息添加	TextBox	Name	txtName
Label1	Text	学号	TextBox	Name	txtJG
Label2	Text	姓名	TextBox	Name	txtBirthday
Label3	Text	性别	TextBox	Name	txtScore
Label4	Text	少数民族否	TextBox	Name	txtZY
Label5	Text	籍贯	TextBox	Name	txtPhoto
Label6	Text	出生日期	TextBox	Name	txtWebPage
Label7	Text	入学成绩	TextBox	Name	txtResume
Label8	Text	专业名称	ComboBox	Name	cboSex
Label9	Text	照片文件		DropDownStyle	DropDownList
Label10	Text	主页	ComboBox	Name	cboMZ
Label11	Text	简历	GroupBox	Name	GroupBox1
Button	Name	cmdXJAdd	Button	Name	cmdExit
	Text	添加		Text	退出

在载入窗体时，程序将自动在性别下拉列表框中添加内容，这样可以规范化输入内容，代码如下：

```
        Private Sub frmStudentInfoAdd_Load(ByVal sender As System.Object, ByVal e As
System.EventArgs) Handles MyBase.Load
            cboMZ.Items.Add("是")
            cboMZ.Items.Add("否")
        End Sub
```

用户输入学生基本信息后，单击"添加按钮将触发 cmdXJAdd_Click 事件，代码如下：

```
        Private Sub cmdXJAdd_Click(ByVal sender As System.Object, ByVal e As System.EventArgs)
Handles cmdXJAdd.Click
            '判断是否输入了学号
            If Trim(txtNum.Text) = "" Then
                MsgBox("请输入学号", vbOKOnly, "警告")
                txtNum.Focus()
                Exit Sub
            End If
            '判断是否输入了姓名
            If txtName.Text = " " Then
                MsgBox("请输入姓名", vbOKOnly, "警告")
                txtName.Focus()
                Exit Sub
            End If
            '判断性别为男或为女
            Dim gender As String
            gender = "男"
            If female.Checked = True Then
                gender = "女"
            End If
            '判断是否输入了出生日期
            If txtBirthday.Text = " " Then
                MsgBox("请输入出生日期", vbOKOnly, "警告")
                txtBirthday.Focus()
                Exit Sub
            End If
            '判断输入的出生日期是否为正确格式
            If Not IsDate(txtBirthday.Text) Then
                MsgBox("日期的正确格式应为（YYYY-MM-DD）", vbOKOnly, "警告")
                txtBirthday.Focus()
                Exit Sub
            End If
            '判断是否输入了专业名称
            If txtZY.Text = " " Then
                MsgBox("请输入专业名称", vbOKOnly, "警告")
                txtZY.Focus()
                Exit Sub
            End If
            '根据学号判断数据库中是否有重复的记录
            Dim icount As Integer
            txtSQL = "SELECT * FROM 学生 WHERE 学号='" & Trim(txtNum.Text) & "'"
```

```
            icount = ExecuteSQL(txtSQL, ErrorMsg)
        If icount > 0 Then
            MsgBox("学号重复，请重新输入！ ", vbOKOnly, "警告")
            txtNum.Focus()
        Else  '添加一条记录进入数据库中
            txtSQL = "INSERT INTO 学生(学号,姓名,性别,出生日期,"
            txtSQL = txtSQL & "籍贯,少数民族否,入学成绩,专业名称,简历,照片,主页) "
            txtSQL = txtSQL & "VALUES('" & txtNum.Text & "','" & txtName.Text & "','"
& gender & "','" & txtBirthday.Text
            txtSQL = txtSQL & "','" & txtJG.Text & "','" & cboMZ.Text & "'," & txtScore.Text
& ",'" & txtZY.Text & "','" & txtResume.Text & "','" & txtPhoto.Text & "','" & txtWebPage.Text
& "')"
            icount = ExecuteSQL(txtSQL, ErrorMsg)
            If icount > 0 Then
                MsgBox("新增成功")
            Else
                MsgBox("新增失败")
            End If
        End If
    End Sub
```

程序对是否输入了内容和是否存在重复学号记录进行判断，日期格式的判断使用 isDate()函数。单击"退出"按钮触发 cmdExit_Click 事件，代码如下：

```
    Private Sub cmdExit_Click(ByVal sender As System.Object, ByVal e As System.EventArgs)
Handles cmdExit.Click
        Me.Close()
    End Sub
```

2. 学籍信息修改窗体的创建

选择"学籍管理"→"学籍信息修改"命令，将出现图 10-14 所示的窗体界面。这个窗体包括了学籍信息的修改和删除，与数据库的连接和学籍信息表的修改采用 ADO.NET 控件数据绑定来实现。

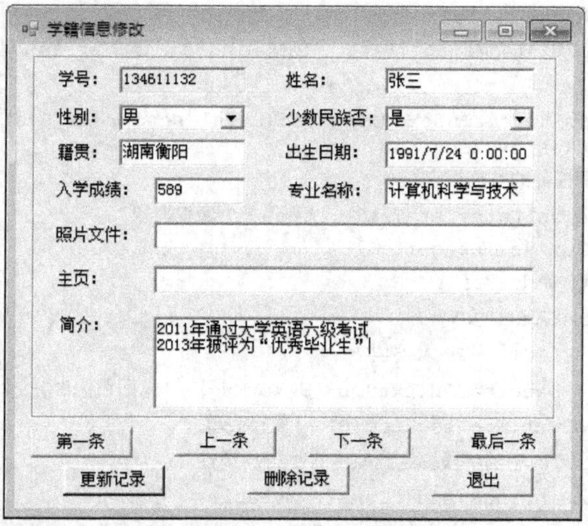

图 10-14　"学籍信息修改"窗体（frmStudentInfoModify）

在"学籍信息修改"窗体中所有控件的属性设置如表 10-11 所示。

表 10-11   学籍信息修改窗体的控件及属性值

控件名称	属性	属性值	控件名称	属性	属性值
Form	Name	frmStudentInfoModify	TextBox	Name	txtNum
	Text	学籍信息添加	TextBox	Name	txtName
Label1	Text	学号	TextBox	Name	txtJG
Label2	Text	姓名	TextBox	Name	txtBirthday
Label3	Text	性别	TextBox	Name	txtScore
Label4	Text	少数民族否	TextBox	Name	txtZY
Label5	Text	籍贯	TextBox	Name	txtPhoto
Label6	Text	出生日期	TextBox	Name	txtWebPage
Label7	Text	入学成绩	TextBox	Name	txtResume
Label8	Text	专业名称	ComboBox	Name	cboSex
Label9	Text	照片文件		DropDownStyle	DropDownList
Label10	Text	主页	ComboBox	Name	cboMZ
Label11	Text	简历	GroupBox	Name	GroupBox1
Button	Name	cmdFirst	Button	Name	cmdBackwwad
	Text	第一条		Text	上一条
Button	Name	cmdForward	Button	Name	cmdLast
	Text	下一条		Text	最后一条
Button	Name	cmdUpdate	Button	Name	cmdDelete
	Text	更新记录		Text	删除记录
Button	Name	cmdExit			
	Text	退出			

　　第一次打开"学籍信息修改"窗体时，从"学生"表中取得数据，并与窗体中的控件进行绑定，记录定位在第一条，使学号文本框为不可编辑状态，以禁止用户修改学号。其代码如下：

```
Public Class frmStudentInfoModify
    Dim mybind As BindingManagerBase   '创建 BindingManagerBase 对象
    '装载窗体
    Private Sub frmStudentInfoModify_Load(ByVal sender As System.Object, ByVal e As
System.EventArgs) Handles MyBase.Load
        '完成对窗体中控件的数据绑定
        Dim mytable As Data.DataTable   '创建一个表单对象
        Dim recordnum As Integer
        cboSex.Items.Add("男")
        cboSex.Items.Add("女")
        txtSQL = "SELECT * FROM 学生"
        recordnum = ExecuteSQL(txtSQL, ErrorMsg)   '返回值为 SQL 检索记录数
        mytable = DBSet.Tables.Item(0)   '取得表单
        '将该 DataTable 中的字段绑定到控件的 Text 属性
        txtNum.DataBindings.Add("Text", mytable, "学号")
        txtName.DataBindings.Add("Text", mytable, "姓名")
        cboSex.DataBindings.Add("Text", mytable, "性别")
        cboMZ.DataBindings.Add("Text", mytable, "少数民族否")
```

```
        txtJG.DataBindings.Add("Text", mytable, "籍贯")
        txtBirthday.DataBindings.Add("Text", mytable, "出生日期")
        txtScore.DataBindings.Add("Text", mytable, "入学成绩")
        txtZY.DataBindings.Add("Text", mytable, "专业名称")
        txtPhoto.DataBindings.Add("Text", mytable, "照片")
        txtWebPage.DataBindings.Add("Text", mytable, "主页")
        txtResume.DataBindings.Add("Text", mytable, "简历")
        mybind = CType(Me.BindingContext(mytable), CurrencyManager) '为数据表绑定
        mybind.Position = 0   '控件中记录初始位置
        txtNum.ReadOnly = True   '不许修改编码信息
    End Sub
    '第一条
    Private Sub cmdFirst_Click(ByVal sender As System.Object, ByVal e As System.EventArgs)
Handles cmdFirst.Click
        mybind.Position = 0
    End Sub
    '上一条
    Private Sub cmdBackward_Click(ByVal sender As System.Object, ByVal e As System.EventArgs)
Handles cmdBackward.Click
        If (mybind.Position = 0) Then
            MessageBox.Show("已经到了第一条记录! ", "信息提示! ", MessageBoxButtons.OK,
MessageBoxIcon.Information)
        Else
            mybind.Position = mybind.Position - 1
        End If
    End Sub
    '下一条
    Private Sub cmdForward_Click(ByVal sender As System.Object, ByVal e As System.EventArgs)
Handles cmdForward.Click
        If mybind.Position = mybind.Count - 1 Then
            MessageBox.Show("已经到了最后一条记录! ", "信息提示! ", MessageBoxButtons.OK,
MessageBoxIcon.Information)
        Else
            mybind.Position = mybind.Position + 1
        End If
    End Sub
    '最后一条
    Private Sub cmdLast_Click(ByVal sender As System.Object, ByVal e As System.EventArgs)
Handles cmdLast.Click
        mybind.Position = mybind.Count - 1
    End Sub
    '更新记录
    Private Sub cmdUpdate_Click(ByVal sender As System.Object, ByVal e As System.EventArgs)
Handles cmdUpdate.Click
        '从数据库表中修改记录
        Dim recordnum As Integer
        Dim i As Integer = mybind.Position
        '判断是否输入了出生日期
        If txtBirthday.Text = " " Then
            MsgBox("请输入出生日期", vbOKOnly, "警告")
            txtBirthday.Focus()
            Exit Sub
```

```
            End If
            '判断输入的出生日期是否为正确格式
            If Not IsDate(txtBirthday.Text) Then
                MsgBox("日期的正确格式应为（YYYY-MM-DD）", vbOKOnly, "警告")
                txtBirthday.Focus()
                Exit Sub
            End If
            '判断是否输入了姓名
            If txtName.Text = " " Then
                MsgBox("请输入姓名", vbOKOnly, "警告")
                txtName.Focus()
                Exit Sub
            End If
            txtSQL = "UPDATE 学生 SET "
            txtSQL = txtSQL & "姓名='" & txtName.Text & "',"
            txtSQL = txtSQL & "性别='" & cboSex.Text & "',"
            txtSQL = txtSQL & "少数民族否='" & cboMZ.Text & "',"
            txtSQL = txtSQL & "籍贯='" & txtJG.Text & "',"
            txtSQL = txtSQL & "出生日期='" & txtBirthday.Text & "',"
            txtSQL = txtSQL & "入学成绩='" & txtScore.Text & "',"
            txtSQL = txtSQL & "专业名称='" & txtZY.Text & "',"
            txtSQL = txtSQL & "照片='" & txtPhoto.Text & "',"
            txtSQL = txtSQL & "主页='" & txtWebPage.Text & "',"
            txtSQL = txtSQL & "简历='" & txtResume.Text & "'"
            txtSQL = txtSQL & " WHERE 学号='" & txtNum.Text & "'"
            recordnum = ExecuteSQL(txtSQL, ErrorMsg)
            If recordnum > 0 Then
                MsgBox("更新完成！")
            Else
                MsgBox("更新失败！" & ErrorMsg)
            End If
            '从 DataSet 中更新指定记录
            DBSet.Tables(0).Rows(mybind.Position).EndEdit()
            DBSet.Tables(0).AcceptChanges()
            mybind.Position = i
        End Sub
        '删除记录
        Private Sub cmdDelete_Click(ByVal sender As System.Object, ByVal e As System.EventArgs)
Handles cmdDelete.Click
            '从数据库表中删除记录
            Dim recordnum As Integer
            txtSQL = "DELETE 学生 WHERE 学号='" & txtNum.Text & "'"
            recordnum = ExecuteSQL(txtSQL, ErrorMsg)
            '从 DataSet 中删除指定记录
            DBSet.Tables(0).Rows(mybind.Position).Delete()
            DBSet.Tables(0).AcceptChanges()
        End Sub
        '退出
        Private Sub cmdExit_Click(ByVal sender As System.Object, ByVal e As System.EventArgs)
Handles cmdExit.Click
            Me.Close()
```

```
      End Sub
End Class
```

3. 学籍信息查询窗体的创建

选择"学籍管理"→"学籍信息查询"命令，进入图 10-15 所示的窗体。可以按"学号""姓名"和"专业"进行查询。

图 10-15　"学籍信息查询"窗体（frmStudentInfoQuery）

在"学籍信息查询"窗体中用到了一个 DataGridView 控件，其数据来源于查询的数据集。查询窗体中所包含的控件及其属性如表 10-12 所示。

表 10-12　　　　　　　　　　　　查询学籍窗体的控件及属性值

控件名称	属性	属性值	控件名称	属性	属性值
Button	Name	cmdQuery	DataGridView	Name	DataGridView1
	Text	查询	TextBox	Name	TxtWord
Button	Name	cmdExit	ComboBox	Name	cboWhere
	Text	退出		DropDownStyle	DropDown List

程序代码如下：

```
'窗体加载
Private Sub frmStudentInfoQuery_Load(ByVal sender As System.Object, ByVal e As System.
EventArgs) Handles MyBase.Load
        Dim icount As Integer
        '初始化查询条件下拉列表框
        cboWhere.Items.Clear()
        cboWhere.Items.Add("学号")
        cboWhere.Items.Add("姓名")
        cboWhere.Items.Add("专业")
        cboWhere.SelectedIndex = 0
        '初始化数据网格中的记录为"学生"表的记录
        txtSQL = "SELECT 学号,姓名,性别,出生日期,籍贯,少数民族否,入学成绩,专业名称,简历,主页
FROM 学生"
        icount = ExecuteSQL(txtSQL, ErrorMsg)    '返回值为 SQL 检索记录数
        DataGridView1.DataSource = DBSet.Tables.Item(0)  '在 DataGridView 控件中显示查询
结果
```

```
        End Sub
      '查询
      Private Sub cmdQuery_Click(ByVal sender As System.Object, ByVal e As System.EventArgs)
Handles cmdQuery.Click
            If Trim(txtWord.Text) = "" Then
                MsgBox("请输入检索词")
                Exit Sub
            End If
            txtSQL = "SELECT 学号,姓名,性别,出生日期,籍贯,少数民族否,入学成绩,专业名称,简历,主页
FROM 学生"
            If cboWhere.Text = "学号" Then
                txtSQL = txtSQL & " WHERE 学号='" & Trim(txtWord.Text) & "'"
            End If
            If cboWhere.Text = "姓名" Then
                txtSQL = txtSQL & " WHERE 姓名='" & Trim(txtWord.Text) & "'"
            End If
            If cboWhere.Text = "专业" Then
                txtSQL = txtSQL & " WHERE 专业名称='" & Trim(txtWord.Text) & "'"
            End If
            Dim icount As Integer
            icount = ExecuteSQL(txtSQL, ErrorMsg)   '返回值为 SQL 检索记录数
            DataGridView1.DataSource = DBSet.Tables.Item(0)   '在 DataGridView 控件中显示查询
结果
      End Sub
      '退出
      Private Sub cmdExit_Click(ByVal sender As System.Object, ByVal e As System.EventArgs)
Handles cmdExit.Click
            Me.Close()
      End Sub
```

10.3.7　课程信息管理模块的创建

课程信息管理模块主要实现添加、修改和查询课程信息的功能。

1. 课程信息添加窗体的创建

选择"课程管理"→"课程信息添加"命令，将出现图 10-16 所示的窗体。

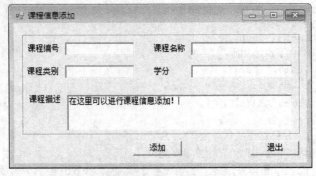

图 10-16　"课程信息添加"窗体（frmCourseAdd）

在窗体中放置了 5 个文本框，用来输入课程信息；两个命令按钮用来确定课程信息的添加和退出；5 个标签用来标识文本框内容。这些控件的属性设置如表 10-13 所示。

表 10-13　　　　　　　　　　　　课程信息添加窗体的控件及属性设置

控件名称	属性	属性值	控件名称	属性	属性值
Form	Name	frmCourseAdd	TextBox	Name	txtCourse_NO
	Text	课程信息添加	TextBox	Name	txtCourse_name
Label1	Text	课程编号	TextBox	Name	txtCourse_type
Label2	Text	课程名称	TextBox	Name	txtCourse_credit
Label3	Text	课程类别	TextBox	Name	txtCourse_des
Label4	Text	学分	Button	Name	cmdAdd
Label5	Text	课程描述		Text	添加
Button	Name	cmdExit	GroupBox	Name	GroupBox1
	Text	退出			

用户输入学生基本信息后，单击“添加”按钮将触发 cmdAdd_Click 事件，代码如下：

```
    Private Sub cmdAdd_Click(ByVal sender As System.Object, ByVal e As System.EventArgs)
Handles cmdAdd.Click
        '判断是否输入了课程编号
        If Trim(txtCourse_NO.Text) = "" Then
            MsgBox("请输入课程编号", vbOKOnly, "警告")
            txtCourse_NO.Focus()
            Exit Sub
        End If
        '判断是否输入了课程名称
        If txtCourse_name.Text = " " Then
            MsgBox("请输入课程名称", vbOKOnly, "警告")
            txtCourse_name.Focus()
            Exit Sub
        End If
        '判断是否输入了课程类别
        If txtCourse_type.Text = " " Then
            MsgBox("请输入课程类别", vbOKOnly, "警告")
            txtCourse_type.Focus()
            Exit Sub
        End If
        '判断是否输入了学分
        If txtCourse_credit.Text = " " Then
            MsgBox("请输入学分", vbOKOnly, "警告")
            txtCourse_credit.Focus()
            Exit Sub
        End If
        '判断学分是否为数值型
        If Not IsNumeric(txtCourse_credit.Text) Then
            MsgBox("请输入正确的学分", vbOKOnly, "警告")
            txtCourse_credit.Focus()
            Exit Sub
        End If
        '判断是否输入了课程描述
        If txtCourse_des.Text = " " Then
```

```
            MsgBox("请输入课程描述", vbOKOnly, "警告")
            txtCourse_des.Focus()
            Exit Sub
        End If
    '根据课程编号判断数据库中是否有重复的记录
    Dim icount As Integer
    txtSQL = "SELECT * FROM 课程 WHERE 课程编号='" & Trim(txtCourse_NO.Text) & "'"
    icount = ExecuteSQL(txtSQL, ErrorMsg)
    If icount > 0 Then
        MsgBox("课程编号重复，请重新输入！", vbOKOnly, "警告")
        txtCourse_NO.Focus()
    Else '添加一条记录进入数据库中
        txtSQL = "INSERT INTO 课程(课程编号,课程名称,课程类别,学分,课程描述) "
        txtSQL = txtSQL & "VALUES('" & txtCourse_NO.Text & "','" & txtCourse_name.Text
& "','" & txtCourse_type.Text & "'," & txtCourse_credit.Text
        txtSQL = txtSQL & ",'" & txtCourse_des.Text & "')"
        icount = ExecuteSQL(txtSQL, ErrorMsg)
        If icount > 0 Then
            MsgBox("新增成功")
        Else
            MsgBox("新增失败")
        End If
    End If
End Sub
```

程序对是否输入了内容和是否存在重复录入课程编号记录进行判断。单击"退出"按钮触发 cmdExit_Click 事件。

```
Private Sub cmdExit_Click(ByVal sender As System.Object, ByVal e As System.EventArgs)
Handles cmdExit.Click
        Me.Close()
    End Sub
```

2. 课程信息修改窗体的创建

选择"课程管理"→"课程信息修改"命令，将出现图 10-17 所示的窗体界面。这个窗体包括了课程信息的修改和删除，与数据库的连接和课程信息表的操作采用 ADO.NET 控件数据绑定来实现。

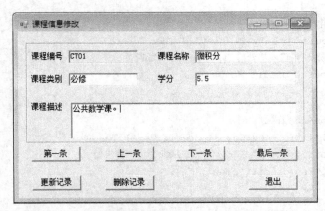

图 10-17　"课程信息修改"窗体（frmCourseModify）

在"课程信息修改"窗体中所有控件的属性设置如表 10-14 所示。

表 10-14　　　　　　　　　　　　课程信息修改窗体的控件及属性值

控件名称	属性	属性值	控件名称	属性	属性值
Form	Name	frmCourseModify	TextBox	Name	txtCourse_NO
	Text	课程信息修改	TextBox	Name	txtCourse_name
Label1	Text	课程编号	TextBox	Name	txtCourse_type
Label2	Text	课程名称	TextBox	Name	txtCourse_credit
Label3	Text	课程类别	TextBox	Name	txtCourse_des
Label4	Text	学分	Button	Name	cmdExit
Label5	Text	课程描述		Text	退出
Button	Name	cmdFirst	Button	Name	cmdBackward
	Text	第一条		Text	上一条
Button	Name	cmdForward	Button	Name	cmdLast
	Text	下一条		Text	最后一条
Button	Name	cmdUpdate	Button	Name	cmdDelete
	Text	更新		Text	删除

　　第一次打开"课程信息修改"窗体时，从"课程"表中取得数据，并与窗体中的控件进行绑定，记录定位在第一条，使课程编号文本框为不可编辑状态，以禁止用户修改课程编号。其代码如下：

```
    Dim mybind As BindingManagerBase    '创建 BindingManagerBase 对象
    Private Sub frmCourseModify_Load(ByVal sender As System.Object, ByVal e As System.
EventArgs) Handles MyBase.Load
        '完成对窗体中控件的数据绑定
        Dim mytable As Data.DataTable    '创建一个表单对象
        Dim recordnum As Integer
        txtSQL = "SELECT * FROM 课程"
        recordnum = ExecuteSQL(txtSQL, ErrorMsg)    '返回值为 SQL 检索记录数
        mytable = DBSet.Tables.Item(0)    '取得表单
        '将该 DataTable 中的字段绑定到控件的 Text 属性
        txtCourse_No.DataBindings.Add("Text", mytable, "课程编号")
        txtCourse_name.DataBindings.Add("Text", mytable, "课程名称")
        txtCourse_type.DataBindings.Add("Text", mytable, "课程类别")
        txtCourse_credit.DataBindings.Add("Text", mytable, "学分")
        txtCourse_des.DataBindings.Add("Text", mytable, "课程描述")
        mybind = CType(Me.BindingContext(mytable), CurrencyManager)    '为数据表绑定
        mybind.Position = 0    '控件中记录初始位置
        txtCourse_No.ReadOnly = True    '不许修改编码信息
    End Sub
    '第一条
    Private Sub cmdFirst_Click(ByVal sender As System.Object, ByVal e As System.
EventArgs) Handles cmdFirst.Click
        mybind.Position = 0
    End Sub
    '上一条
    Private Sub cmdForward_Click(ByVal sender As System.Object, ByVal e As System.
EventArgs) Handles cmdForward.Click
```

```
        If mybind.Position = mybind.Count - 1 Then
            MessageBox.Show("已经到了最后一条记录！", "信息提示！", MessageBoxButtons.OK,
MessageBoxIcon.Information)
        Else
            mybind.Position = mybind.Position + 1
        End If
    End Sub
    '下一条
    Private Sub cmdBackward_Click(ByVal sender As System.Object, ByVal e As System.
EventArgs) Handles cmdBackward.Click
        If (mybind.Position = 0) Then
            MessageBox.Show("已经到了第一条记录！", "信息提示！", MessageBoxButtons.OK,
MessageBoxIcon.Information)
        Else
            mybind.Position = mybind.Position - 1
        End If
    End Sub
    '最后一条
    Private Sub cmdLast_Click(ByVal sender As System.Object, ByVal e As System.EventArgs)
Handles cmdLast.Click
        mybind.Position = mybind.Count - 1
    End Sub
    '修改
    Private Sub cmdUpdate_Click(ByVal sender As System.Object, ByVal e As System.
EventArgs) Handles cmdUpdate.Click
        '从数据库表中修改记录
        Dim recordnum As Integer
        Dim i As Integer = mybind.Position
        '判断是否输入了课程编号
        If Trim(txtCourse_No.Text) = "" Then
            MsgBox("请输入课程编号", vbOKOnly, "警告")
            txtCourse_No.Focus()
            Exit Sub
        End If
        '判断是否输入了课程名称
        If txtCourse_name.Text = " " Then
            MsgBox("请输入课程名称", vbOKOnly, "警告")
            txtCourse_name.Focus()
            Exit Sub
        End If
        '判断是否输入了课程类别
        If txtCourse_type.Text = " " Then
            MsgBox("请输入课程类别", vbOKOnly, "警告")
            txtCourse_type.Focus()
            Exit Sub
        End If
        '判断是否输入了学分
        If txtCourse_credit.Text = " " Then
            MsgBox("请输入学分", vbOKOnly, "警告")
            txtCourse_credit.Focus()
            Exit Sub
        End If
```

```
        '判断学分是否为数值型
        If Not IsNumeric(txtCourse_credit.Text) Then
            MsgBox("请输入正确的学分", vbOKOnly, "警告")
            txtCourse_credit.Focus()
            Exit Sub
        End If
        '判断是否输入了课程描述
        If txtCourse_des.Text = " " Then
            MsgBox("请输入课程描述", vbOKOnly, "警告")
            txtCourse_des.Focus()
            Exit Sub
        End If
        txtSQL = "UPDATE 课程 SET "
        txtSQL = txtSQL & "课程名称='" & txtCourse_name.Text & "',"
        txtSQL = txtSQL & "课程类别='" & txtCourse_type.Text & "',"
        txtSQL = txtSQL & "学分='" & txtCourse_credit.Text & "',"
        txtSQL = txtSQL & "课程描述='" & txtCourse_des.Text & "'"
        txtSQL = txtSQL & " WHERE 课程编号= '" & txtCourse_No.Text & "'"
        recordnum = ExecuteSQL(txtSQL, ErrorMsg)
        If recordnum > 0 Then
            MsgBox("更新完成! ")
        Else
            MsgBox("更新失败!" & ErrorMsg)
        End If
        '从 DataSet 中更新指定记录
        DBSet.Tables(0).Rows(mybind.Position).EndEdit()
        DBSet.Tables(0).AcceptChanges()
        mybind.Position = i
    End Sub
    '删除
    Private Sub cmdDelete_Click(ByVal sender As System.Object, ByVal e As System.
EventArgs) Handles cmdDelete.Click
        '从数据库表中删除记录
        Dim recordnum As Integer
        txtSQL = "DELETE 课程 WHERE 课程编号='" & txtCourse_No.Text & "'"
        recordnum = ExecuteSQL(txtSQL, ErrorMsg)
        '从 DataSet 中删除指定记录
        DBSet.Tables(0).Rows(mybind.Position).Delete()
        DBSet.Tables(0).AcceptChanges()
    End Sub
    '退出
    Private Sub cmdExit_Click(ByVal sender As System.Object, ByVal e As System.EventArgs)
Handles cmdExit.Click
        Me.Close()
    End Sub
```

3. 课程信息查询窗体的创建

选择"课程管理"→"课程信息查询"命令，进入图 10-18 所示的窗体。可以按课程编号和课程名称进行查询。

图 10-18　"课程信息查询"窗体（frmCourseQuery）

在"课程信息查询"窗体 frmCourseQuery 中用到了一个 DataGridView 控件，其数据来源于查询的数据集。查询窗体中所包含的控件及其属性如表 10-15 所示。

表 10-15　　　　　　　　　　　课程查询窗体的控件及属性值

控件名称	属性	属性值	控件名称	属性	属性值
Button	Name	cmdQuery	DataGridView	Name	DataGridView1
	Text	查询	TextBox	Name	TxtWord
Button	Name	cmdExit	ComboBox	Name	cboWhere
	Text	退出		DropDownStyle	DropDown List

程序代码如下：

```
'窗体加载
Private Sub frmCourseQuery_Load(ByVal sender As System.Object, ByVal e As
System.EventArgs) Handles MyBase.Load
    Dim icount As Integer
    '初始化查询条件下拉列表框
    cboWhere.Items.Clear()
    cboWhere.Items.Add("课程编号")
    cboWhere.Items.Add("课程名称")
    cboWhere.SelectedIndex = 0
    '初始化数据网格中的记录为"课程"表的记录
    txtSQL = "SELECT 课程编号,课程名称,课程类别,学分,课程描述"
    txtSQL = txtSQL & " FROM 课程"
    icount = ExecuteSQL(txtSQL, ErrorMsg)    '返回值为 SQL 检索记录数
    DataGridView1.DataSource = DBSet.Tables.Item(0)    '在 DataGridView 控件中显示查询结果
End Sub
'查询
Private Sub cmdQuery_Click(ByVal sender As System.Object, ByVal e As System.EventArgs)
Handles cmdQuery.Click
    If Trim(txtWord.Text) = "" Then
        MsgBox("请输入检索词")
        Exit Sub
    End If
    txtSQL = "SELECT 课程编号,课程名称,课程类别,学分,课程描述"
    txtSQL = txtSQL & " FROM 课程"
    If cboWhere.Text = "课程编号" Then
```

```
        txtSQL = txtSQL & " WHERE 课程编号='" & Trim(txtWord.Text) & "'"
    End If
    If cboWhere.Text = "课程名称" Then
        txtSQL = txtSQL & "  WHERE 课程名称 like '%" & Trim(txtWord.Text) & "%'"
    End If
    Dim icount As Integer
    icount = ExecuteSQL(txtSQL, ErrorMsg)   '返回值为 SQL 检索记录数
    DataGridView1.DataSource = DBSet.Tables.Item(0)   '在 DataGridView 控件中显示查询结果
End Sub
'退出
Private Sub cmdExit_Click(ByVal sender As System.Object, ByVal e As System.EventArgs)
Handles cmdExit.Click
    Me.Close()
End Sub
```

10.3.8　学生成绩管理模块的创建

学生成绩管理模块主要实现成绩信息添加、成绩信息修改和成绩信息查询的功能。

1. 成绩信息添加窗体的创建

选择"成绩管理"→"成绩信息添加"命令，将出现图 10-19 所示的窗体。

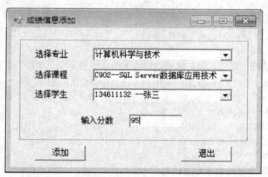

图 10-19　"成绩信息添加"窗体（frmCJAdd）

窗体中各个控件的属性设置如表 10-16 所示。

表 10-16　　　　　　　　　　　添加成绩信息窗体的控件及属性值

控件名称	属性	属性值	控件名称	属性	属性值
Form	Name	frmCJAdd	Label	Name	Label1
	Text	成绩信息添加		Text	选择专业
ComboBox	Name	cboClass	Label	Name	Label2
	DropDownSytle	DropDownList		Text	选择课程
ComboBox	Name	cboCourse	Label	Name	Label3
	DropDownSytle	DropDownList		Text	选择学生
ComboBox	Name	cboStudent	Label	Name	Label4
	DropDownSytle	DropDownList		Text	输入分数
Button	Name	cmdAdd	Button	Name	cmdExit
	Text	添加		Text	退出
TextBox	Name	txtScore	GroupBox	Name	GroupBox1

程序代码如下：

```
'窗体加载事件
Private Sub frmCJAdd_Load(ByVal sender As System.Object, ByVal e As System.EventArgs)
Handles MyBase.Load
    Dim icount As Integer
    Dim i As Integer
    cboZY.Items.Clear()
    cboCourse.Items.Clear()
    cboStudent.Items.Clear()
    '添加专业信息到下拉列表框 cboZY 中
    txtSQL = "SELECT 专业名称 FROM 专业"
    icount = ExecuteSQL(txtSQL, ErrorMsg)
    For i = 0 To icount - 1
        cboZY.Items.Add(DBSet.Tables.Item(0).Rows(i).Item("专业名称").ToString)
    Next i
    '添加课程信息到下拉列表框 cboCourse 中
    txtSQL = "SELECT 课程编号,课程名称 FROM 课程"
    icount = ExecuteSQL(txtSQL, ErrorMsg)
    For i = 0 To icount - 1
        cboCourse.Items.Add(Trim(DBSet.Tables.Item(0).Rows(i).Item("课程编号").ToString)
& "--" & DBSet.Tables.Item(0).Rows(i).Item("课程名称").ToString)
    Next i
    cboCourse.SelectedIndex = 0
End Sub
'当"专业"下拉列表框选择变化时，将当前专业下的学生显示在"学生"下拉列表框
Private Sub cboZY_SelectedIndexChanged(ByVal sender As System.Object, ByVal e As
System.EventArgs) Handles cboZY.SelectedIndexChanged
    Dim icount As Integer
    Dim i As Integer
    cboStudent.Items.Clear()
    If cboZY.Text = "" Then
        MsgBox("您还没有选择专业！")
        Exit Sub
    End If
    txtSQL = "SELECT 学号,姓名 FROM 学生 " & " WHERE 专业名称='" & cboZY.Text & "'"
    icount = ExecuteSQL(txtSQL, ErrorMsg)
    For i = 0 To icount - 1
        cboStudent.Items.Add(DBSet.Tables.Item(0).Rows(i).Item("学号").ToString &
"--" & DBSet.Tables.Item(0).Rows(i).Item("姓名").ToString)
    Next i
    cboStudent.SelectedIndex = 0
End Sub
'单击"添加"按钮
Private Sub cmdAdd_Click(ByVal sender As System.Object, ByVal e As System.EventArgs)
Handles cmdAdd.Click
    Dim xh As String '定义学号
    Dim kz As String '定义课程编号
    Dim icount As Integer
    If cboCourse.Text = " " Then
        MsgBox("您还没有选择课程！")
        Exit Sub
    End If
```

```
            If cboStudent.Text = " " Then
                MsgBox("您还没有选择学生学号! ")
                Exit Sub
            End If
            '判断输入的考试分数是不是数值
            If Not IsNumeric(txtScore.Text) Then
                MsgBox("分数输入不为数字! ")
                txtScore.Focus()
                Exit Sub
            End If
            '取当前在"课程"下拉列表框中选择的课程编号
            kz = Microsoft.VisualBasic.Left(cboCourse.Text, InStr(1, cboCourse.Text, "-") - 1)
            '取当前在"学号"下拉列表框中选择的学号
            xh = Microsoft.VisualBasic.Left(cboStudent.Text, InStr(1, cboStudent.Text, "-") - 1)
            '判断当前这个学生这门课程的成绩是否已录入过
            txtSQL = "SELECT * FROM 选课 WHERE 学号='" & xh & "' AND 课程编号='" & kz & "'"
            icount = ExecuteSQL(txtSQL, ErrorMsg)
            If icount <> 0 Then
                '当前学生的这门成绩已经录入了,报告错误
                MsgBox("这个学生的这门成绩已录过! ", vbOKOnly, "警告")
                Exit Sub
            Else '成绩写入数据库中
                txtSQL = "INSERT INTO 选课(学号,课程编号,成绩) VALUES('" & xh & "','" & kz &
"'," & txtScore.Text & ")"
                icount = ExecuteSQL(txtSQL, ErrorMsg)
                MsgBox("写入成功! ", vbOKOnly)
                txtScore.Text = ""
                txtScore.Focus()
            End If
        End Sub
        Private Sub cmdExit_Click(ByVal sender As System.Object, ByVal e As System.EventArgs)
Handles cmdExit.Click
            Me.Close()
        End Sub
```

专业、学号和课程的输入都采用下拉列表框,这样可以保证数据输入的正确性。窗体装载时,调用 frmCJAdd_Load(),从数据库的"专业信息"表中读取专业信息添加到"专业"下拉列表框中,课程信息添加到"课程"下拉列表框中。进入窗体后,选择了哪个专业,则相应专业的学号和姓名信息添加到"学号"下拉列表框中。

选择了学生和课程信息,并输入课程的分数后,单击"确定添加"命令后,触发 cmdAdd_Click() 事件,将成绩信息添加到选课数据表中。

2. 成绩信息修改窗体的创建

选择"成绩管理"→"成绩信息修改"命令,将出现图 10-20 所示的窗体。

图 10-20 "成绩信息修改"窗体(frmCJModify)

"成绩信息修改"窗体是在成绩信息添加界面基础上增加了两个命令按钮,修改(cmdModify)和删除(cmdDelete)。程序代码如下:

```
        Private Sub frmCJModify_Load(ByVal sender As System.Object, ByVal e As System.EventArgs)
Handles MyBase.Load
            Dim icount As Integer
            Dim i As Integer
            cboZY.Items.Clear()
            cboCourse.Items.Clear()
            cboStudent.Items.Clear()
            '添加专业信息到下拉列表框 cboZY 中
            txtSQL = "SELECT 专业名称 FROM 专业"
            icount = ExecuteSQL(txtSQL, ErrorMsg)
            For i = 0 To icount - 1
                cboZY.Items.Add(DBSet.Tables.Item(0).Rows(i).Item("专业名称").ToString)
            Next i
            '添加课程信息到下拉列表框 cboCourse 中
            txtSQL = "SELECT 课程编号,课程名称 FROM 课程"
            icount = ExecuteSQL(txtSQL, ErrorMsg)
            For i = 0 To icount - 1
                cboCourse.Items.Add(Trim(DBSet.Tables.Item(0).Rows(i).Item("课程编号").ToString)
& "--" & DBSet.Tables.Item(0).Rows(i).Item("课程名称").ToString)
            Next i
            cboCourse.SelectedIndex = 0
        End Sub
        '当"专业"下拉列表框选择变化时，将当前专业下的学生显示在"学生"下拉列表框
        Private Sub cboZY_SelectedIndexChanged(ByVal sender As System.Object, ByVal e As
System.EventArgs) Handles cboZY.SelectedIndexChanged
            Dim icount As Integer
            Dim i As Integer
            cboStudent.Items.Clear()
            If cboZY.Text = "" Then
                MsgBox("您还没有选择专业! ")
                Exit Sub
            End If
            txtSQL = "SELECT 学号,姓名 FROM 学生 " & " WHERE 专业名称='" & cboZY.Text & "'"
            icount = ExecuteSQL(txtSQL, ErrorMsg)
            For i = 0 To icount - 1
                cboStudent.Items.Add(DBSet.Tables.Item(0).Rows(i).Item("学号").ToString &
"--" & DBSet.Tables.Item(0).Rows(i).Item("姓名").ToString)
            Next i
            cboStudent.SelectedIndex = 0
        End Sub
        '修改按钮
        Private Sub cmdModify_Click(ByVal sender As System.Object, ByVal e As
System.EventArgs) Handles cmdModify.Click
            Dim xh As String '定义学号
            Dim kz As String '定义课程编号
            Dim icount As Integer
            If cboCourse.Text = " " Then
                MsgBox("您还没有选择课程! ")
                Exit Sub
            End If
```

```
        If cboStudent.Text = " " Then
            MsgBox("您还有没有选择学生学号！")
            Exit Sub
        End If
        '判断输入的考试分数是不是数值
        If Not IsNumeric(txtScore.Text) Then
            MsgBox("分数输入不为数字！")
            txtScore.Focus()
            Exit Sub
        End If
        '取当前在"课程"下拉列表框中选择的课程编号
        kz = Microsoft.VisualBasic.Left(cboCourse.Text, InStr(1, cboCourse.Text,
"-") - 1)
        '取当前在"学号"下拉列表框中选择的学号
        xh = Microsoft.VisualBasic.Left(cboStudent.Text, InStr(1, cboStudent.Text,
"-") - 1)
        '判断当前这个学生这门课程的成绩是否已录入过
        txtSQL = "SELECT * FROM 选课 WHERE 学号='" & xh & "' AND 课程编号='" & kz &
"'"
        icount = ExecuteSQL(txtSQL, ErrorMsg)
        If icount = 1 Then    '修改
            txtSQL = "UPDATE 选课 SET 成绩=" & txtScore.Text & " WHERE 学号='" & xh & "'
AND 课程编号='" & kz & "'"
            ExecuteSQL(txtSQL, ErrorMsg)
            MsgBox("修改成功！")
            Exit Sub
        ElseIf icount = 0 Then '成绩写入数据库中
            txtSQL = "INSERT INTO 选课(学号,课程编号,成绩) VALUES('" & xh & "','" & kz &
"'," & txtScore.Text & ")"
            ExecuteSQL(txtSQL, ErrorMsg)
            MsgBox("写入成功！", vbOKOnly)
            txtScore.Text = ""
            txtScore.Focus()
        Else    '出错
            MsgBox("访问数据库出错！")
            Exit Sub
        End If
    End Sub
    ' "学生"下拉列表框发生变化
    Private Sub cboStudent_SelectedIndexChanged(ByVal sender As System.Object, ByVal
e As System.EventArgs) Handles cboStudent.SelectedIndexChanged
        '当选择"学生"下拉列表框时，在文本框中显示此学生的成绩
        Dim xh As String '定义学号
        Dim kz As String '定义课程号
        Dim icount As Integer
        txtScore.Text = ""
        If cboCourse.Text = " " Then
            Exit Sub
        End If
```

```
        If cboStudent.Text = " " Then
            Exit Sub
        End If
        '取当前在 "课程" 下拉列表框中选择的课程编号
        kz = Microsoft.VisualBasic.Left(cboCourse.Text, InStr(1, cboCourse.Text, "-") - 1)
        '取当前在 "学号" 下拉列表框中选择的学号
        xh = Microsoft.VisualBasic.Left(cboStudent.Text, InStr(1, cboStudent.Text,
"-") - 1)
        '判断当前这个学生这门课程的成绩是否已录入过
        txtSQL = "SELECT 成绩 FROM 选课 WHERE 学号='" & xh & "' AND 课程编号='" & kz & "'"
        icount = ExecuteSQL(txtSQL, ErrorMsg)
        If icount = 1 Then   '如果查找到，则显示成绩
            txtScore.Text = DBSet.Tables.Item(0).Rows(0).Item("成绩")
        End If
    End Sub
    '删除按钮
    Private Sub cmdDelete_Click(ByVal sender As System.Object, ByVal e As System.EventArgs)
Handles cmdDelete.Click
        Dim xh As String '定义学号
        Dim kz As String '定义课程号
        Dim icount As Integer
        If cboCourse.Text = " " Then
            MsgBox("您还没有选择课程！")
            Exit Sub
        End If
        If cboStudent.Text = " " Then
            MsgBox("您还没有选择学生学号！")
            Exit Sub
        End If
        '取当前在 "课程" 下拉列表框中选择的课程编号
        kz = Microsoft.VisualBasic.Left(cboCourse.Text, InStr(1, cboCourse.Text, "-") - 1)
        '取当前在 "学号" 下拉列表框中选择的学号
        xh = Microsoft.VisualBasic.Left(cboStudent.Text, InStr(1, cboStudent.Text,
"-") - 1)
        txtSQL = "DELETE 选课 WHERE 学号='" & xh & "' AND 课程编号='" & kz & "'"
        icount = ExecuteSQL(txtSQL, ErrorMsg)
        If icount > 0 Then
            MsgBox("删除成功！")
        Else
            MsgBox("删除失败！")
        End If
    End Sub
    Private Sub cmdExit_Click(ByVal sender As System.Object, ByVal e As System.EventArgs)
Handles cmdExit.Click
        Me.Close()
    End Sub
```

3. 成绩信息查询窗体的创建

选择 "成绩管理" → "成绩信息查询" 命令，将出现图 10-21 所示的窗体。

"成绩信息查询" 窗体的控件属性的设置和查询方法与 "学籍信息查询" 窗体一样。学生成绩管理模块的创建与课程管理模块的创建相似。

图 10-21　"成绩信息查询"窗体（frmCJQuery）

查询窗体中窗体加载事件的代码如下：

```
'窗体加载
Private Sub frmCJQuery_Load(ByVal sender As System.Object, ByVal e As
System.EventArgs) Handles MyBase.Load
    Dim icount As Integer
    '初始化查询条件下拉列表框
    cboWhere.Items.Clear()
    cboWhere.Items.Add("学生姓名")
    cboWhere.Items.Add("课程名称")
    cboWhere.SelectedIndex = 0
    '初始化数据网格中的记录为 course_info 表的记录
    txtSQL = "SELECT 学生.学号,学生.姓名,课程.课程名称,课程.课程类别,选课.成绩"
    txtSQL = txtSQL & " FROM 课程 INNER JOIN"
    txtSQL = txtSQL & " 选课 ON 课程.课程编号=选课.课程编号 INNER JOIN"
    txtSQL = txtSQL & " 学生 ON 选课.学号=学生.学号"
    icount = ExecuteSQL(txtSQL, ErrorMsg)   '返回值为 SQL 检索记录数
    DataGridView1.DataSource = DBSet.Tables.Item(0)   '在 DataGridView 控件中显示查询
结果
End Sub
'查询
Private Sub cmdQuery_Click(ByVal sender As System.Object, ByVal e As System.EventArgs)
Handles cmdQuery.Click
    If Trim(txtWord.Text) = "" Then
        MsgBox("请输入检索词")
        Exit Sub
    End If
    txtSQL = "SELECT 学生.学号,学生.姓名,课程.课程名称,课程.课程类别,选课.成绩"
    txtSQL = txtSQL & " FROM 课程 INNER JOIN"
    txtSQL = txtSQL & " 选课 ON 课程.课程编号=选课.课程编号 INNER JOIN"
    txtSQL = txtSQL & " 学生 ON 选课.学号=学生.学号"
    If cboWhere.Text = "学生姓名" Then
        txtSQL = txtSQL & " WHERE 学生.姓名='" & Trim(txtWord.Text) & "'"
    End If
```

```
        If cboWhere.Text = "课程名称" Then
            txtSQL = txtSQL & "  WHERE 课程.课程名称 like '%" & Trim(txtWord.Text) & "%'"
        End If
        Dim icount As Integer
        icount = ExecuteSQL(txtSQL, ErrorMsg)   '返回值为 SQL 检索记录数
        DataGridView1.DataSource = DBSet.Tables.Item(0)   '在 DataGridView 控件中显示查询
结果
    End Sub
    '退出
    Private Sub cmdExit_Click(ByVal sender As System.Object, ByVal e As System.EventArgs)
Handles cmdExit.Click
        Me.Close()
    End Sub
```

习 题

一、选择题

1. 系统需求分析阶段的基础工作是（　　　）。
    A. 教育和培训　　　　　　　　　　B. 系统调查
    C. 初步设计　　　　　　　　　　　D. 详细设计

2. 系统设计的最终结果是（　　　）。
    A. 系统分析报告　　　　　　　　　B. 系统逻辑模型
    C. 系统设计报告　　　　　　　　　D. 可行性报告

3. 通常在 VB .NET 程序中要使用的变量必须先声明后使用，变量是用（　　　）语句来定义的。
    A. Type　　　　　　B. Dim　　　　　　C. Sub　　　　　　D. Set

4. （　　　）对象负责建立应用程序与数据源之间的连接，数据源包括 SQL Server、Access 或可以通过 OLE DB 进行访问的其他数据源。
    A. Command　　　　B. Connection　　　C. RecordSet　　　D. ADO

5. Connection 对象是 ADO .NET 对象和数据连接的桥梁，当数据库被连接后，可通过（　　　）对象执行 SQL 命令。
    A. DataSet　　　　　B. ADO　　　　　　C. RecordSet　　　D. Command

二、填空题

1. .NET 数据提供程序包含 4 个核心元素，它们分别是＿＿＿＿＿＿、＿＿＿＿＿＿、＿＿＿＿＿＿和＿＿＿＿＿＿对象。

2. .NET Framework 数据提供程序类位于 System.Data.SqlClient 命名空间，编写程序前需在 Visual Studio 2010 "项目" → "属性" 中的＿＿＿＿＿＿选项卡中导入 System.Data.SqlClient 命名空间。

3. 通过 ADO.NET 与数据源建连接后，可使用＿＿＿＿＿＿对象来对数据源执行查询、插入、删除和修改等操作。

4. 通过 SqlCommand 的 ExecuteNoQuery()方法执行 SQL 命令时，SQL Server 数据库将返回＿＿＿＿＿＿给 ExecuteNoQuery()方法，通过该值，可判断记录操作是否成功。

三、问答题

1. 简述数据库应用系统的开发步骤。

2. ADO .NET 数据对象模型中有哪些操作数据库数据的对象?

3. Connection 对象支持哪些连接 SQL Server 数据库的方式? 举例说明不同方式相应的连接字符串的形式与具体内容。

四、应用题

1. 开发"零件交易中心管理系统"。

系统简述:零件交易中心管理系统主要提供顾客和供应商之间完成零件交易的功能,其中包括供应商信息、顾客信息以及零件信息。供应商信息包括供应商号、供应商名、地址、电话、简介;顾客信息包括顾客号、顾客名、地址、电话;零件信息包括零件号、零件名、重量、颜色、简介等。此系统可以让供应商增加、删除和修改所提供的零件产品,还可以让顾客增加、删除和修改所需求的零件。交易员可以利用顾客提出的需求信息和供应商提出的供应信息来提出交易的建议,由供应商和顾客进行确认后即完成交易。

2. 开发"民航订票管理系统"。

系统简述:民航订票系统主要分为机场、航空公司和客户 3 方的服务。航空公司提供航线和飞机的资料,机场则对在本机场起飞和降落的航班和机票进行管理,而客户能得到的服务应该有查询航班路线和剩余票数以及网上订票等功能。客户又可以分为两类:一类是普通客户,对于普通客户只有普通的查询和订票功能,没有相应的机票优惠;另一类是经常出行的旅客,需要办理注册手续,但增加了里程积分功能和积分优惠政策。机场还要有紧急应对措施,在航班出现延误时,要发送相应的信息。

[1] 教育部高等学校计算机基础课程教学指导委员会. 高等学校计算机基础核心课程教学实施方案. 北京：高等教育出版社，2011.

[2] 施伯乐，丁宝康，汪卫. 数据库系统教程. 3 版. 北京：高等教育出版社，2008.

[3] 刘卫国，刘泽星. SQL Server 2005 数据库应用技术. 北京：人民邮电出版社，2013.

[4] 谭海军. 数据库技术及应用：SQL Server 2008. 成都：西南交通大学出版社，2013.

[5] 郑阿奇，刘启芬，顾韵华. SQL Server 数据库教程（2008 版）. 北京：人民邮电出版社，2012.

[6] 卫琳. SQL Server 2008 数据库应用与开发教程. 2 版. 北京：清华大学出版社，2011.

[7] 王波，张权，王艳荣. SQL Server 2008 标准教程. 北京：化学工业出版社，2011.

[8] 屠建飞. SQL Server 2008 数据库管理. 北京：清华大学出版社，2011.

[9] David I. SchneiderDJ. Visual Basic .Net 编程导论. 5 版. 罗融，郭福田，高小俐，等译. 北京：电子工业出版社，2003.

[10] Microsoft. SQL Server 2008 联机丛书. 2008.